国家出版基金资助项目

Projects Supported by the National Publishing Fund

国家出版基金项目
NATIONAL PUBLICATION FOUNDATION

钢铁工业协同创新关键共性技术丛书

主编 王国栋

连铸坯凝固末端压下技术

Solidification End Reduction Technology for Continuous Casting Process

祭 程 朱苗勇 著

（彩图资源）

U0342383

北 京

冶 金 工 业 出 版 社

2021

内 容 提 要

本书总结归纳了连铸坯凝固缺陷的形成及凝固末端压下改善中心偏析、疏松与缩孔的工艺机理，系统阐述了凝固末端压下过程的坯壳变形、裂纹萌生扩展、溶质传输、缩孔闭合、组织细化与演变等行为规律，介绍了生产过程中如何实现凝固末端压下工艺的准确、高效、稳定实施，以及关键装备的设计研制工作，最后以宝钢、攀钢等企业具体产线为例，列举了凝固末端压下技术的工业化应用及其效果。

本书可供钢铁冶金领域的科研、生产、设计人员阅读，也可供中高院校师生参考。

图书在版编目（CIP）数据

连铸坯凝固末端压下技术/祭程，朱苗勇著 . —北京：冶金工业出版社，2021. 5

（钢铁工业协同创新关键共性技术丛书）

ISBN 978-7-5024-8987-8

Ⅰ . ①连… Ⅱ . ①祭… ②朱… Ⅲ . ①连铸坯—铸造—工艺 Ⅳ. ①TG249. 7

中国版本图书馆 CIP 数据核字（2021）第 235937 号

连铸坯凝固末端压下技术

出版发行	冶金工业出版社	**电　　话**	（010）64027926
地　　址	北京市东城区嵩祝院北巷 39 号	**邮　　编**	100009
网　　址	www. mip1953. com	**电子信箱**	service@ mip1953. com

责任编辑　卢　敏　姜恺宁　美术编辑　彭子赫　版式设计　郑小利
责任校对　郑　娟　责任印制　李玉山
北京捷迅佳彩印刷有限公司印刷
2021 年 5 月第 1 版，2021 年 5 月第 1 次印刷
710mm×1000mm　1/16；23. 5 印张；456 千字；359 页
定价 **106. 00 元**

投稿电话　（010）64027932　投稿信箱　tougao@ cnmip. com. cn
营销中心电话　（010）64044283
冶金工业出版社天猫旗舰店　yjgycbs. tmall. com
（本书如有印装质量问题，本社营销中心负责退换）

《钢铁工业协同创新关键共性技术丛书》
总　　序

钢铁工业作为重要的原材料工业，担任着"供给侧"的重要任务。钢铁工业努力以最低的资源、能源消耗，以最低的环境、生态负荷，以最高的效率和劳动生产率向社会提供足够数量且质量优良的高性能钢铁产品，满足社会发展、国家安全、人民生活的需求。

改革开放初期，我国钢铁工业处于跟跑阶段，主要依赖于从国外引进产线和技术。经过 40 多年的改革、创新与发展，我国已经具有 10 多亿吨的产钢能力，产量超过世界钢产量的一半，钢铁工业发展迅速。我国钢铁工业技术水平不断提高，在激烈的国际竞争中，目前处于"跟跑、并跑、领跑"三跑并行的局面。但是，我国钢铁工业技术发展当前仍然面临以下四大问题。一是钢铁生产资源、能源消耗巨大，污染物排放严重，环境不堪重负，迫切需要实现工艺绿色化。二是生产装备的稳定性、均匀性、一致性差，生产效率低。实现装备智能化，达到信息深度感知、协调精准控制、智能优化决策、自主学习提升，是钢铁行业迫在眉睫的任务。三是产品质量不够高，产品结构失衡，高性能产品、自主创新产品供给能力不足，产品优质化需求强烈。四是我国钢铁行业供给侧发展质量不够高，服务不到位。必须以提高发展质量和效益为中心，以支撑供给侧结构性改革为主线，把提高供给体系质量作为主攻方向，建设服务型钢铁行业，实现供给服务化。

我国钢铁工业在经历了快速发展后，近年来，进入了调整结构、转型发展的阶段。钢铁企业必须转变发展方式、优化经济结构、转换增长动力，坚持质量第一、效益优先，以供给侧结构性改革为主线，推动经济发展质量变革、效率变革、动力变革，提高全要素生产率，使中国钢铁工业成为"工艺绿色化、装备智能化、产品高质化、供给服务化"的全球领跑者，将中国钢铁建设成世界领先的钢铁工业集群。

2014年10月，以东北大学和北京科技大学两所冶金特色高校为核心，联合企业、研究院所、其他高等院校共同组建的钢铁共性技术协同创新中心通过教育部、财政部认定，正式开始运行。

自2014年10月通过国家认定至2018年年底，钢铁共性技术协同创新中心运行4年。工艺与装备研发平台围绕钢铁行业关键共性工艺与装备技术，根据平台顶层设计总体发展思路，以及各研究方向拟定的任务和指标，通过产学研深度融合和协同创新，在采矿与选矿、冶炼、热轧、短流程、冷轧、信息化智能化等六个研究方向上，开发出了新一代钢包底喷粉精炼工艺与装备技术、高品质连铸坯生产工艺与装备技术、炼铸轧一体化组织性能控制、极限规格热轧板带钢产品热处理工艺与装备、薄板坯无头/半无头轧制+无酸洗涂镀工艺技术、薄带连铸制备高性能硅钢的成套工艺技术与装备、高精度板形平直度与边部减薄控制技术与装备、先进退火和涂镀技术与装备、复杂难选铁矿预富集-悬浮焙烧-磁选（PSRM）新技术、超级铁精矿与洁净钢基料短流程绿色制备、长型材智能制造、扁平材智能制造等钢铁行业急需的关键共性技术。这些关键共性技术中的绝大部分属于我国科技工作者的原创技术，有落实的企业和产线，并已经在我国的钢铁企业得到了成功的推广和应用，促进了我国钢铁行业的绿色转型发展，多数技术整体达到了国际领先水平，为我国钢铁行业从"跟跑"到"领跑"的角色转换，实现"工艺绿色化、装备智能化、产品高质化、供给服务化"的奋斗目标，做出了重要贡献。

习近平总书记在2014年两院院士大会上的讲话中指出，"要加强统筹协调，大力开展协同创新，集中力量办大事，形成推进自主创新的强大合力"。回顾2年多的凝炼、申报和4年多艰苦奋战的研究、开发历程，我们正是在这一思想的指导下开展的工作。钢铁企业领导、工人对我国原创技术的期盼，冲击着我们的心灵，激励我们把协同创新的成果整理出来，推广出去，让它们成为广大钢铁企业技术人员手中攻坚克难、夺取新胜利的锐利武器。于是，我们萌生了撰写一部系列丛书的愿望。这套系列丛书将基于钢铁共性技术协同创新中心系列创新成果，以全流程、绿色化工艺、装备与工程化、产业化为主线，结合钢铁工业生产线上实际运行的工程项目和生产的优质钢材实例，系统汇集产学研协同创新基础与应用基础研究进展和关键共性技术、前沿引领技术、现代工程技术创新，为企业技术改造、转型升级、高质量发展、规划未来发展蓝图提供参考。这一想法得到了企业广大同仁的积极响应，全力支持及密切配合。冶金工业出版社的领导和编辑同志特地来到学校，热心指导，提出建议，商量出版等具体事宜。

国家的需求和钢铁工业的期望牵动我们的心，鼓舞我们努力前行；行业同仁、出版社领导和编辑的支持与指导给了我们强大的信心。协同创新中心的各位首席和学术骨干及我们在企业和科研单位里的亲密战友立即行动起来，挥毫泼墨，大展宏图。我们相信，通过产学研各方和出版社同志的共同努力，我们会向钢铁界的同仁们、正在成长的学生们奉献出一套有表、有里、有分量、有影响的系列丛书，作为我们向广大企业同仁鼎力支持的回报。同时，在新中国成立70周年之际，向我们伟大祖国70岁生日献上用辛勤、汗水、创新、赤子之心铸就的一份礼物。

中国工程院院士 王国栋

2019 年 7 月

前　言

　　连铸坯凝固末端轻压下作为提升连铸坯内部质量的重要技术手段目前已在行业内得到广泛应用。其技术原理是通过在连铸坯液芯末端附近施加压下变形，可将富含溶质偏析元素钢液通过挤压混匀改善偏析，同时可通过补偿凝固收缩改善偏析以及疏松。轻压下技术是20世纪70年代末日本新日铁（NSC）率先提出的，90年代奥地利奥钢联（VAI）最早实现了动态轻压下，即实时追踪连铸坯液芯位置并动态调整辊缝，从而确保压下工艺适应钢种、拉速的变化。然而，由于压下过程中凝固末端两相区坯壳变形、界面凝固传热、溶质宏微观传输等行为极其复杂，缺乏系统的理论研究，只能依靠反复的工业试验，进行不断调试和优化，不但浪费大量的人力和物力，而且对新建连铸机或新钢种的轻压下工艺开发也不具备实质性的参考借鉴意义，从而严重制约着工艺的实施效果和稳定性。自2003年起，东北大学在国内率先开展了轻压下工艺理论研究及工业实践探索，已取得了较为系统的研究成果。其中，在理论研究方面，采用数值模拟、物理模拟与现场试验相结合的方法，系统研究并定量阐明了连铸过程中的凝固传热、辊缝收缩、鼓肚变形、组织生长、溶质偏析等冶金学行为规律，提出了压下量与压下区间理论计算方法，开发了在线控制模型等，突破了长期依靠工业试验进行工艺摸索的局限。研发形成的连铸动态轻压下技术相继在宝钢、攀钢、邢钢、湘钢、涟钢等十余家企业推广应用，从根本上解决了工艺摸索成本高、适用性差、长期依赖工业试验摸索的问题，推动了此技术的高效应用与推广。

　　近年来，随着我国交通运输、石油化工、重型机械、海洋工程等行业的技术进步和迅猛发展，对大规格、高性能钢铁产品的需求愈发凸显，连铸坯断面不断增宽加厚。据统计，我国已拥有厚 250mm 以上板坯连铸机和边长 300mm 以上大方坯连铸机近百台，产能近 2000 万吨/年。然而，随着铸坯断面的加大，其内部冷却条件明显恶化，凝固组织的柱状晶发达、等轴晶粗大，枝晶间富含溶质偏析元素的残余钢液流动趋于平衡，致使铸坯偏析、疏松和缩孔凝固缺陷愈加严重。另一方面，凝固坯壳对压下量的耗散作用随其厚度的增加而倍增，常规轻压下变形量已不足以渗透至大断面连铸坯心部，工艺效果显著下降。

针对这一现实问题，我们在前期研究基础上，进一步研发了大断面连铸坯凝固末端动态重压下技术，并在相继在攀钢、唐钢分别建成投产了首台具有连续动态重压下功能的大方坯连铸机与宽厚板坯连铸机，实现了轧制压缩比 1.87∶1 条件下 150mm 厚高建用钢大批量稳定生产，轧制压缩比 3.74∶1 下车轴方钢等大规格棒材产品制备。该技术已在宝武、鞍钢等国内外钢企的近 20 条产线推广应用，保障了高强韧重载钢轨钢、高强工程机械用钢、高性能耐候钢、大规格曲轴用钢、高级别齿轮钢等高端大规格钢材产品的高效稳定生产。

自从重压下技术研发应用以来，经常有同行专家和企业技术人员探讨究竟是轻压下好还是重压下好？我们认为无论是轻压下还是重压下，其目的均是改善铸坯中心偏析与疏松缺陷，提升铸坯的均质度与致密度，只是因为针对的具体铸坯断面和轧材需求不同，其压下量与压下位置不同，即二者均属于凝固末端压下技术。近 20 年来，我们的研究也正是围绕"在哪儿压？压多少？"的关键科学问题，以及压下工艺准确、可靠实施的相关技术难题展开的。为此，我们撰写此书，总结了团队在凝固末端压下领域的研究与经验，尤其是近年来的理解与探索，供同行专家和技术人员参考与批评指正，以期共同推动压下技术的创新发展。本书的主要内容包括：连铸坯偏析与疏松成因及其控制策略（第 1 章）；压下过程连铸坯的金属流变特征（第 2 章）；连铸坯在辊压力、驱动力、热应力等内外力交互作用下的变形规律和裂纹风险性（第 3 章）；压下对铸坯中心缩孔闭合的影响作用（第 4 章）；

压下与电磁搅拌等协同调控下的溶质传输与偏析改善规律（第5章）；压下过程的奥氏体再结晶规律及其细化组织在后继装送、轧制过程的演变规律（第6章）；凝固末端压下关键技术、核心装备及其在宝钢、攀钢等企业的应用情况（第7章）。

借此机会，我们要由衷感谢前辈、同行专家给予的关爱、鼓励、帮助和支持。感谢合作企业领导、专家和一线生产技术人员给予我们的厚爱信任和无私帮助支持。感谢团队的每位老师与同学，陈永、林启勇、赵琦、郭薇、张书岩、于海岐、罗森、马玉堂、董长征、曹学欠、谭建平、吴晨辉、关锐、陈天赐、姚军路、王紫林、邓世民、李国梁、周倩、李应焕、吴国荣、刘浪、魏子健、陈义、……，虽然你们的名字没有作为本书著者出现，但你们的不懈努力与辛勤付出是压下技术成功应用和本书成稿的重要基础。

最后需要说明的是，由于水平有限，本书撰写过程难免会有疏忽、不足和不妥之处，恳请读者批评指正。

目　　录

1 绪 论

1.1 连铸坯中心偏析与疏松的形成及控制手段

连铸坯凝固过程中，由于受到热溶质浮力、晶粒沉淀、坯壳变形等多种外力的影响，溶质富集的液相和贫瘠固相的相对流动，促进溶质元素长距离的传输，从而形成宏观偏析缺陷；与此同时，由于铸坯钢液又无法及时补缩等因素，在铸坯中心最终凝固区域的枝晶间产生了许多空隙与缩孔，即中心疏松与缩孔缺陷。这些缺陷无法在后续加热、轧制过程中充分消除，导致轧材组织性能与探伤不合，被公认为连铸坯三大质量缺陷之一（其他二者为裂纹和夹杂物）。图 1-1 为连铸坯中心偏析与疏松及其在轧材上的遗传缺陷。

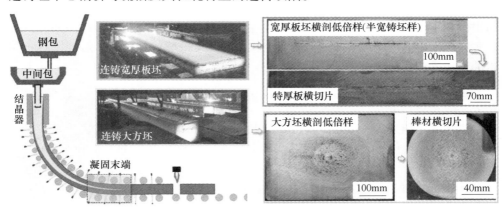

图 1-1 连铸坯中心偏析与疏松及其在轧材上的遗传缺陷
(扫书前二维码看彩图)

1.1.1 连铸坯中心偏析与疏松的形成机理

中心偏析与疏松通常相伴而生，根据具体连铸坯断面形状、钢种等浇铸条件的差异性，目前主要存在热溶质浮力驱动液相流动[1~4]、枝晶搭桥与凝固收缩[5~8]、坯壳鼓肚变形[9~17]、热收缩[18~21]等理论。

1.1.1.1 热溶质浮力驱动液相流动

在钢的凝固过程中，由于溶质元素（碳、磷、硫等）在固相和液相中溶解度的差异，其不断从固相中析出而富集于液相。在热浮力和溶质浮力作用下，这些溶质将随液相流动传输，并逐渐富集于液相穴中，在扩散与质量对流作用下最终形成了铸坯中心偏析。

基于此理论背景，热浮力与溶质浮力是两相区熔体对流流动的两大主要驱动力，一方面凝固过程中熔体冷却将不可避免地导致局部温度不均衡，在温度梯度作用下热浮力将引起熔体对流；另一方面，溶质再分配作用下将造成溶质分布不均，此时浓度梯度下的溶质浮力也会引起熔体对流；在二者的共同作用下，促使溶质偏析逐渐形成。1985 年，Huppert 和 Worster[1]通过对硝酸钠进行不同边界条件的凝固实验，系统研究了热浮力与溶质浮力作用下的流体力学行为。随后Turner[2]进一步指出热浮力与溶质浮力在液相区域内的不同作用效果，在液相区域内，稳定的热浮力与不稳定的溶质浮力可以引起双扩散对流效应；在糊状区内，熔体温度与浓度以强耦合形式存在，浮力场由溶质浮力主导。1995 年，Aboutalebi 等[3]模拟研究了 Fe-C 合金圆坯连铸凝固过程，分析了热浮力和溶质浮力作用下的凝固传热、流体流动、溶质传输行为，解释了溶质元素不断推移下的铸坯中心偏析形成原因。北京科技大学张家泉教授等[4]也采用连续介质模型模拟了大方坯连铸凝固传输行为，考察了热溶质浮力对液相流动和溶质偏析的影响，指出固相排出的溶质元素随熔体流动逐渐富集于液相。然而，该理论不能充分考虑铸坯内部凝固组织演变对偏析的影响作用，无法准确解释铸坯中心线附近负偏析的形成机理。

1.1.1.2　枝晶搭桥与凝固收缩理论

当碳含量超过 0.45%时，铸坯自身凝固特性使柱状晶搭桥作用效果趋于明显。日本学者 Suzuki 等[5]分析了铸坯凝固组织与中心偏析间的关系，如图 1-2 所示。在非稳态浇铸过程中，连铸坯的部分柱状晶生长速度较快，沉淀的等轴晶在柱状晶尖端累积，形成枝晶搭桥；在枝晶搭桥底部形成孔洞，枝晶间溶质富集的液相向中心流动形成偏析，在枝晶搭桥附近形成 V 形偏析，同时由于孔洞得不到液相的补充或完全补充，在铸坯中心形成了缩孔。

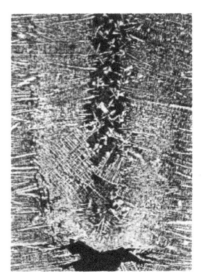

图 1-2　铸坯凝固搭桥现象[5]

近年来，日本学者 Murao 等[6]采用数值模拟方法分析了枝晶搭桥现象，指出在枝晶搭桥底部形成负压抽吸附近两相区高溶质的液相向中心流动，因此在枝晶搭桥底部形成正偏析，在搭桥顶部形成负偏析，即铸坯中心偏析是由于凝固不稳定性导致的枝晶搭桥和凝固收缩共同造成的。然而，随着铸坯断面的增加，坯壳线收缩量增大，柱状枝晶更加发达，枝晶搭桥与凝固收缩将会进一步地恶化铸坯内部质量。Sivesson[7]以及 Gabathuler[8]认为，在铸坯中某点（$f_s = 0.2$ 以及 $f_l = 0.63$）以下的区域，钢液无法对铸坯中产生的体积收缩的部位进行有效补充的概率增大，故而形成缩孔。该理论也被称为小钢锭偏析理论，常用于揭示小方坯内部溶质偏析的形成机理。目前，随着连铸坯断面的增加，以及电磁搅拌与凝固末端压下等外场条件的介入，该理论对于多外场复杂条件下的溶质偏析形成机理研究方面则稍显不足。

1.1.1.3　坯壳鼓肚变形理论

当连铸坯通过支撑辊时，凝固坯壳将发生周期性的鼓肚变形，促进两相区内固相和液相的相对移动，导致溶质元素的传输，从而在铸坯凝固末期形成中心偏析。目前，众多研究学者[9~17]致力于研究坯壳鼓肚变形对宏观偏析的影响。20世纪 70 年代，Flemings 和 Nereo[9]率先提出铸坯坯壳鼓肚变形会增强枝晶间熔体流动，加剧中心线偏析；随后 Miyazawa 和 Schwerdtfeger[10]对稳态坯壳鼓肚变形引起的板坯宏观偏析进行了一系列研究，认为鼓肚变形是形成中心偏析和临近负偏析的主要原因。2001 年，Kajitani 等[11]利用稳态坯壳鼓肚形貌曲线计算了枝晶间液相的速度场和压力场，揭示了坯壳鼓肚对中心偏析的促进作用，但其指出临近中心的负偏析带则是凝固收缩造成的。

结合多相凝固模型[12~14]，如图 1-3 所示，Domitner 等[15,16]通过假设余弦曲线的坯壳鼓肚形貌，分析了周期性鼓胀变形作用下宏观偏析的形成机理，证明了胀形效应是中心偏析形成的主要原因。然而，相邻支撑辊之间坯壳鼓肚的真实形状并不是余弦曲线，并且相邻支撑辊间鼓肚最大挠度向下游支撑辊偏移，会直接影响铸坯内部熔体流动与溶质偏析行为。我们团队[17]进一步考虑了宽厚板连铸坯

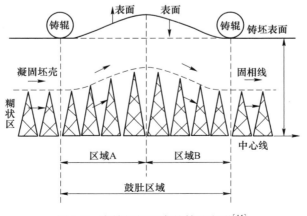

图 1-3　支撑辊间坯壳的鼓肚变形[14]

非均匀坯壳鼓肚对溶质传输的影响，与余弦曲线坯壳形貌相比，非均匀鼓肚形貌将进一步地加剧铸坯中心偏析缺陷。

1.1.1.4　热收缩理论

20 世纪 80 年代，Lesoult 和 Sella[18] 认为鼓肚变形并非宏观偏析形成的主要原因，并提出了固相热收缩理论，即凝固过程中密度随着温度的降低而连续地变化，导致凝固相发生线性收缩或体积收缩从而产生一定的空穴，这些空穴的负压效应将促进枝晶间溶质富集液相与固相的相对流动，即富含溶质元素的钢液被吸入铸坯心部形成中心偏析，而未能补缩的部分形成中心疏松与缩孔。Raihle 和 Fredriksson[19] 采用铸锭凝固实验模拟了连铸过程，并建立了相应的数学模型进行分析，同样认为凝固终点的温度降低引起了体积收缩，形成了管状空洞，同时在负压抽吸作用下形成了偏析。El-Bealy[20,21] 进一步系统分析了不同冷速下的铸坯枝晶间应变与溶质偏析行为，指出随冷速增加，枝晶间应变区内的压缩应变也相应增加；随着冷速降低，相同应变区内转化为拉应变；其研究结果表明，枝晶间拉伸应变将导致正偏析，压缩应变将导致负偏析，偏析水平主要取决于枝晶间应变履历及其速率。然而，连铸坯中心区域不仅存在正偏析，临近中心区域还存在负偏析缺陷，单一的热收缩理论并不能同时针对毗邻的正、负偏析缺陷给予科学解释。此外，对于连铸坯内部伴生的疏松、缩孔缺陷，仅仅依靠收缩理论同样不能准确揭示其形成原因。

1.1.1.5　温度梯度理论

1953 年，Pellini[22] 指出温度梯度在孔隙形成中起着重要作用。1981 年，Niyama 等[23] 通过大量的商业铸造实验对此进行了详细讨论，指出存在一个可避免疏松的温度梯度阈值，该阈值取决于特定铸件的形状和尺寸；1982 年，Niyama 等[24] 通过实验绘制了临界温度梯度，该温度梯度与每种铸件的冷却速率的平方根成反比，这一发现正是著名的 Niyama 准则，$Ny = G/\sqrt{v}$，其中 G 为温度梯度，v 为冷却速率。1983 年，Engström 等[25] 研究了凝固过程中两种凝固前沿温度梯度的差异，并指出这种差异会导致铸坯连铸过程中出现气孔；2005 年，Monroe[26] 通过应用 Niyama 准则，提出可以在凝固模型中预测由于收缩引起的铸钢件微孔率，Niyama 值越低，孔隙率越高；2009 年，Carlson 和 Beckermann[27] 引入了凝固特性和糊状区临界压力，提出了一种无量纲的 Niyama 判据，该判据可直接用于预测金属凝固过程中收缩孔隙的体积分数，也是目前应用最为广泛的缩孔预测模型。

1.1.1.6　溶解气体逸散压力理论

2005 年，Stefanescu[28] 指出封闭的收缩缺陷与糊状区孔洞的成核和生长密切相关，即取决于金属中的杂质水平和溶解气体的量。2011 年，Stefanescu 与 Catalina[29] 从基于压力平衡的孔隙形成物理规律分析，只有当糊状区压力迫使液体从最后一个区域流出凝固时，才会形成缩孔。2020 年，Kweon 等[30] 指出收缩是微孔形成的主要因素，同时由于气体在固态金属中的溶解度远比在液态金属中的溶解度小，在凝固结束时会产生气泡，气泡可能被夹在枝晶间糊状带内；该理论的主要假设是：如果糊状区内的气体压力超过了局部压力和表面张力引起的压力之和，就会产生微孔。目前，溶解气体逸散压力理论已经成为微观缩孔形成的研究热点。

1.1.2 连铸坯中心偏析与疏松的控制手段

针对上述连铸坯中心偏析与疏松的形成机理，减少或消除中心偏析和疏松的技术可大致分为以下三类。

（1）减少钢中的非金属夹杂物与有害元素，代表性技术为通过洁净钢冶炼去除夹杂物或控制其分布形态等。

中科院金属所李殿中团队[31] 指出夹杂物在浮力作用下的传输行为是偏析缺陷的形成原因之一。在钢的凝固过程中，钢中富含磷、硫、氢、氮、氧等有害元素易形成细小夹杂物并弥散聚集和生长；在低固相分数的糊状区内，受枝晶臂阻挡的夹杂物会在浮力驱动下发生流动传输行为，有效地扰动糊状区内流场，改变局部溶质流动模式，从而形成溶质偏析缺陷。此外，夹杂物在浮力驱动下也会使周围富含溶质熔体、低熔点杂质（硫化物）和气泡发生伴随流动，使局部熔点降低并重新熔化或侵蚀枝晶干，进一步促进溶质偏析缺陷的形成。图 1-4 为枝晶间夹杂物浮力驱动示意图。

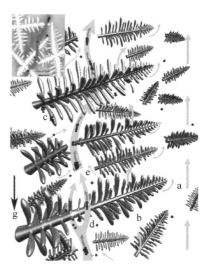

图 1-4　枝晶间夹杂物
浮力驱动示意图[31]

通过铁水预处理、炉外精炼等手段可充分脱硫脱磷、去除钢中非金属夹杂物等。但上述手段并不能完全去除有害元素，也不可能完全消除夹杂物，且高硫钢、高磷钢、较高微合金含量钢种（易形成碳氮化物）等更无法通过此方法解决偏析问题。

（2）提高连铸坯的等轴晶率，代表性技术为低过热度浇铸、结晶器电磁搅拌、结晶器喂钢带/钢线、结晶器磁致脉冲振荡等。

凝固界面在三维空间内自由迁移而形成的是等轴晶，而凝固界面在三维空间内逆热流方向迁移而形成的是柱状晶。柱状晶与等轴晶的枝晶干内溶质分布较均匀，而在再分配作用下溶质在枝晶臂间发生富集，形成局部偏析。其中，若柱状枝晶发达，易引起枝晶搭桥而阻塞熔体补缩通道，造成中心偏析、疏松、缩孔等缺陷；而铸坯中心等轴晶细小且致密分布，将压缩晶粒间的富含溶质元素熔体的分布空间，极大地降低中心偏析、疏松、缩孔等缺陷的发生风险。

通过在中间包、结晶器及其附近区域实施低过热度浇铸[32]、结晶器电磁搅拌[33]、结晶器喂钢带/钢线[34]、脉冲磁致振荡[35]等技术手段（见图1-5）可有效提高连铸坯的等轴晶比例，从而提升铸坯的均质度。其中，采用中间包感应加热、等离子加热等技术可实现较为稳定的低过热度浇铸，从而有效增加液相穴内等轴晶数量。结晶器喂钢带/钢线技术可通过加入钢带/钢线的熔化吸热降低结晶

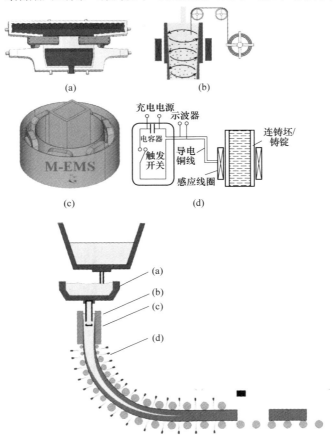

图 1-5 有效提升连铸坯等轴晶比例的技术
（a）低过热度浇铸；（b）结晶器喂钢丝/钢带；
（c）结晶器电磁搅拌；（d）脉冲磁致振荡

器内过热度，而且能够利用钢带/钢线的振动加入引起能量起伏与成分起伏，增加形核质点并增大形核过冷度，达到提高等轴晶率、改善铸坯中心偏析、疏松等缺陷的目的。然而，目前在喂带/线过程中不可避免地引入夹杂物，因此限制了其工业化应用。结晶器电磁搅拌通过提高钢液流动速度，铸坯心部钢液热量快速散失，提高形核过冷度，使铸坯心部等轴晶率明显提升，从而改善铸坯内部缺陷。脉冲磁致振荡技术是通过脉冲电流诱发感应电磁力，促使已凝固晶核在脉冲波引起的流动作用下从凝固界面脱落，达到细化凝固组织、改善凝固缺陷的目的。图1-5为有效提升连铸坯等轴晶比例的技术。

（3）改善凝固末期溶质传输、补偿凝固收缩，代表性技术为凝固末端电磁搅拌、凝固末端压下等。

连铸坯两相区内富含溶质偏析元素钢液的长距离传输是引起宏观偏析的主要原因，其在传输过程中形成"V"形偏析缺陷，在铸坯中心汇集后形成中心偏析缺陷。与此同时，凝固组织将阻塞补缩通道而导致熔体流动性变差，形成铸坯疏松、缩孔缺陷。通过凝固末端电磁搅拌[36]、凝固末端压下[17]等技术可以调控铸坯中心凝固组织、改变凝固末期铸坯中心富集溶质元素钢液的传输，从而改善铸坯中心偏析、疏松、缩孔等冶金缺陷。

电磁搅拌的感应运动抑制了柱状晶的形成，避免了大树枝状枝晶，或游离枝晶在最后凝固区域形成的"搭桥"现象。电磁搅拌技术可以降低V形偏析，但其搅拌位置一般难以根据钢种、断面、拉速等灵活调整，当搅拌位置不合适时会引起白亮带负偏析，且在固相率较高、铸坯断面较大时，搅拌作用不明显。图1-6为结晶器电磁搅拌对凝固组织的影响。

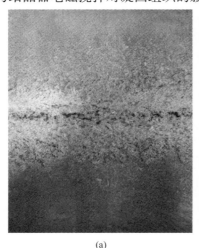 

(a)　　　　　　　　　　　　(b)

图1-6　结晶器电磁搅拌对凝固组织的影响

（a）弱电搅；（b）强电搅

通过在连铸坯凝固末期附近施加压力（热应力和机械应力）以产生一定的压下量，可阻碍含富集偏析元素钢液的聚集，从而消除中心偏析；同时补偿连铸坯的凝固收缩量以消除中心疏松[37]。与热应力压下技术（主要通过凝固末端强冷实现小断面连铸坯收缩）等相比，辊式压下应用范围更广、设备投资与维护成本较低、可实施更大的压下变形量，是最常见的轻压下实施方式。

1.2 连铸坯凝固末端压下工艺机理及关键参数

凝固末端压下是重要的连铸外场调控技术之一，根据工艺目的、适用铸机类型、发展历程等不同，可大致分为轻压下与重压下两种技术。其中，轻压下最早由日本新日铁提出，压下变形量一般不超过铸坯厚度的5%，其主要针对常规断面尺寸连铸坯，在完全凝固前实施一定的压下量挤压排出富含溶质偏析钢液，即促进溶质均质化分布；与此同时还可补偿凝固收缩，改善疏松。因对铸坯中心偏析与疏松的改善效果最明显，目前轻压下技术已在全世界的超百条连铸产线广泛应用，是先进铸机的标配技术。

近年来，随着钢材质量和规格要求的不断提升，铸机断面朝着大型化方向发展，如营口中厚板新建470mm厚板坯连铸机，本钢、石钢、兴澄特钢等均建设了400mm×500mm以上断面大方坯连铸机。目前我国已建成投产厚度≥250mm宽厚板坯连铸机50余台，断面≥350mm×350mm大方坯连铸机30余台，采用较大断面连铸坯生产高端大规格钢材产品已成为连铸的主要发展方向之一。然而，随着铸坯断面的增宽加厚，凝固时间延长3～4倍，中心偏析与疏松区域等比例放大，常规轻压下的变形量已无法解决此难题。因此，针对大断面连铸坯凝固坯壳厚度大，厚板/特厚板、大规格型/棒材产品探伤要求严苛等实际需求，在轻压下工艺技术基础上逐渐发展形成了凝固末端重压下技术。凝固末端重压下在铸坯完全凝固前、凝固终点及完全凝固后一定范围内实施，压下量可达铸坯厚度的10%以上，一方面可突破常规轻压下变形量无法充分渗透至大断面连铸坯心部的局限性，同时充分利用凝固末端铸坯内热外冷高达500℃的温差，实现压下量向铸坯心部的高效传递，以达到充分改善偏析疏松、闭合凝固缩孔的工艺效果。

从控制角度，轻压下与重压下的作用方式是相同的，即通过在凝固末端一定范围内实施一定压下变形量以提升铸坯内部质量，均可归类为凝固末端压下技术，即均需要回答"在哪儿压、压多少"的核心问题，而其对应的两个关键工艺控制参数为压下区间与压下量。

如图1-7所示[38,39]，压下区间指压下的作用区域，对于轻压下而言一般在完全凝固前实施，常采用连铸坯中心固相率（f_s）表示，其为凝固末端两相区内固相分数。压下量用于表征压下区间内施加多少变形量，其中压下量又分为单个压下辊的压下量或多个压下辊的压下总量；由于板坯连铸生产过程多采用扇形段完成凝固末端压下，在一个扇形段内单位长度上的压下量是不变的，因此也可用压下率参数表示，其单位一般为 mm/m。由于压下作用需传递至铸坯心部才能起到改善溶质偏析和中心疏松的效果，因此常采用压下效率用于表征压下量从铸坯表面向其心部的传递效率，即有多少压下变形量传递至了铸坯心部，通常采用铸坯心部变形量/表面变形量。此外，还有压下速率参数，即根据铸坯拉坯速度计算得到的单位时间内的受挤压变形量。

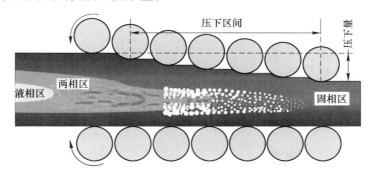

图 1-7　凝固末端辊式压下示意图

1.2.1　压下区间

合理的压下区间参数是有效解决中心偏析与疏松，并避免中间裂纹缺陷产生的关键，国内外研究学者从物理实验与数值模拟等角度进行了大量的科学研究。20 世纪 80 年代，根据凝固过程中枝晶间流动受阻是溶质偏析形成的主要原因这一机理，如图 1-8 所示，Takahashi 和 Hagiwara[40,41]通过钢锭凝固实验将糊状区按照固相分数不同划分为三个区域，认为应在晶间熔体能够流动的 q_1 区（$0.3 < f_s < 0.7$）开始实施压下。在固相分数较高（$f_s > 0.7$）的 p 区，晶间溶质流动受阻，仅能存在于部分未凝固区域，并形成溶质偏析缺陷；随着固相分数的降低，位于 q_1 区内的晶间溶质虽然面临着较大的流动阻力，但是能够实现固相骨架间的流动；在固相分数较低（$f_s < 0.3$）的 q_2 区，晶间溶质流动阻力大幅减小，能够与心部液相充分混匀，可有效抑制正偏析形成。Ogibayashi 等[42]同样采用固相分数对压下区间进行了划分，认为应在固相分数为 0.1~0.3 时开始实施压下，在固相分数为 0.6~0.9 时结束，当固相分数大于 0.9 时，液相流动受阻而无法发挥压下工艺效果。此后，为了最大程度地利用连铸凝固末端压下技术提升铸坯的内部质量，Bleck[43]、Ito[44]、Yim[45]、Qi[46]等研究者们都通过物理模拟与生产试验等手段得出连铸轻压下压下区间结束位置的固相率不应超过 0.96。

我们团队的罗森等[47]从凝固角度出发，认为钢中各溶质元素都将直接影响铸坯的凝固行为，且各个元素都存在着对应的最佳压下区间位置，并基于溶质偏

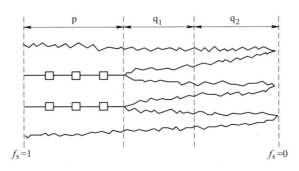

图 1-8　凝固过程两相区示意图[40]

析计算建立了凝固末端压下理论计算模型。此外，针对宽厚板坯非均匀凝固的特点，在准确描述凝固前沿形貌的基础上，我们团队提出了宽厚板坯压下区间工艺[48]，打破了仅依赖铸坯中心线凝固进程设计压下区间的局限，有效改善了铸坯宽向 $1/8 \sim 1/4$ 区域偏析缺陷，保障了全断面溶质偏析的同步改善。

　　虽然研究者们在压下区间的理论研究方面已基本达成一致，即在连铸坯的两相区进行压下，但生产一线给出的实践结果却仍存在较大差异，见表 1-1。

表 1-1　国内外企业压下区间参数

企　业	应　用　范　围		固相率 f_s
中国济钢[49]	中厚板		$0.5 \sim 0.95$
芬兰 Rautaruukki[50]	微合金钢 $w[C] = 0.088\%$	$210mm \times 1825mm$	$0.15 \sim 0.8$
		$210mm \times (1250 \sim 1475)mm$	$0.3 \sim 0.9$
中国台湾中钢[51]	大方坯		$0.55 \sim 0.75$
韩国浦项[52]	S82 方坯 $250mm \times 330mm$		$0.3 \sim 0.7$
韩国现代钢铁	管线钢 $250mm \times 2200mm$		$0.2 \sim 1.0$
中国鞍钢鲅鱼圈	管线钢 $250mm \times 2000mm$		$0.6 \sim 0.95$

　　实际上，由于简单的凝固传热计算模型无法考虑两相区内溶质偏析等复杂规律，因此过程控制系统的热跟踪模型很难准确预判凝固进程，这是导致压下区间与铸坯低倍质量无法准确对应的关键所在。

　　近年来，我们团队通过建立连铸过程电磁搅拌、凝固末端压下等多外场作用下的"液相-柱状晶-等轴晶"多相凝固模型，实现了铸坯宏观熔体流动、传热与微观晶粒形核生长的多尺度模拟，系统分析了热收缩、凝固收缩、热浮力、溶质浮力作用下的两相区液相流动与溶质传输行为[53]，提出了在连铸凝固末期大变形压下可有效抑制溶质加速富集的新机制，为实现高均质度铸坯的稳定生产提供了理论支撑[17]。详见本书第 5 章。

1.2.2　压下量

压下量需完全补偿压下区间内钢液在凝固过程中的体积收缩量，才能防止富集溶质钢液的流动。然而，压下量过大会导致铸坯内部产生裂纹，并使扇形段夹辊受损；压下量过小则对中心偏析和疏松改善不明显。因此，压下量大小必须满足三个要求：（1）能够补偿压下区间内的凝固收缩；（2）减少中心偏析和中心疏松；（3）避免铸坯产生内裂，要在铸机扇形段许可的压力范围内。

研究者们对于压下量的计算提出了很多方法[54~58]。基于铸坯拉坯方向上的质量守恒，新日铁的 Sugimaru 等[54]首先推导出了大方坯的压下率模型，并分析了影响压下率的因素。Zeze 等[55]通过轻压下对未凝固钢锭的偏析和变形行为实验研究得出了液芯厚度与压下量对 V 形偏析的综合影响。如图 1-9 所示，试样内 V 形偏析缺陷随着压下量的增加而不断减少；压下量过大将形成白亮带；此外，所需的压下量随着液芯厚度的增加而增加。但当液芯厚度达到临界值后，继续提高压下量将不能改善 V 形偏析，反而会恶化内部质量，产生内裂。由图 1-10 可知，在压下速率小于 0.02mm/s 时，压下量的提升对 V 形偏析的改善无效果，这是因为压下速率小于凝固收缩速率，来不及充分补充凝固收缩；同时，由于压下速率的增大导致应变率增加，相应的临界应变变小，从而临界压下量减少。Isobe 等[56]提出了用凸辊（Crown Roll）实施轻压下从而改善连铸大方坯中心偏析，并建立了压下力与压下量关系的数学模型、压下速率数学模型和压下效率数学模型，进而分析了压下辊布置与压下辊数量对压下力与压下量关系的影响以及轻压下扇形段载荷传递行为。

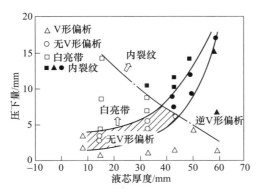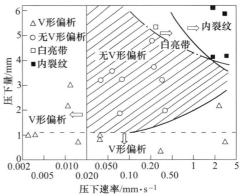

图 1-9　压下量和液芯厚度对 V 形偏析的
影响（液芯厚度 32mm）[55]　　图 1-10　压下速率和压下量对 V 形偏析
的影响（压下速率 0.35mm/s）[55]

从实际生产来看，芬兰的 Rautaruukki 钢铁公司[50]在浇铸 210~1825mm 的低合金钢时最佳压下量为 1.5mm，而且得出在压下率小于 1.00mm/m 时，压下不会对铸坯表面质量产生负面影响。韩国浦项[57]发现，随着压下量的增加，中心偏析不断降低，但压下量超过 6mm 之后，中心偏析并无进一步改善，且内部裂纹也将凸显，因此合理的总压下量为 6mm。根据我们团队的理论研究与实践探索，一般情况下板坯的压下速率为 0.55~1.1mm/min，方坯为 1~1.2mm/min，板坯的轻压下总量一般不超过 10mm，方坯的轻压下总量一般不超过 15mm。然而，压下量（压下率）钢种、铸坯断面及生产条件密切有关。例如，对于 210mm 厚普通板坯，生产 Q234 等钢种所用轻压下总量约 3mm 即可达到较好的工艺实施效果。但若生产同样规格的高碳高合金钢种，如汽车零部件用精冲钢，压下总量超过 7mm 才能有效解决偏析和疏松缺陷。

我们团队[58,59]根据铸坯凝固收缩补偿原理（铸坯在拉坯方向上质量不守恒），推导出了大方坯压下量和板坯压下率的积分模型。公式（1-1）给出了大方坯连铸拉矫机压下量理论计算方法。

$$R_i = \frac{\Delta A_i}{\eta_i X_i} = \frac{\int_0^{Y_i}\int_0^{X_i}\rho(x,y,z_i)\mathrm{d}x\mathrm{d}y - \int_0^{Y_{i-1}}\int_0^{X_{i-1}}\rho(x,y,z_{i-1})\mathrm{d}x\mathrm{d}y}{\rho_1\eta_i X_i} \qquad (1\text{-}1)$$

式中　　　R_i——第 i 个拉矫机最小理论压下量；

　　　　　A_i——凝固补缩面积；

　　　　　η_i——压下效率；

　　　　　X_i——第 i 个拉矫机下的铸坯宽度；

$\rho(x,y,z)$——铸坯在 (x,y,z) 坐标下的密度；

　　　　　ρ_1——钢液密度。

利用该模型，结合铸坯三维凝固传热计算得到的沿拉坯方向温度分布与质量收缩量，对液芯补缩钢液、液芯压下量、表面压下量进行了理论计算，并将该模型运用到轴承钢、帘线钢、弹簧钢等大方坯连铸生产实践，取得了较好的冶金效果[59]。近年来，我们团队基于多相凝固模型模拟了"V"形偏析与中心偏析的形成机理及抑制它们所需的变形量（详见第 5 章），压下量对铸坯中心区域缩孔的闭合作用效果及相应的压下量需求（详见第 4 章），进一步完善发展了压下量工艺理论。

1.2.3　压下效率

凝固末端压下过程中，只有施加在铸坯中心的变形量才能起到挤压液芯、均匀偏析溶质、闭合缩孔的工艺效果。因此，铸坯变形对压下率的影响可用压下效率来表示，其也可用来衡量压下时凝固坯壳对铸坯表面压下量的消耗程度。

20 世纪 80 年代，日本学者 Hayashida 等[60]提出了轻压下作用时固液界面位移量与铸坯表面位移量之比为压下效率，并采用简化的变形模型分析了拉速 1.2m/min 条件下 210mm×800mm 板坯距离铸坯凝固终点不同位置压下效率的变化规律。Ito 等[61]认为轻压下时铸坯液相穴减少量与铸坯表面的压下量之比为压下效率 η（见图 1-11），计算公式如下：

$$\eta = \frac{h_0 - h_1}{H_0 - H_1} \tag{1-2}$$

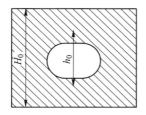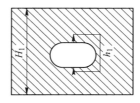

图 1-11 压下效率示意图

Ito 等采用三维有限元的方法以及实验分析了辊径和铸坯尺寸对压下效率的影响，回归得到了压下效率经验公式：

$$\eta = \exp(2.36\lambda + 3.73) \times \left(\frac{R}{420}\right)^{0.587} \tag{1-3}$$

式中　R——压下辊的辊径，mm；

　　　λ——铸坯形状指数。

Ito 等人的压下效率模型只考虑了压下作用时铸坯厚度方向的压下量传递。我们团队的林启勇博士[62]提出了采用轻压下作用时铸坯表面二维变形量传递到凝固前沿的效率来表示压下效率，更准确地描述了轻压下作用时传递到液相穴用于补充凝固收缩的压下量效率，如图 1-12 所示。计算公式如下：

$$\eta = \frac{\Delta A_i}{\Delta A_H} \tag{1-4}$$

式中　ΔA_i——轻压下时铸坯凝固前沿液芯变形面积，mm^2；

　　　ΔA_H——轻压下时铸坯表面的变形面积，mm^2。

然而，对于非均匀凝固的宽厚板坯来说，凝固末端液芯的形貌复杂，加之凝固末端重压下压下区间也还包含有无液芯区域，因此我们团队在准确模拟铸坯压下过程变形行为规律的基础上，进一步通过分析横断面上等效应力分布、静水应力积分以及缩孔闭合度等方法评估辊型结构、驱动力分配、压下量分配等对压下变形向心部传递率的影响规律[59,63~66]。详见本书第 4 章。

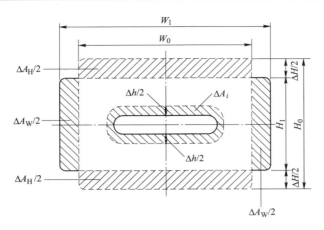

图 1-12　轻压下坯壳横截面变形示意图

1.3　凝固末端压下的发展历程与代表性技术

　　凝固末端压下技术可大致分为三个发展阶段。自 20 世纪 60 年代开始，日本研究者们逐渐认识到在连铸坯凝固末端施加变形量可有效提升铸坯内部质量，开展了一系列的探索研究工作，由于这些技术在连铸机末端固定位置进行压下，被称为静态轻压下技术。自 20 世纪 90 年代开始，随着连铸机远程辊缝调节技术和凝固末端预测技术的发展，欧洲的奥钢联（现普瑞特公司）等冶金工艺装备公司提出了动态轻压下技术，即根据钢种、拉速、断面等动态调整轻压下的作用区间和压下量，以适应工艺条件的改变。近十几年来，随着高端大厚规格钢材产品需求的增加，连铸坯断面逐渐增宽加厚，且钢中碳及合金成分显著增加，常规的轻压下变形量已无法满足高端大规格钢材产品的高均质度与高致密生产需求，国内外的研究者们开展了凝固末端重压下技术的探索与工业应用研究。

1.3.1　凝固末端静态轻压下

　　1974 年，日本钢管株式会社（Nippon Kokan Kaisha，NKK）公司第一次提出了机械应力轻压下的概念，认为在板坯的两相区末端，至少采用两对辊子，每对辊子将铸坯压下 2%，可以有效提高铸坯中心的致密度，并将其应用于生产过程中[67,68]。该方法为典型的静态轻压下方法，即按预先设计的固定值设定好连铸机辊缝。该方法只能在固定的拉速和浇铸温度下才能达到较稳定的工艺效果，因此实际应用过程受到了很大的限制，但其为采用轻压下技术来改善铸坯内部质量提供了发展思路。自此以后，人们对轻压下的系统全面实验和理论研究陆续展开[69,70]。

　　初期的辊式压下装置使用整体辊，其辊径大，辊距也大，易导致铸坯坯壳在前后两对夹辊间产生鼓肚，不能充分减轻中心偏析。同时，由于辊身过长，在压下过程中容易弯曲变形。为了改善轻压下的效果，1976 年 NKK 在板坯连铸机的轻压下区安装了由分节辊组成的轻压下扇形段并取得了良好的应用效果，自此轻压下技术开始在世界范围内迅速推广[71~74]。图 1-13 为小辊径分节辊轻压下扇形段示意图。

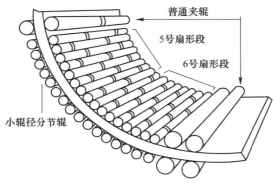

图 1-13　小辊径分节辊轻压下扇形段示意图[71]

80 年代末，NKK 公司提出了预置鼓肚轻压下技术（Intentional Bulging and Soft Reduction，IBSR）[72]，即先有意放大辊缝，在连铸坯凝固末端人为制造鼓肚来改变凝固终点形状，然后实施轻压下以获得良好铸坯质量的方法，如图 1-14 所示。该技术有助于改善板坯凝固末期不规则坯壳形貌，促进钢液流动，进一步提升轻压下工艺效果。然而，在增大鼓肚变形阶段，若坯壳较薄，较大的鼓肚变形易造成铸坯两侧区域内裂纹缺陷。

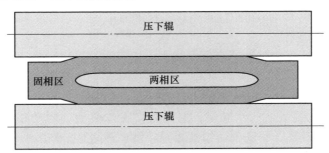

图 1-14　人为鼓肚压下示意图

90 年代初，日本新日铁提出了圆盘辊轻压下法（Disk Roll Soft Reduction，DRSR），又称为凸形辊轻压下法[73]。该技术最大特点在于采用带有凸台的凸型辊代替平辊实施压下。由于铸辊凸台区域仅对铸坯中心偏析及疏松区域施加压下变形，因此，可避开铸坯两侧已凝固区域的支撑作用，提升铸辊压下能力。韩国浦项制铁将该技术用于 400mm×500mm 断面大方坯连铸生产过程，并采用数值模拟分析了凸型辊轻压下过程铸坯应力应变规律，工业试验结果表明采用凸型辊压下 14mm 后可显著降低大方坯中心偏析[74]。本书也提出了渐变曲率凸型辊技术，

并在攀钢等企业的大方坯连铸产线上推广应
用，在相同压力下变形量提升了 2.5 倍以
上，而且通过渐变曲率弧的设计降低了压下
过程凸起部位的应力应变集中，有效提升了
铸辊的使用寿命。详细设计及应用见第 7
章。图 1-15 是圆盘辊压下示意图。

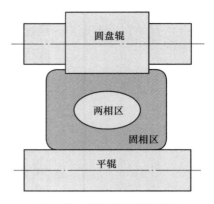

1.3.2　凝固末端动态轻压下

　　早期开发的轻压下工艺均属静态轻压下
类型，即浇铸过程中采用预设静态收缩辊
缝，生产过程中辊缝不可调整。由于静态
轻压下辊缝固定，其对浇铸过程稳定性

图 1-15　圆盘辊压下示意图

（如拉速、钢水过热度等）要求较高，需避免浇铸工况波动造成的铸流凝固
终点大幅变化，以保障在合理的铸流区域实施压下。然而，随着生产节奏及
浇铸过程中钢种、拉速及钢水过热度等工艺参数变化，凝固终点势必会发生
一定改变，导致静态轻压下工艺效果不稳定。

　　20 世纪 80 年代末，随着薄板坯近终型连铸连轧短流程技术的发展，为减小
薄板坯厚度，利用远程辊缝可调节扇形段在连铸二冷区范围内对带液芯连铸坯厚
度进行在线调节成为一种必要手段。例如原德马克（Demag）公司在意大利的阿
尔维迪的 ISP（Inline Strip Process）生产线上采用了带液芯压下功能，铸坯经压
下后厚度可以减少 15mm 左右。正是这一技术的出现，为常规板坯的远程动态辊
缝调节创造了设备条件。

　　1997 年，VAI 率先将动态轻压下技术应用于芬兰罗德洛基（Rautaruukki）的
6 号板坯连铸机上[75,76]。该铸机拉矫装置由 15 个具有辊缝远程可调能力的
SMART®（Single Minute Adjustment and Restranding Time）扇形段组成，其结构如
图 1-16 所示，主要包括：外框架、内框架、支撑框架、驱动辊液压调整装置、
内框架液压调整装置、驱动辊、扣紧装置、供水管路等。该扇形段通过角部四个
液压缸使内、外框架沿铸坯拉坯方向形成夹角，即入口辊缝大于出口辊缝，运行
中的铸坯通过扇形段后厚度方向减薄，从而完成压下实施。

　　同时，该铸机上首次应用了动态二冷和在线热跟踪模型——DYNCOOL®[77]
和在线自动辊缝设定模型 ASTC®（Automatic Strand Taper/Thickness Control）[78]，
其中 DYNCOOL® 模型是 DYNACS®（Dynamic Strand Cooling Management System）
模型的前身。

1.3.2.1　远程辊缝可调扇形段

　　动态轻压下技术要求能够快速远程调整扇形段的辊缝值，以实现随着凝固末

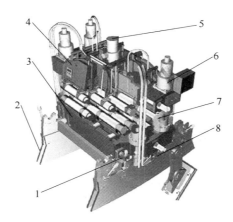

图 1-16　连铸机扇形段结构示意图
1—扣紧装置；2—支撑框架；3—外框架；4—内框架；5—驱动辊液压调整；
6—内框架液压调整；7—整个驱动辊；8—供水管路

端位置变化的轻压下实施[79]。针对此要求，铸坯的辊道采用段式结构，一个扇形段内包括 5 对或 7 对铸辊；采用液压驱动系统，既能保证速度，又能保证精度[80]。目前，国外铸机的扇形段大多能够实现液压夹紧和远程辊缝调节，动态轻压下技术已经被广泛的应用于连铸工艺设计之中，其中发展较为成熟已经投入工业生产应用和商业推广的有 VAI 的 SMART® 扇形段[81]，DDD 的 OPTIMUM® 扇形段和 SMSD 的 CYBERLINK® 扇形段。

1.3.2.2　凝固末端位置的预测

轻压下是对凝固末端的一段区域进行压下，凝固末端位置的确定是实施动态轻压下的前提。目前用来确定凝固末端位置主要有两种方法，一种是通过在线热跟踪模型的实时计算结果判定，另一种是通过安装在扇形段上的压力传感器实时探测判定。热跟踪模型计算方法要求模型计算结果准确，计算时间短（周期为秒级）。如 Danieli 开发的 LPC 模型就能根据钢种、浇铸温度、拉速等变化因素在线计算铸坯的凝固末端位置[82,83]。VAI 的 DYNACS® 也可根据不同的浇铸条件在线预测凝固终点位置[84]。

不同企业提出的传感器探测判定方式有所差别，但基本原理都是在轻压下实施过程中通过对完全固态和带液芯铸坯的不同压力检测反馈信号进行处理，确定出凝固末端的位置。如德国一家公司开发的传感器集成于 CasterCrown 中，可以预测出凝固终点位置[85]。CYBERLINK® 扇形段通过上框架的周期性低幅（约 2mm）低频（约 2Hz）振动，可在线探测铸坯凝固终点位置[86]。2004 年，CY-BERLINK® 扇形段已经正式在德国 Salzgitter 新 3 号板坯连铸机投入使用；DDD 也开发了实际液相穴末端监测技术（ALCEM）应用于 OPTIMUM®扇形段，即通过压力反馈信号来判断压下位置是否准确。

通过扇形段在线检测铸坯压力反馈值进行凝固末端定位已成为动态轻压下技术的发展趋势之一，但采用热跟踪模型进行在线"软测量"仍然是必不可少的手段，例如 DDD 公司就采用了凝固及温度跟踪模型与压力检测相结合的技术。目前国内已引进的带有动态轻压下功能的连铸生产线大多不具备扇形段压力反馈检测功能，从系统升级和新产品开发角度考虑都必须依靠热跟踪模型进行凝固末端定位。此外，从铸坯质量控制角度分析，在线温度场实时计算是实现温度反馈二冷控制的前提条件[87]，而稳定的二冷控制又是动态轻压下有效实施的重要保证，因此进一步提高在线热跟踪模型的计算精度将继续成为研究的热点和难点。近年来，我们团队研发形成了基于软测量与真检测相结合的凝固末端形貌、位置高精准度在线探测技术，实现了压下变形、溶质迁徙等因素下凝固终点的准确预测。详见第 7 章。

1.3.2.3　轻压下技术的应用

我国钢铁企业也较早引入了动态轻压下技术。2003 年，宝钢梅山钢铁公司在 2 号板坯连铸机上首次引入了动态轻压下技术，所生产板坯中心偏析 C 级比例达到了 97%[88]。同年，攀钢为改善其重轨钢大方坯内部质量，首次完成动态轻压下技术在大方坯连铸机上的应用。结果表明，动态轻压下技术可大幅改善重轨钢大方坯内部质量，中心位置碳偏析指数由 1.17 降低到 1.05[89]。目前，动态轻压下技术已在世界范围内得到了全面推广应用，成为现代化连铸机的重要标志之一，典型钢企在板坯与方坯轻压下技术应用及效果分别见表 1-2 与表 1-3。

表 1-2　国内外板坯连铸轻压下技术的典型应用效果

企　业	铸坯断面	实　施　效　果
日本福山钢厂[90]	220mm×1950mm	板坯点状偏析级别均匀减少
日本新日铁[86]	210/240mm× (960~2200)mm	f_s>0.25 时，纵断面内中心偏析波动减弱
中国武钢三炼钢[91]	210/230/250mm× (1350~2150)mm	A 级偏析消除，C 级≤1.0 级比例提高 6.1%以上
中国上海梅钢[92]	210/230mm× (900~1320)mm	中心偏析 C 级率达 100%，中心疏松≤0.5 级比率达 98%，中心裂纹和三角区裂纹≤0.5 级比率均达到 96%
中国莱钢[93]	200/250/300mm× (1600~2500)mm	中碳钢中心偏析 B 级 0.5~1.0 级，中心疏松 0.5 级；高碳钢中心偏析 A 级 1.0 级，中心疏松 1.0 级；低碳合金及管线系列钢种中心偏析 B 级 0.5 级，中心疏松 0.5 级

企　业	铸坯断面	实　施　效　果
中国泰山钢铁[94]	200mm×1600mm	C、S 中心偏析指数由 1.30 变为 1.05
中国阳春新钢铁[95]	220mm×1500mm	压下量>1.5mm，且 f_s=0.45~0.75，中心偏析等级 C 级 1.0 级，中心疏松等级小于 0.5 级
中国武钢鄂城钢铁[96]	250mm×2000mm	拉速 0.95m/min，f_s=0.4~0.9，压下量 6mm 时板坯中心偏析 I 级平均合格为 98.0%
中国涟源钢铁[97]	230mm×1310mm	中心疏松和中心偏析 C 级 0.5 级
中国邯钢[98]	180/220/250mm×（1400~1900）mm	铸坯质量合格率由 97.5% 提高到 99.5% 以上
中国新余钢铁[99]	250mm×1870/2070mm	偏析<0.5 级比例上升 4.5%，升幅为 13%；0.5~1.5 级的比例上升了 15.1%，升幅为 37.5%；大于 1.5 级的 C 级偏析仅占 5.8%
中国宝钢韶关[100]	150mm×（2600~2800）mm	中心疏松 1.0 级、中间裂纹 0.5 级比例 80% 以上，探伤合格率 98% 以上
中国马钢[101]	230mm×（950~1600）mm	S650MC 钢铸坯中心偏析评级 C 级 1.0 级，热轧卷拉伸试样出现分层比例下降至 0.78%
中国首钢京唐[102]	230mm×（900~2150）mm	中心偏析评级 C 级 0.5 级以下，且未发现铸坯内部裂纹
中国宝钢八钢[103]	220mm×1500mm	压下量超过 1.5mm，铸坯中心偏析等级 C 级 1.0 级以下，中心疏松等级小于 0.5 级
中国三明钢铁[104]	180mm×1400mm 220mm×1600mm 250mm×1600mm	铸坯中心偏析由未经轻压下时的 B 级改善为 C 级
中国首钢京唐[105]	400mm×2400mm	铸坯中心偏析 100% 控制在 C 级 1.5 级以下
中国承钢[106]	200mm×1500mm	中心疏松在 0.5 级左右，中心偏析等级为 C0.5~C1.0，在线缺陷率下降到 0.89%

表 1-3 国内外方坯连铸轻压下技术的典型应用效果

企　业	铸坯断面	实　施　效　果
日本住友金属小仓[107]	300mm×400mm	高碳钢 P70 的棒、线材的偏析指数从 0.93 降低至 0.69；S82 从 1.19 降低至 0.85；SU2 从 0.9 降低至 0.2
中国台湾中钢[108]	220mm×260mm	采用轻压下技术会使中心偏析减轻和分散
中国济钢[109]	120mm×120mm	应用轻压下后，使铸坯中心疏松<1.5 级，达到生产标准
中国奥钢联[110]	280mm×325mm 280mm×380mm	应用动态轻压下后，降低了中心疏松程度

企 业	铸坯断面	实 施 效 果
中国武钢[111]	200mm×200mm	铸坯平均中心碳偏析降低到 1.06 以内，中心碳偏析峰值降低至 1.3 以下
中国北满特殊钢[112]	240mm×240mm	铸坯中心疏松降低至 1.0~1.5 级，V 形偏析和中心缩孔明显改善，铸坯中心平均碳偏析指数降至 1.07~1.13
中国攀钢研究院[113]	360mm×450mm	内部缺陷评级小于一级的比例达到 99.03%，中心偏析指数平均为 1.03，铸坯表面无缺陷率平均达到 99.54%
中国邢台钢铁[114]	280mm×325mm	铸坯中心疏松≤1.5 级比例增至 90.91%，疏松在 0~1 级比例增至 96.36%；中心缩孔≤1.5 级比例增至 96.36%
中国邢台钢铁[115]	285mm×325mm	中心疏松评级≤1.5 级和中心缩孔 0~1.5 级的比例分别增加到 85.0%和 87.5%
中国攀钢[116]	360mm×450mm	铸坯中心疏松评级≤0.5 级的比例提高到 100%，铸坯中心无缩孔比例提高到 98.74%，铸坯横断面碳偏析指数改善为 0.92~1.06，45 号钢内部质量显著改善
中国鞍钢[117]	280mm×380mm	钢坯 C 中心偏析降低到 1.02，S 中心偏析降低到 1.10
中国青岛钢铁[118]	180mm×240mm	轻压下显著改善铸坯 V 形偏析，铸坯中心平均碳偏析指数降到 1.07，最大碳偏析指数由 1.27 降到 1.15
中国本钢[119]	350mm×470mm	轴承钢等高碳钢的中心碳偏析指数能够达到 1.10 以下；中低碳钢的中心碳偏析指数范围缩窄到 0.95~1.05
中国邯钢[120]	380mm×280/325mm	铸坯中心偏析评级≤1.0 级的比例增至 94.6%，中心疏松评级≤1.0 级增至 89.3%。中心缩孔≤0.5 级的比例增至 93.9%
中国宝钢韶关[121]	425mm×320mm	轻压下后中心疏松 100%稳定在 1.5 级以内，碳偏析平均值为 0.99
中国中天钢铁[122]	220mm×260mm	铸坯横截面中心偏析指数由 1.21 降至 1.07，纵向中心偏析整体下降，平均为 1.10
中国济源钢铁[123]	400mm×500mm	实现中心偏析度在 0.92~1.08 的合格率由初期的 55%左右提高到目前的 80%以上

1.3.3 凝固末端重压下

随着连铸坯断面尺寸增宽加厚，传统的轻压下工艺已无法有效改善宽厚板坯及大方坯等大断面连铸坯更加凸显的中心偏析及缩孔疏松等内部质量缺陷。鉴于此，在轻压下工艺基础上进一步发展了凝固末端重压下技术[124~132]。与轻压下工艺相比，重压下变形量一般在铸坯厚度的 10% 左右，远大于轻压下工艺，且重压下施加区域也在轻压下基础上进一步向后延长至铸坯凝固终点及其之后的一定区域，以充分利用铸坯凝固末端附近存在的铸坯"外冷内热"型优势，在避免引发凝固前沿内裂纹的前提下，实现大压下变形量向铸坯心部的高效传递，全面提升铸坯致密度与均质度。此外，大变形压下还会促使奥氏体再结晶，细化连铸组织，利用轧制组织性能的提升。

凝固末端重压下在其发展过程中出现了多种模式，从实施装备角度可大致分为砧板锻压、单辊压下、多辊压下三种结构形式。

早在 20 世纪 90 年代末，日本川崎制铁（Kawasaki Steel）首次开发了连续锻压技术[124,125]。也有部分学者将该技术按时间归入轻压下的范畴，但该技术实施的变形量远超过同期的轻压下技术。

如图 1-17 所示，连续锻压技术通过安装在铸流凝固末端的一对砧板对铸坯实施连续锻压。锻压过程中，内外弧坯壳挤压铸流两相区并最终粘合在一起，促使两相区内枝晶破碎重熔，枝晶间的残余钢液在挤压作用下发生反向流动并与上游钢液重新混匀。该技术可显著改善连铸坯 V 形宏观偏析及缩孔、疏松，并可有效避免内裂纹。该技术实施后，生产的 300mm 厚板坯内部质量优良，实现了轧制压缩比 2∶1 条件下 150mm 厚满足探伤要求特厚板的生产。

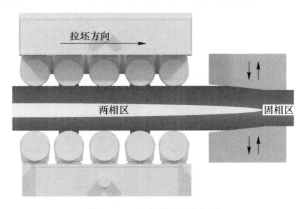

图 1-17 连续锻压示意图

日本住友金属（Sumitomo Metal Industries）开发了板坯缩孔控制技术（PCCS，Porosity Control of Casting Slab）[126]。如图 1-18 所示，该技术通过安装在铸流凝固终点位置的一对轧辊对铸坯实施较大的压下变形。现场试验表明，采用该技术对 300mm 特厚板连铸坯凝固末期施加约 10mm 的大压下变形，可显著改善铸坯的缩孔、疏松缺陷，实现 300mm 厚板坯在低轧制压缩比 2∶1 条件下成功

制备 600MPa 级高强度 150mm 特厚板。中冶东方工程技术有限公司也提出了与
PCCS 实施方案相类似的液芯大压下轧制工艺，但其压下位置处铸坯并未完全凝
固，通过连续挤压排除富含溶质偏析元素钢液，同时破碎枝晶，扩大等轴晶区，
降低偏析，焊合疏松。通过对 250mm 厚板坯进行 60mm 压下，取得了满意的工
艺效果。首钢公司在曹妃甸二期工程的 400mm 厚板坯上也采用了单辊压下 20mm
的重压下技术，不仅对铸坯中心偏析与疏松改善明显，且显著细化了心部组织。
台湾中钢也进行了类似技术的探索实验，在铸机尾部采用大直径凸型辊压下
10mm，有效地消除连铸坯中心疏松，显著提高了厚板的探伤合格率与低温冲击
韧性。

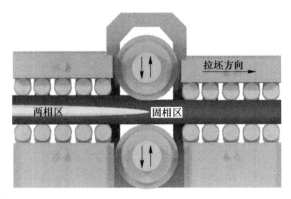

图 1-18　日本住友金属 PCCS 技术示意图

日本新日铁公司（Nippon Steel）开发了新日铁大压下技术（NS-BLR，
Nippon Steel-Bloom Large Reduction）[127]，其与 PCCS 技术形式相似，在大方坯上
实现了单辊重压下。如图 1-19 所示，该技术通过安装在铸流凝固末端的一对较
大铸辊对刚完全凝固的连铸坯实施大压下变形。由于压下辊采用凸型辊结构，因

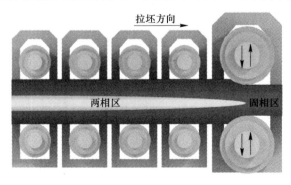

图 1-19　新日铁大压下技术

此可显著降低压下过程来自铸坯的抵抗反力，同时有利于挤压变形集中作用于铸坯中心区域，高效改善该区域内的宏观偏析及缩孔、疏松缺陷。

　　韩国浦项钢铁（POSCO）开发了一种便于在线调整压下位置的重压工艺，即浦项重压下（PosHARP，POSCO Heavy Strand Reduction Process）[128]，如图1-20所示。与动态轻压下类似，PosHARP可根据实际浇铸工况在线灵活调整其压下位置，在固相率较低的两相区内（起始位置固相率0.05~0.2，结束位置固相率0.3~0.6）施加5~20mm/m的大压下变形，强行中断铸坯凝固进程，显著改善连铸坯中心偏析及缩孔、疏松缺陷。采用该技术后，韩国浦项实现了300mm厚板坯制备120mm特厚板。然而，PosHARP压下位置固相率较低，易在凝固前沿位置引发中间裂纹及白亮带缺陷。

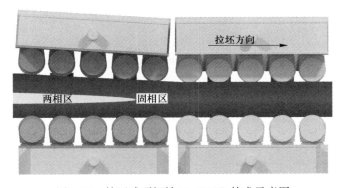

图1-20　韩国浦项钢铁PosHARP技术示意图

　　除了上述已经在实践应用的重压下技术外，许多冶金学者也从理论研究、试验探索等角度开展了大量重压下技术研发工作。北京科技大学张炯明团队系统研究了不同压下模式对铸坯致密度及组织的改善效果，提出了HRPISP（Heavy Reduction Process to Improve Segregation and Porosity，改善中心偏析与疏松的重压下工艺）技术[129~131]。北京科技大学王新华团队开发了START（Solidification Terminal Advanced Reduction Technique，凝固末端先进压下技术）工艺，并在新余钢铁420mm厚板坯上进行了单段10mm的压下工艺探索[132]。这些重压下工艺均旨在通过铸流凝固末端附近区域施加较大的压下变形，达到有效改善连铸坯中心偏析及缩孔疏松缺陷的工艺效果。

　　近年来，我们团队与攀钢、唐钢等单位合作，在大断面连铸坯重压下工艺理论、关键技术和装备、工程化应用等方面开展了较为系统的工作。在工艺机理探索方面，系统研究了重压下过程连铸坯金属流变、传热变形、缩孔闭合、溶质传输、组织演变等行为规律，回答了"在哪儿压、压多少"的关键工艺核心问题。在工艺控制技术方面，研发形成了连铸凝固末端重压下集成技术，包括：基于"软测量"＋"真检测"的高精度凝固末端定位技术，同步改善中心偏析与疏松的两阶段连续重压下工艺，精准控制驱动扭矩与"单点+连续"重压下提升铸坯缩孔闭合度的高效挤压控制技术等。在关键装备方面，研制了宽厚板坯重压下用增强型紧凑扇形段与大方坯重压下用渐变曲率凸型辊。在攀钢、唐钢分别实现了大方坯与宽厚板坯凝固末端重压下技术的工程化应用，工艺示意分别如图 1-21 和图 1-22 所示，并在宝武、韩国现代钢铁等企业推广应用。该技术实施后显著提升了铸坯均质度与致密度，并细化了铸坯晶粒度，实现了 280mm 厚板坯（压下前）生产 150mm 厚满足探伤要求高层建筑用特厚钢板，轧制压缩比仅为1.87∶1。

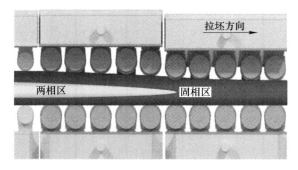

图 1-21　板坯连铸凝固末端连续动态重压下技术示意图

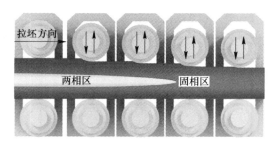

图 1-22　连铸方坯凝固末端动态重压下技术示意图

1.4　各章节结构及关联性

本书共含 7 个章节，分别对连铸坯内部质量控制技术及凝固末端压下技术发展历程（第 1 章）、压下过程铸坯金属流变特征及本构模型（第 2 章）、压下过程铸坯热/力学行为规律与裂纹风险（第 3 章）、压下过程铸坯中心缩孔闭合规律（第 4 章）、多外场调控下连铸坯溶质传输行为（第 5 章）、压下过程铸坯组织细化及装送轧制过程组织遗传性（第 6 章）、凝固末端压下关键工艺装备及应用效果（第 7 章）进行了系统性的阐述。各章研究内容间关系如图 1-23所示。

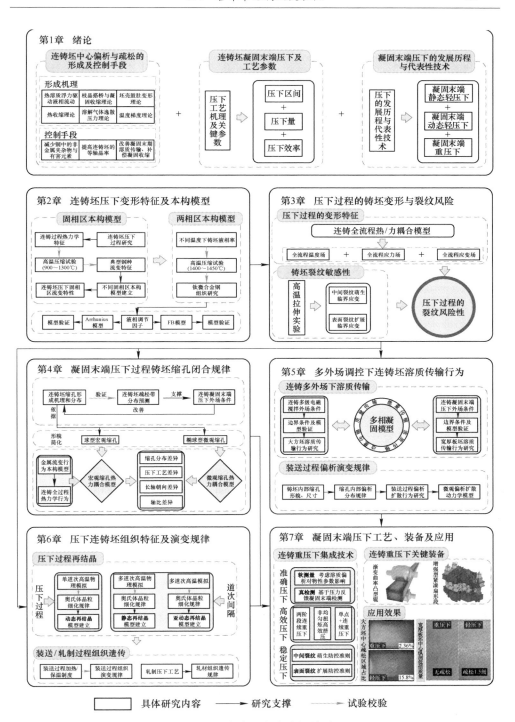

图 1-23 各章研究内容间关系

参 考 文 献

[1] Huppert H E, Worster M G. Dynamic solidification of a binary melt [J]. Nature, 1985, 314 (6013): 703~707.

[2] Turner J S. Multicomponent convection [J]. Annu. Rev. Fluid Mech, 1985, 17 (1): 11~44.

[3] Aboutalebi M R, Hasan M, Guthrie R I L. Coupled turbulent flow, heat, and solute transport in continuous casting processes [J]. Metall. Mater. Trans. B, 1995, 26 (4): 731~744.

[4] Sun H B, Zhang J Q. Study on the macrosegregation behavior for the bloom continuous casting: Model development and validation [J]. Metall. Mater. Trans. B, 2014, 45 (3): 1133~1149.

[5] Suzuki K, Miyamoto T. Study on the formation of "A" segregation in steel ingot [J]. Trans. Iron Steel Inst. Jpn, 1978, 18 (2): 80~89.

[6] Murao T, Kajitani T, Yamamura H, et al. Simulation of the center-line segregation generated by the formation of bridging [J]. ISIJ Int. , 2014, 54 (2): 359~365.

[7] Sivesson P, Hallen G, Widell B. Improvement of inner quality of continuously cast billets using electromagnetic stirring and thermal soft reduction [J]. Ironmaking steelmaking, 1998, 25 (3): 239.

[8] Gabathuler J P, Weinberg F. Fluid flow into a dendritic array under forced convection [J]. Metall. Trans. B, 1983, 14 (4): 733~741.

[9] Flemings M G, Nereo G E, Macrosegregation. PT. 1 [J]. Trans. Met. Soc. AIME, 1967, 239 (9): 1449~1461.

[10] Miyazawa K, Schwerdtfeger K. Macrosegregation in continuously cast steel slabs: preliminary theoretical investigation on the effect of steady state bulging [J]. Arch. Eisenhüttenwes, 1981, 52 (11): 415~422.

[11] Kajitani T, Drezet J M, Rappaz M. Numerical simulation of deformation-induced segregation in continuous casting of steel [J]. Metall. Mater. Trans. A, 2001, 32 (6): 1479~1491.

[12] Ludwig A, Kharicha A, Wu M H. Modeling of multiscale and multiphase phenomena in materials processing [J]. Metall. Mater. Trans. B, 2014, 45 (1): 36~43.

[13] Wu M H, Domitner J, Ludwig A. Using a two-phase columnar solidification model to study the principle of mechanical soft reduction in slab casting [J]. Metall. Mater. Trans. A, 2012, 43 (3): 945~964.

[14] Mayer F, Wu M H, Ludwig A. On the formation of centreline segregation in continuous slab casting of steel due to bulging and/or feeding [J]. Steel Res. Int, 2010, 81 (8): 660~667.

[15] Domitner J, Wu M H, Kharicha A, et al. Modeling the effects of strand surface bulging and mechanical soft reduction on the macrosegregation formation in steel continuous casting [J]. Metall. Mater. Trans. A, 2014, 45 (3): 1415~1434.

[16] Domitner J, Wu M H, Kharicha A, et al. Numerical study about the influence of small casting speed variations on the metallurgical length in continuous casting of steel slabs [J]. Steel Res. Int, 2015, 86 (3): 184~188.

[17] Guan R, Ji C, Wu C H, et al. Numerical modelling of fluid flow and macrosegregation in a con-

tinuous casting slab with asymmetrical bulging and mechanical reduction [J]. Int. J. Heat Mass Transfer, 2019, 141: 503~516.

[18] Lesoult G, Sella S. Spongy behaviour of alloys during solidification: flow of liquid metal and segregation in the mushy zone [C]//Solid State Phenom, 1988, 3: 167~178.

[19] Raihle C M, Fredriksson H. On the formation of pipes and centerline segregates in continuously cast billets [J]. Metall. Mater. Trans. B, 1994, 25 (1): 123~133.

[20] El-Bealy M. Modeling of interdendritic strain and macrosegregation for dendritic solidification processes: Part I. Theory and experiments [J]. Metall. Mater. Trans. B, 2000, 31 (2): 331~343.

[21] El-Bealy M. Modeling of interdendritic strain and macrosegregation for dendritic solidification processes: Part II. Computation of interdendritic strain and segregation fields in steel ingots [J]. Metall. Mater. Trans. B, 2000, 31 (2): 345~355.

[22] Pellini W S. Practical heat transfer [J]. AFS Transactions, 1953, 61: 603~622.

[23] Niyama E, Uchida T, Morikawa M. Predicting shrinkage in large steel castings from temperature gradient calculations [J]. Int. Cast Met. J, 1981, 6 (2): 16~22.

[24] Niyama E. A method of shrinkage prediction and its application to steel casting practice [J]. Int. Cast Met. J, 1982, 7 (3): 52~63.

[25] Engström G. On the mechanism of macrosegregation formation in continuously cast steels [J]. Metall, 1983, 12 (1): 3~12.

[26] Monroe R. Porosity in castings [J]. AFS Transactions, 2005, 113: 519~546.

[27] Carlson K D, Beckermann C. Prediction of shrinkage pore volume fraction using a dimensionless Niyama criterion [J]. Metall. Mater. Trans. A, 2009, 40 (1): 163~175.

[28] Stefanescu D M. Computer simulation of shrinkage related defects in metal castings—a review [J]. Int. J. Cast Met. Res, 2005, 18 (3): 129~143.

[29] Stefanescu D M, Catalina A V. Physics of microporosity formation in casting alloys-sensitivity analysis for Al-Si alloys [J]. Int. J. Cast Met. Res, 2011, 24 (3-4): 144~150.

[30] Kweon E S, Roh D H, Kim S B, et al. Computational modeling of shrinkage porosity formation in spheroidal graphite iron: a proof of concept and experimental validation [J]. Int. J. Metalcast, 2020, 14 (3): 1~9.

[31] Li D, Chen X Q, Fu P, et al. Inclusion flotation-driven channel segregation in solidifying steels [J]. Nature communications, 2014, 5 (1): 1~9.

[32] Yue Q, Zhang C B, Pei X H. Magnetohydrodynamic flows and heat transfer in a twin-channel induction heating tundish [J]. Ironmaking Steelmaking, 2017, 44 (3): 227~236.

[33] Jiang D B, Zhu M Y. Solidification structure and macrosegregation of billet continuous casting process with dual electromagnetic stirrings in mold and final stage of solidification: a numerical study [J]. Metall. Mater. Trans. B, 2016, 47 (6): 3446~3458.

[34] 李维彪, 王芳, 齐凤升, 等. 结晶器喂钢带连铸坯凝固过程的数学模拟 [J]. 金属学报, 2007, 43 (11): 1191~1194.

[35] 张云虎, 仲红刚, 翟启杰. 脉冲电磁场凝固组织细化和均质化技术研究与应用进展 [J].

钢铁研究学报, 2017, 29 (4): 249~260.

[36] Jiang D B, Zhu M Y. Center segregation with final electromagnetic stirring in billet continuous casting process [J]. Metall. Mater. Trans. B, 2017, 48 (1): 444~455.

[37] Ji C, Zhu M Y. Dynamic sequential heavy reduction technology for wide-thick continuous casting slab [C] //The 9th Korea-China Joint Symposium on Advanced Steel Technology. 2017: 97~99.

[38] Myyagawa O. Process of the iron and steel technologies in Japan in the past decade [J]. Trans ISIJ, 1985, 25 (7): 539~540.

[39] Miyazama K. Continuous casting of steels in Japan [J]. Sci. Technol. Adv. Mater, 2001 (2): 59~65.

[40] Takahashi T. Solidification and segregation of steel ingot [J]. Iron Steel, 1982, 17 (3): 57~61.

[41] Takahashi T, Hagiwara I. Study on solidification and segregation of stirred ingot [J]. J. Jpn. Inst. Met., 1965, 29: 1152~1159.

[42] Ogibayashi S, Yamada M, Mukai T, et al. Continuous casting method: U S, 4687047 [P]. 1987-8-18.

[43] Bleck W, Wang W, Bülte R. Influence of soft reduction on internal quality of high carbon steel billets [J]. Steel Res. Int., 2006, 77 (7): 485~491.

[44] Ito Y, Yamanaka A, Watanabe T. Internal reduction efficiency of continuously cast strand with liquid core [J]. Revue de Métallurgie-Inter. J. Metall., 2000, 97 (10): 1171~1176.

[45] Yim C H, Park J K, You B D, et al. The effect of soft reduction on center segregation in CC slab [J]. ISIJ Int., 1996, 36 (Suppl): S231~S234.

[46] Qi X X, Zhang G, Jia Q. Studies on technological parameters of optimal soft reduction about superwide slab caster [J]. Adv. Mater. Res., 2011, 194: 207~212.

[47] Luo S, Zhu M Y, Ji C, et al. Characteristics of solute segregation in continuous casting bloom with dynamic soft reduction and determination of soft reduction zone [J]. Ironmaking Steelmaking, 2010, 37 (2): 140~146.

[48] Ji C, Luo S, Zhu M, et al. Uneven solidification during wide-thick slab continuous casting process and its influence on soft reduction zone [J]. ISIJ Int., 2014, 54 (1): 103~111.

[49] 赵培建, 韩洪龙. 轻压下技术在济钢新板坯连铸机上的应用 [J]. 工艺技术, 2006 (6): 11~12.

[50] 武金波, 译. 板坯动态软压下的最新成果 [J]. 世界钢铁, 2001 (6): 57~61.

[51] 董珍. 关于高碳大方坯中心偏析的改善 [J]. 冶金译丛, 1998 (1): 44~48.

[52] Kelly J E, Michalek K P, O'-connor T G, et al. Initial development of thermal and stress fields in continuously cast steel billets [J]. Metall. Trans. A, 1988, 19A: 2589~2602.

[53] Guan R, Ji C, Zhu M, et al. Numerical simulation of V-shaped segregation in continuous casting blooms based on a microsegregation model [J]. Metall. Mater. Trans. B, 2018, 49 (5): 2571~2583.

[54] Sugimaru S, Nakashima J, Miyazawa K, et al. Theoretical analysis of the suppression of solidifi-

cation shrinkage flow in continuously cast steel blooms [J]. Mater. Sci. Eng. A, 1993, 173 (1-2): 305~308.

[55] Zeze M, Misumi H, Nagata S, et al. Segregation behavior and deformation behavior during soft reduction of unsolidified steel ingot [J]. Tetsu-to-Hagane, 2001, 87 (2): 71~76.

[56] Isobe K, Maede H, Syukuri K, et al. Development of soft reduction technology using crown rolls for improvement of centerline segregation of continuously cast bloom [J]. Tetsu-to-Hagane, 1994, 80 (1): 42~47.

[57] Oh K S, Park J K, Change S H. Development of soft reduction technology for the bloom caster at Pohang Works of POSCO [C]//Steelmaking Conference Proceedings. 1995, 178: 301~308.

[58] 林启勇, 朱苗勇. 连铸板坯轻压下过程压下率理论模型及其分析 [J]. 金属学报, 2007, 43 (8): 847~850.

[59] Ji C, Luo S, Zhu M. Analysis and application of soft reduction amount for bloom continuous casting process [J]. ISIJ Int., 2014, 54 (3): 504~510.

[60] Hayashida M, Yasuda K, Ogibayashi S, et al. Soft reduction efficiency of the strand near the crater end: Study on countermeasures for preventing centerline segregation of continuously cast slab Ⅶ [J]. Tetsu-to-Hagane, 1986, 72 (12): S1091.

[61] Ito Y, Yamanaka A, Watanabe T. Internal reduction efficiency of continuously cast strand with liquid core [J]. La Revue de Metallurgie, 2000, 10: 1171~1177.

[62] 林启勇, 朱苗勇. 连铸板坯轻压下过程压下效率分析 [J]. 金属学报, 2007, 43 (12): 1301~1304.

[63] Ji C, Wu C H, Zhu M Y. Thermo-mechanical behavior of the continuous casting bloom in the heavy reduction process [J]. JOM, 2016, 68 (12): 3107~3115.

[64] Li G, Ji C, Zhu M. Prediction of internal crack initiation in continuously cast blooms [J]. Metall. Mater. Trans. B, 2021, 52 (2): 1164~1178.

[65] Wu C, Ji C, Zhu M. Influence of differential roll rotation speed on evolution of internal porosity in continuous casting bloom during heavy reduction [J]. J. Mater. Process. Technol., 2019, 271: 651~659.

[66] Wu C, Ji C, Zhu M. Closure of internal porosity in continuous casting bloom during heavy reduction Process [J]. Metall. Mater. Trans. B, 2019, 50 (6): 2867~2883.

[67] Miyagawa O. Progress of iron and steel technologies in Japan in the past decade [J]. Trans. ISIJ, 1985, 25: 539.

[68] Ken-ichi Miyazama. Continuous casting of steels in Japan [J]. Sci. Technol. Adv. Mater., 2001 (2): 59~65.

[69] Tsuchida Y. Behavior of semi-macroscopic segregation in continuously cast slabs and technique for reduction the segregation [J]. Trans ISIJ, 1984, 24 (11): 899~906.

[70] Ogibayashi S, Kobayashi M. Influence of reduction with one-piece rolls on center segregation in continuously cast salbs [J]. ISIJ Int., 1991, 31 (12): 1400~1407.

[71] 郑沛然. 连续铸钢工艺及设备 [M]. 北京: 冶金工业出版社, 1991.

[72] 肖英龙, 姚连登. NKK 福山厂用 6 号连铸机改善厚板坯质量 [J]. 宽厚板, 1998, 4

（4）：31～34.

[73] Miyazaki M, Isobe K, Murao T. Formation mechanism and modeling of centerline segregation [J]. Nippon steel technical report, 2013, 104.

[74] Moon C H, Oh K S, Lee J D, et al. Effect of the Roll Surface Profile on Centerline Segregation in Soft Reduction Process [J]. ISIJ Int, 2012, 52（7）：1266～1272.

[75] Mörwald K, Pirner K, Jauhola M, et al. Basic design features and start-up of rautaruukki's CC No. 6 [C]//Madrid, Spain. 3rd European Continuous Casting Conference（ECCC）, 1998.

[76] 雅赫拉 M, 康廷恩 J, 赫都 H, 等. 罗德洛基钢铁公司 6 号板坯连铸机特点及实践 [J]. 钢铁, 1999, 34（10）：16～19.

[77] Dittenberger K, Morwald K, Hohenbichler G, et al. DYNACS® cooling model-features and operational results [J]. Ironmaking Steelmaking, 1998, 25（4）：323～327.

[78] Thalhammer M, Federspiel C, Morwald K, et al. Operational and economic benefits of SMART®/ASTC technology in continuous casting [C]//Nashville, USA. AISE Annual Convention, 2002.

[79] Heinz Hodl, Manfred Thalhammer, Michael Stiftinger, et al. Advanced equipment for high-performance casters [J]. Metallurgical Plant and Technology International, 2003（3）：74～80.

[80] 郑群. 板坯连铸机新技术的发展与研究 [J]. 河北冶金, 2003（1）：5～10.

[81] Morwald K, Thalhammer M, Federspiel C, et al. Benefits of SMART segment technology and ASTC strand taper control in continuous casting [J]. Steel Times Int., 2003, 101（4）：17～19.

[82] Luigi Morsut. Technological packages for the effective control of slab casting [J]. Metallur. Plant Technol. Int., 2003（2）：44～51.

[83] 宋东飞. LPC 模型在动态轻压下控制中的应用 [J]. 冶金自动化, 2005（3）：57～59.

[84] Danilo G, Gustavo M, Rubens F, et al. Design features and start-up of the high-productivity 2-strand slab caster at Cosipa [J]. Metall. Plant Technol. Int., 2004（4）：46～48.

[85] Watanabe T, Yamashita M. Influence of liquid flow at the final solidification stage on centerline segregation in continuously cast slab [J]. Sumiyomo Metals, 1993, 45（3）：26～39.

[86] 冯科. 板坯连铸机轻压下扇形段的设计特点 [J]. 炼钢, 2006, 122（2）：53～56.

[87] Lotov A V, Kamenev G K, Berezkin V E, et al. Optimal control of cooling process in continuous casting of steel using a visualization-based multi-criteria approach [J]. Appl. Math. Model., 2005, 29（7）：653～672.

[88] 程乃良, 陈志平. 应用动态轻压下改善板坯内部质量的实践 [J]. 炼钢, 2005（5）：29～32.

[89] 陈永. 重轨钢连铸的质量控制 [J]. 钢铁, 2004, 39（3）：23～26.

[90] Masaoka T, 王淑怀. 应用轻压下浇铸技术改善连铸板坯的中心偏析 [J]. 武钢技术, 1991（2）：27～32.

[91] 余志祥, 郑万, 杨运超. 武钢三炼钢新宽板坯连铸机的投产及近半年的试生产情况 [C]// 2004 年 6 月奥钢联连铸热轧会议论文集, 2004：357～361.

[92] 祭程. 连铸机动态轻压下技术的开发与应用 [C]//品种钢连铸坯质量控制技术研讨会论

文集. 本溪钢铁集团公司、中国金属学会连续铸钢分会：中国金属学会，2008：87~92.

[93] 张佩. 动态轻压下技术在连铸中的应用 [C]//中国金属学会特钢分会特钢冶炼学术委员会2009 年会论文集. 中国金属学会特钢冶炼学术委员会、全国大电炉协调组、莱芜钢铁股份有限公司特钢厂：中国金属学会，2009：271~275.

[94] 谢长川，王新华，张炯明，等. 板坯连铸动态轻压下扇形段的受力分析和应用 [J]. 特殊钢，2009，30（5）：22~24.

[95] 田陆. 动态轻压下技术的应用 [C]//2012 年微合金钢连铸裂纹控制技术研讨会论文集. 中国金属学会连续铸钢分会：中国金属学会，2012：145~149.

[96] 成日金，王志衡，王洪富，等. Q345 钢 250mm×2000mm 板坯连铸凝固规律及工艺优化 [J]. 特殊钢，2013，34（2）：41~44.

[97] 曹建新，杨秀枝，肖跃奇，等. 涟钢板坯连铸轻压下技术的研究与应用 [J]. 连铸，2013（1）：14~18.

[98] 李金波. 邯钢动态轻压下辊缝收缩方案及应用效果 [C]//第九届中国钢铁年会论文集. 中国金属学会，2013：1267~1273.

[99] 刘唆根，邹苏华，廖桑桑，等. 板坯连铸轻压下技术的工艺优化 [J]. 江西冶金，2014，34（3）：23~25.

[100] 杨帆，黄回亮，曾令宇. 韶钢宽板坯连铸机动态软压下技术研究 [J]. 南方金属，2014（5）：20~23.

[101] 刘启龙，刘国平，司小明，等. S650MC 高强钢连铸轻压下工艺优化 [J]. 炼钢，2017，33（4）：52~57.

[102] 曾智，季晨曦，张宏艳，等. 板坯连铸轻压下工艺参数优化试验研究 [J]. 连铸，2018，43（4）：23~26.

[103] 陈跃军. 轻压下对板坯 Q345 钢内部质量影响的试验 [J]. 新疆钢铁，2018（2）：16~19.

[104] 周健. 三钢连铸板坯动态轻压下系统的应用及实践 [J]. 福建冶金，2019，48（5）：16~19.

[105] 王臻明，赵晶，王玉龙，等. 400mm 特厚板坯中心偏析控制的研究 [J]. 连铸，2019，44（6）：47~50.

[106] 林大帅，李晓斐，张文涛，等. 轻压下对 C610L 连铸板坯内部品质的改善 [J]. 炼钢，2019，35（5）：50~53.

[107] 岑永权. 连铸坯液芯压下工艺 [J]. 上海金属，1997，19（5）：42~48.

[108] 董珍，译. 关于高碳大方坯中心偏析的改善 [J]. 冶金译丛，1998（1）：44~48.

[109] 赵培建，韩洪龙. 轻压下技术在济钢新板坯连铸机上的应用 [J]. 连铸，2002（6）：11~12.

[110] 张大德，李再友，李建全，等. 采用奥钢联 DYNAGAP 轻压下技术的六流大方坯连铸机 [J]. 连铸，2005（2）：6~9.

[111] 王光进，刘宗毅，洪军. 静态轻压下技术在高碳连铸方坯生产中的应用 [J]. 钢铁研究，2006（4）：36~39.

[112] 刘伟，吴巍，刘浏，等. 静态轻压下技术在 GCr15 轴承钢连铸生产中的应用 [J]. 特殊

钢，2009，30（1）：44~45.

[113] 陈永，陈建平，吴国荣，等. 攀钢 360mm×450mm 大方坯连铸关键技术开发 [J]. 钢铁钒钛，2009，30（2）：61~67.

[114] 田新中，朱荣，祭程，等. 动态轻压下技术在 SWRH82B 大方坯连铸中的应用 [J]. 计算机与应用化学，2010，27（12）：1707~1710.

[115] 田新中，朱荣，祭程，等. GCr15 轴承钢大方坯连铸生产中动态轻压下工艺的应用 [J]. 特殊钢，2010，31（6）：26~27.

[116] 曾武. 攀钢 2 号方坯连铸 45 号钢动态轻压下工艺参数设计与应用 [J]. 连铸，2010（2）：21~24.

[117] 常桂华. 采用轻压下技术改善帘线钢铸坯中心偏析 [C]//2010 年全国炼钢—连铸生产技术会议文集. 中国金属学会，2010：377~379.

[118] 曾杰，陈伟庆，曹长法，等. 轻压下对 82B 钢矩形坯内部质量的影响 [J]. 炼钢，2015，31（4）：63~67.

[119] 钟晓丹，刘军，邹宗树. 改善 350mm×470mm 矩形坯宏观偏析研究与实践 [J]. 连铸，2016，41（2）：62~65.

[120] 段永卿，王建锋，郭朝军. 重轨钢连铸坯中心偏析的分析和工艺改进 [J]. 特殊钢，2016，37（1）：25~28.

[121] 李健，叶德新，程晓文，等. 改善轴承钢大方坯内部质量的轻压下工艺研究 [J]. 科技经济导刊，2017（29）：73，119.

[122] 王向红，张建斌，屠兴圹，等. 轻压下对 220mm×260mm 轴承钢大方坯内部质量的改善 [J]. 炼钢，2018，34（6）：34~39.

[123] 朱振国，赵金龙，闫亚楠. 轻压下技术在大方坯轴承钢的研究与应用 [J]. 南方金属，2019（6）：22~24.

[124] Nabeshima S, Nakato H, Fujii T, et al. Control of centerline segregation in continuously cast blooms by continuous forging process [J]. ISIJ Int., 1995, 35（6）：673~679.

[125] Kojima S, Mizota H. Cotinuous forging apparatus for cast strand：USA，US5282374 [P]. 1994.

[126] Hiraki S, Yamanaka A, Shirai Y, et al. Development of new continuous casting technology （PCCS）for very thick plate [J]. Materia Japan, 2009, 48（1）：20~22.

[127] Matsuoka Y, Miura Y, Higashi H, et al. NSENGI′s new developed bloom continuous casting technology for improving internal quality of special bar quality （NS Bloom Large Reduction）[C]//The METEC and 2nd ESTAD, 2015：307~318.

[128] Yim C H, Won Y M, Park J K, et al. Continuous cast slab and method for manufacturing the same：USA，US8245760B2 [P]. 2012.

[129] Zhao X K, Zhang J M, Lei S W, et al. Dynamic recrystallization （DRX）analysis of heavy reduction process with extra-thickness slabs [J]. Steel Res. Int., 2013, 85（5）：811~823.

[130] Zhao X K, Zhang J M, Lei S W, et al. The position study of heavy reduction process for improving centerline segregation or porosity with extra-thickness slabs [J]. Steel Res. Int., 2014, 85（4）：645~658.

［131］ Zhao X K, Zhang J M, Lei S W, et al. Finite-Element analysis of porosity closure by heavy re-
duction process combined with ultra-heavy plates rolling ［J］. Steel Res. Int. , 2014, 85
（11）: 1533~1543.

［132］ Xu Z G, Wang X H, Jiang M. Investigation on improvement of center porosity with heavy re-
duction in continuously cast thick slabs ［J］. Steel Res. Int. , 2017, 88 （2）: 1~12.

2 压下过程连铸坯金属流变特性及本构模型

0连铸坯凝固末端压下过程，尤其是重压下过程（≥750℃，$10^{-3} \sim 1 \mathrm{s}^{-1}$）[1]的金属流变行为与常规连铸过程（≥750℃，$10^{-6} \sim 10^{-3} \mathrm{s}^{-1}$）[2]和常规轧制过程（≤1200℃，$10^{-1} \sim 10 \mathrm{s}^{-1}$）[3]不同，具有温度跨度大、应变速率高、组织差异明显的特点。Kozlowski[4]等结合了 Wray[5] 和 Suzuki[6] 等的拉伸及蠕变实验数据建立了常用于连铸过程中的几种本构模型，但这些本构模型大多旨在描述拉应力作用下坯壳撕裂行为规律，而未考虑重压下高应变速率条件下的动态再结晶软化、加工硬化等[7,8]，不适用于描述重压下过程的金属流变规律。此外，由于凝固末端压下实施过程铸坯中心仍未完全凝固，不应忽视固-液两相区的变形行为及其对已凝固坯壳的反向作用。然而，由于缺乏对两相区黏塑性力学行为的深入研究，目前的剔除液芯法[9,10]、全局非稳态计算法[11,12]等均不能准确描述两相区的变形特征，无法进一步提高热/力学模拟计算的精度。因此，若要准确揭示重压下过程铸坯变形及其对溶质偏析、缩孔焊合的影响规律，首先需准确表征连铸坯凝固末端压下过程的金属流变特性。

鉴于此，本章采用高温模拟方法测定了轴承钢、微合金钢等连铸坯压下过程应力-应变规律，采用 Arrhenius 模型、Johnson-Cook 模型和 Zerilli-Armstrong 模型等建立了固相区本构模型，根据金属流变规律的预测误差分析，给出了典型钢种适用的本构模型。进而以钛微合金钢为研究对象，测定了其在两相区内的变形特征，并采用液相调节因子法建立了两相区本构模型。

2.1 固相区的变形特征与本构模型

本构关系的研究大多基于大量实验数据，其要求为适用范围广、应用于有限元模型时简单易收敛。由于材料本身物理属性的不同，其所对应不同晶格类型、晶体结构在变形加载过程所呈现的现象不一，因此不同材料、不同的加工条件适用的本构模型各不相同。

在固体力学研究中，本构关系主要由应力-应变关系、屈服准则、硬化规律三部分内容组成，其中屈服准则和硬化规律都依赖于材料的应力-应变关系，其一般可表述为：

$$\sigma = f(\varepsilon, \dot{\varepsilon}, T) \tag{2-1}$$

式中 σ——应力；

        ε——应变；

        $\dot{\varepsilon}$——应变速率；

        T——温度。

2.1.1 固相区压下过程金属流变特征

2.1.1.1 压下过程铸坯变形特征规律

确定连铸坯压下过程的应变速率、温度等关键变量变化范围是研究本构关系、确立本构模型适用条件的前提。本节以轴承钢 GCr15 大方坯连铸凝固末端压下过程为例，采用三维热/力耦合计算模型（详见第3章），选取铸坯 1/4 切片上平均分布的 25 个特征点作为研究对象（见图 2-1（a））。

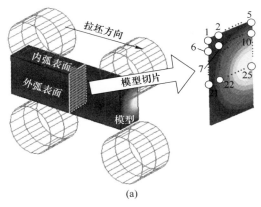

(a)

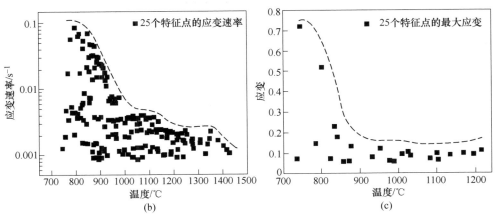

(b)   (c)

图 2-1 以 9 号特征点为例的压下过程变形特征确定

（a）特征点位置示意图；（b）连铸压下应变速率区间；（c）连铸压下应变区间

如图 2-1（b）、（c）所示，可以确定轴承钢 GCr15 连铸坯在压下过程中的应变速率变化范围为 $0.001 \sim 0.1 s^{-1}$，温度跨度为 $700 \sim 1450 ℃$。压下变形过程中，温度区间 $900 \sim 1300 ℃$ 的最大应变不超过 0.2。

2.1.1.2　铸坯变形的高温模拟研究

采用 Gleeble 等热/力模拟试验机测定压下、拉伸过程中铸坯热变形特征是研究金属材料的组织性能、力学性能的变化规律的主要物理模拟方法。因此，结合压下变形的特征，采用压缩试验法测定了轴承钢 GCr15 金属流变特征。

试样材料取自国内某钢厂轴承钢 GCr15 连铸坯。如图 2-2 所示，取样方向垂直于拉坯方向，避开偏析、疏松较为严重的中心区域，加工成 $\phi 8mm \times 12mm$ 的圆柱形试样。取样成分见表 2-1。

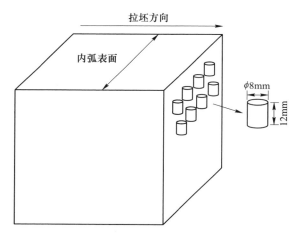

图 2-2　压缩试样在铸坯上的取样位置

表 2-1　实验用 GCr15 轴承钢化学成分（质量分数）　　　　　　（%）

C	S	P	Mn	Cr	Si	Ni	Cu	Mo	Al
1.03	0.002	0.012	0.263	1.36	0.194	0.01	<0.01	<0.01	0.012

通过经验公式[13,14]可计算出 GCr15 轴承钢的固相线温度 $T_S = 1330.5 ℃$，为高温压缩实验提供参考依据。测试温度为 $750 \sim 1300 ℃$，每组实验间隔 50℃。加热制度如图 2-3 所示，先以 10℃/s 的加热速度将试样加热至实验温度，保温 3min 后以恒定温度、恒定应变速率对试样进行单道次压缩。当应变达到 0.7 时停止压缩，将试样淬火，冷却至室温后实验结束。

依据压下过程中铸坯变形特征，单道次压缩应变速率分别设定为 $0.001 s^{-1}$、

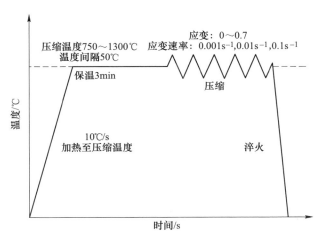

图 2-3 固相区热加工压缩工艺图

$0.01s^{-1}$、$0.1s^{-1}$。不同温度、不同应变速率下的真应力-应变曲线如图 2-4 所示。

可以看出，变形过程中峰值应力随变形温度的增加而减小，随应变速率的增加而增大；峰值应变随温度的升高而减小，随应变速率的增大而增大。其原因是温度较低时，加工硬化起主导作用，曲线应力随着应变而增大；而随着温度的升高，动态回复起主导作用，此时动态软化行为发生，应力开始不断下降，当动态再结晶达到完全再结晶时，加工硬化行为和动态软化行为达到平衡状态，此时的应力值就达到了稳态。

2.1.2 本构模型及其适用性

本构模型主要分为经验性模型、基于物理意义模型和智能预测模型，其中经验性本构模型使用范围最广。本节以轴承钢 GCr15 为例，选取了几种常用本构模型形式对其金属流变行为进行了表征。

2.1.2.1 Johnson-Cook 模型

Johnson-Cook 模型[15]（简称 J-C 模型）是 G. R. Johnson 和 W. H. Cook 于 1983 年针对工程领域中韧性材料高应变速率、大应变、高温等普遍存在的问题提出的一类经验性本构模型。该模型表达式采用了连乘的函数关系式来表达材料在变形过程中的应变、应变速率和温度三个变量对材料的屈服应力和失效应变的影响。该模型结构简单、参数较少且易求解，其表达式的基本形式也十分适用于数值模拟计算。在许多软件的计算程序中都具备该模型所使用的变量。

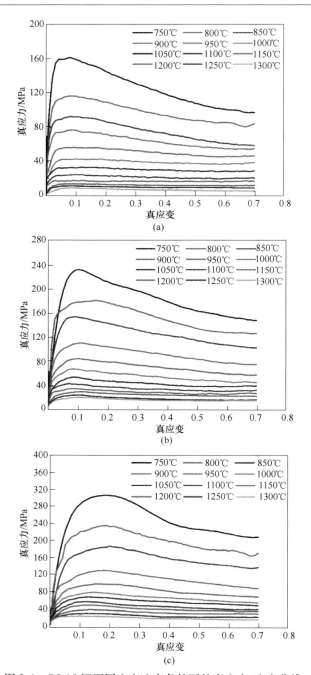

图 2-4　GCr15 钢不同应变速率条件下的真应力-应变曲线

（a）应变速率 $0.001s^{-1}$；（b）应变速率 $0.01s^{-1}$；（c）应变速率 $0.1s^{-1}$

（扫书前二维码看彩图）

J-C 模型的基本形式可表述为：

$$\sigma = (A + B\varepsilon^n)\left[1 + C\ln\left(\frac{\dot{\varepsilon}}{\dot{\varepsilon}_0}\right)\right]\left[1 - \left(\frac{T - T_r}{T_m - T_r}\right)^m\right] \tag{2-2}$$

式中　A，B，C，n，m——材料参数，也是待定系数，分别表示可由实验数据拟合确定；

　　　σ——应力，MPa；

　　　ε——应变；

　　　$\dot{\varepsilon}$——应变速率，s^{-1}；

　　　$\dot{\varepsilon}_0$——参考应变速率，s^{-1}；

　　　T——温度，K；

　　　T_r——参考温度，K；

　　　T_m——材料的熔点温度，K。

由于 GCr15 轴承钢完全奥氏体化温度为 900℃，在 750～900℃温度区间内为渗碳体+奥氏体两相区，900～1300℃温度区间为奥氏体区，导致在不同温度段内其材料力学性能不同，故将温度划分为两个区间分别进行探讨，750～850℃温度区间以 750℃为参考温度，900～1300℃温度区间以 900℃为参考温度，参考应变速率 $\dot{\varepsilon}_0$ 选取为 0.001s^{-1}。

以 750～850℃范围内参数求解为例，求解过程如下。

当应变速率等于参考应变率时，即应变速率为 0.001s^{-1}，同时温度为参考温度 750℃时，式（2-2）后两项变为 1，可化简为：

$$\sigma = A + B\varepsilon^n \tag{2-3}$$

式中　A——有效塑性应变为零时材料的初始屈服应力。

由于总应变用于建立模型，依据 Mirzadeh 的方法，此时可忽略 A 项，上式进一步化简为：

$$\ln\sigma = \ln B + n\ln\varepsilon \tag{2-4}$$

该处理方法广泛用于本构模型参数的求解，此时方程转化为线性关系。式（2-4）中参数 n 为 $\ln\sigma - n\ln\varepsilon$ 关系的斜率，即 $n = \dfrac{\partial\ln\sigma}{\partial\ln\varepsilon}$，$\ln B$ 为截距。将 750℃、0.001s^{-1} 的应力-应变曲线代入式（2-4）中，求解出参数 n 和 B。

当温度为参考温度时，式（2-2）的第三项为 1，式（2-2）可以转化为：

$$\sigma = (B\varepsilon^n)\left(1 + C\ln\frac{\dot{\varepsilon}}{0.001}\right) \tag{2-5}$$

方程两边取对数，得：

$$\frac{\sigma}{B\varepsilon^n} - 1 = C\ln\frac{\dot{\varepsilon}}{0.001} \tag{2-6}$$

式（2-6）中 C 为函数关系 $\left(\dfrac{\sigma}{B\varepsilon^n}-1\right) - \ln\dfrac{\dot{\varepsilon}}{0.001}$ 的斜率，即 $C=\dfrac{\partial\left(\dfrac{\sigma}{B\varepsilon^n}-1\right)}{\partial\ln\dot{\varepsilon}/0.001}$，代入已经求解出的 n 和 B，以及该应变条件下温度为750℃，应变速率为 $0.001\mathrm{s}^{-1}$、$0.01\mathrm{s}^{-1}$、$0.1\mathrm{s}^{-1}$ 三条曲线上的应力值，对参数 C 进行求解。本例中应变值的选取为 0.05、0.1、0.15、0.2、0.25、0.3、0.35、0.4、0.45、0.5、0.55、0.6、0.65、0.7。

当应变速率等于参考应变率，即应变速率为 $0.001\mathrm{s}^{-1}$ 时，式（2-2）中的第二项为1，可化简为：

$$\sigma = (B\varepsilon^n)\left[1 - \left(\frac{T-1023}{580}\right)^m\right] \tag{2-7}$$

方程两边取对数，得：

$$\ln\left(1 - \frac{\sigma}{B\varepsilon^n}\right) = m\ln\left(\frac{T-1023}{580}\right) \tag{2-8}$$

式（2-8）中，m 是 $\ln\left(1-\dfrac{\sigma}{B\varepsilon^n}\right) - m\ln\left(\dfrac{T-1023}{5800}\right)$ 的斜率，即 $m=\dfrac{\partial\ln(1-\sigma/B\varepsilon^n)}{\partial\ln[(T-1023)/580]}$。代入已经求解出的 n 和 B 值，如图 2-5 所示。

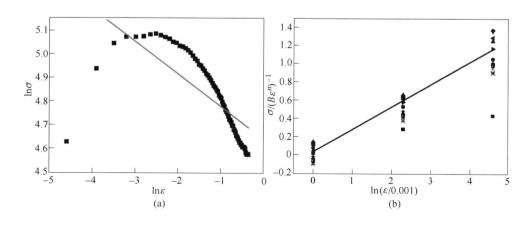

(a)　　　　　　　　　　　　　(b)

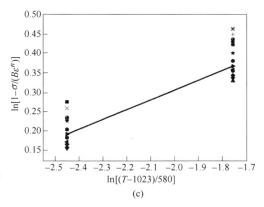

图 2-5　最小二乘法求解参数

（a）参数 n；（b）参数 C；（c）参数 m

所有模型参数均已通过上述计算求出，将两个温度区间的模型参数代入式（2-9）和式（2-10）中。

温度区间 750~850℃ 的 J-C 本构模型为：

$$\sigma = \left(103.71\varepsilon^{-0.1365}\right)\left[1 + 0.2448\ln\left(\frac{\dot{\varepsilon}}{0.001}\right)\right]\left[1 - \left(\frac{T - 1023}{1603 - 1023}\right)^{0.2526}\right]$$

（2-9）

温度区间 900~1300℃ 的 J-C 本构模型为：

$$\sigma = \left(56.69\varepsilon^{-0.09153}\right)\left[1 + 0.1716\ln\left(\frac{\dot{\varepsilon}}{0.001}\right)\right]\left[1 - \left(\frac{T - 1173}{1603 - 1173}\right)^{0.7703}\right]$$

（2-10）

如图 2-6 所示，将不同温度 T、应变值 ε 代入 J-C 模型中，将所得到的应力预测值与实验值比较。可以看出在温度区间 750~850℃ 范围内的本构模型总体偏差很大，只有在参考温度 750℃ 时，相对吻合较好。从对比图可以看出，本构模型的预测值整体呈单调递减趋势，且应力的衰减趋势逐渐减缓，整体表现为"凹函数"的函数特点，无法描述低应变水平时的应力上升阶段。而且随着温度的升高模型预测值与实验值吻合程度继续大幅度降低，这与模型参数标定过程中参考温度的 T_r 选取有关。而 J-C 本构模型在参数标定时必须以研究体系最低温度作为参考温度，否则计算过程无法顺利进行，因此这也是该模型的一个缺陷。由于 GCr15 轴承钢在 750~850℃ 范围内并没有完全奥氏体化，此温度区域为渗碳体+奥氏体两相区，这表明 J-C 本构模型无法描述渗碳体+奥氏体两相区的流变应力变化。

为了准确描述本节建立的本构模型的精度，引入了相关系数 R 和平均相对误差 AARE 来评价不同应变速率、变形温度和应变量下本构模型所预测的流变应

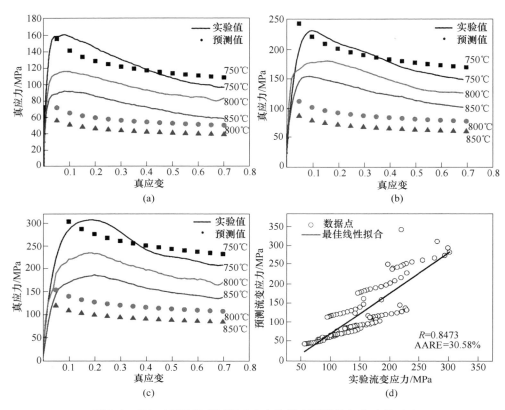

图 2-6　750~850℃温度区间 J-C 本构模型预测值与实验值对比

（a）应变速率 0.001s^{-1}；（b）应变速率 0.01s^{-1}；（c）应变速率 0.1s^{-1}；（d）误差分析

力的准确性，分别如式（2-11）与式（2-12）所示。

$$R = \frac{\sum\limits_{i=1}^{N} (E_i - \overline{E})(P_i - \overline{P})}{\sqrt{\sum\limits_{i=1}^{N} (E_i - \overline{E})^2 \sum\limits_{i=1}^{N} (P_i - \overline{P})^2}} \tag{2-11}$$

$$AARE = \frac{1}{N} \sum\limits_{i=1}^{N} \left| \frac{E_i - P_i}{E_i} \right| \times 100\% \tag{2-12}$$

式中　E_i——实验值；

P_i——本构模型预测值；

$\overline{E}$——实验值的平均值；

$\overline{P}$——本构模型预测值的平均值；

N——数据总数。

相关系数 R 通常用来分析实验值和计算值的线性关系的强弱，但不一定能代表吻合度的高低[7]，因为预测数值可能全部偏高或者全部偏低。而 AARE 计算的是预测值与实验值整体的平均相对误差，因此更能表征整体预测值与实验值的吻合情况[8]。本节综合 R 和 AARE 来评定本构模型流变应力预测值的准确度。如图 2-6（d）所示，在 750~850℃ 范围内 J-C 本构模型预测值与实验值的相关系数 $R=0.8473$，AARE $=30.58\%$。

由图 2-7 可知应变速率 $0.001s^{-1}$ 时，温度 900~1000℃ 的模型预测值与实验值吻合度较好，在温度 1050~1300℃ 时吻合度差；应变速率 $0.01s^{-1}$ 时，950~1200℃ 在应力较低时模型预测值与实验值吻合度较好，对下降趋势明显的应力-应变曲线描述较差；应变速率 $0.1s^{-1}$ 时，模型预测值偏差很大。

此外，从图上可以看出，750~850℃、900~1000℃ 两个温度区间的模型预测值与实验值对比误差都较大，J-C 本构模型无法准确反映 GCr15 连铸大方坯压下过程大温度跨度、组织差异明显的特点。

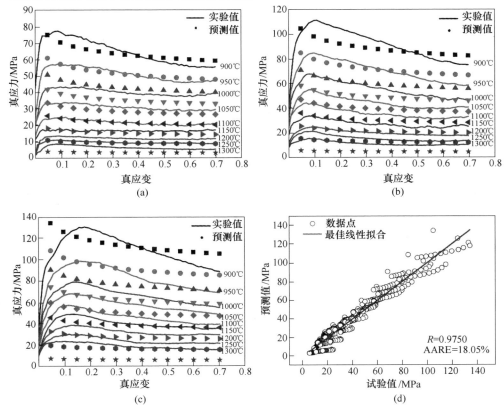

图 2-7　900~1300℃ 温度区间 Johnson-Cook 本构模型预测值与实验值对比

（a）应变速率 $0.001s^{-1}$；（b）应变速率 $0.01s^{-1}$；（c）应变速率 $0.1s^{-1}$；（d）误差分析

2.1.2.2 修正 Johnson-Cook 模型

J-C 模型认为温度、应变、应变速率对应力的影响是相互独立的，因此以三者乘积的形式表示对应力的影响。然而实际上温度、应变、应变速率对应力的影响是相互关联的，因此许多研究者通过多种方式修正 J-C 模型，以提高模型的预测精度。Li 等[16]提出用二次多项式拟合参考温度和参考应变速率条件下应力与应变的非线性关系，同时也考虑了温度与应变速率耦合作用对应力的影响，提出修正 J-C 模型，其基本表达式为：

$$\sigma = (A_1 + B_1 + B_2\varepsilon^2)(1 + C_1\ln\dot{\varepsilon}^*)\exp[-(\lambda_1 + \lambda_2\ln\dot{\varepsilon}^*)(T - T_r)]$$

$$(2-13)$$

式中　　A_1，B_1，B_2，C_1，λ_1，λ_2——材料参数，也是待定系数，可通过实验数据拟合求解；

σ——应力，MPa；

ε——应变；

T——温度，K；

T_r——参考温度，K；

其中　　　　　　　　　　　$\dot{\varepsilon}^* = \dot{\varepsilon}/\dot{\varepsilon}_0$

$\dot{\varepsilon}$——应变速率，s^{-1}；

$\dot{\varepsilon}_0$——参考应变速率，s^{-1}。

修正 J-C 模型由三部分组成，其中 $f(\varepsilon) = (A_1 + B_1 + B_2\varepsilon^2)$ 表示应变强化的影响，即随着应变增加应力增加；$f(\dot{\varepsilon}) = (1 + C_1\ln\dot{\varepsilon}^*)$ 表示应变速率强化项，即应力随着应变速率增加而增加；$f(T, \dot{\varepsilon}) = \exp[-(\lambda_1 + \lambda_2\ln\dot{\varepsilon}^*)(T - T_r)]$ 表示温度对应力的热软化作用，并考虑了温度与应变速率相互耦合作用对应力的影响。各个参数求解过程与 Arrhenius 求解过程一致，在此不做重复赘述。

将不同温度、应变、应变速率代入修正 J-C 模型，计算出不同变形条件下的应力值，通过对比分析模型预测值与实验值以验证模型的准确性，如图 2-8 所示。修正 J-C 模型预测值与实验值总体偏差不大，基本上能描述变形条件下轴承钢金属流变规律，随着应变增加，预测值达到峰值应力后下降，最后达到平稳状态，预测值散点图表现出明显的动态再结晶现象，与实验值曲线走势相符。如图 2-8 (d) 所示，修正 J-C 模型的预测相关系数与平均相对误差分别为 0.99 与 8.12%。

2.1.2.3 Zerilli-Armstrong 模型

Zerilli-Armstrong 模型[17]（简称 Z-A 模型）是 1987 年 Zerilli 和 Armstrong 提出的一个新的本构关系。该模型考虑了应变硬化、应变速率硬化、热软化，并将其合并成具有一定精度的本构关系。其对应的本构关系表达式分别如下：

$$\sigma = C_0 + C_2 \varepsilon^{1/2} \exp(-C_3 + C_4 T \ln \dot{\varepsilon}) \qquad (2\text{-}14)$$

$$\sigma = C_0 + C_1 \exp(-C_3 + C_4 T \ln \dot{\varepsilon}) + C_5 \varepsilon^n \qquad (2\text{-}15)$$

式中 $C_0 \sim C_5$, n——材料参数；

        σ——应力；

        ε——应变；

        $\dot{\varepsilon}$——应变速率；

        T——温度。

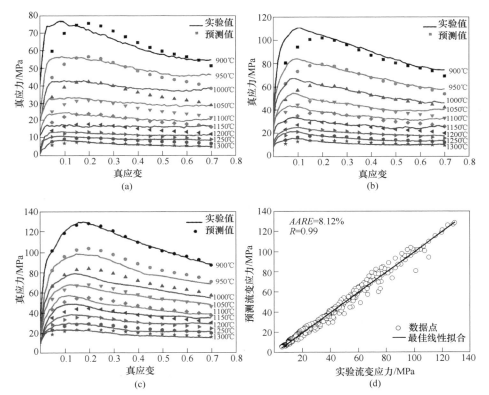

图 2-8 轴承钢不同应变速率下修正 J-C 模型预测值与实验值对比

（a）应变速率 $0.001\mathrm{s}^{-1}$；（b）应变速率 $0.01\mathrm{s}^{-1}$；（c）应变速率 $0.1\mathrm{s}^{-1}$；（d）误差分析

    虽然 Z-A 模型是针对晶体结构而提出的模型，但其有几点不足：首先构建模型时需明确材料的晶体结构，而其在大温度变形范围内动态变化；其次 Z-A 模型不适用于温度高于 $0.6T_{\mathrm{m}}$（T_{m} 是熔点）范围内的本构关系表征；最后解 Z-A 模型参数时需要用-273℃的应力，而-273℃时的应力是不可获取的，而且 Z-A 模型没有考虑在-273℃时应变速率对应力的绝对影响，即在-273℃时不管应变速率如何变化，应力值都是一个常数，这与常理不符，因此 Z-A 模型不适合描述铸坯变形行为。

2.1.2.4 修正 Zerilli-Armstrong 模型

针对 Z-A 模型的一些不足, Samantaray 等[7]提出修正 Z-A 模型, 其本构模型如式 (2-16) 所示。

修正 Z-A 模型表达式如下:

$$\sigma = (C_1 + C_2\varepsilon^n)\exp[-(C_3 + C_4\varepsilon)T^* + (C_5 + C_6T^*)\ln\dot{\varepsilon}^*] \qquad (2\text{-}16)$$

式中 $C_1 \sim C_6$——材料常数, 也是待定系数, $T^* = T - T_r$。其余参数定义与上述章节一致。

式 (2-16) 中, 等式右边第一个括号表示应变硬化对应力的影响, C_1 是参考温度、参考应变速率条件下的屈服应力, 单位 MPa, 对于没有明显屈服平台的金属材料 0.2% 应变对应的流变应力即为屈服应力。参数 C_3 表示温度对流变应力的影响, C_4 表示温度与应变耦合作用对流变应力的影响, C_5 表示应变速率强化对流变应力的作用, C_6 表示温度与应变速率耦合作用对流变应力的影响。因此修正 Z-A 模型不仅考虑温度、应变、应变速率对应力的影响, 同时考虑温度与应变速率、温度与应变的耦合对应力的影响。以轴承钢为例, 采用截距法对各个参数求解, 修正 Z-A 模型参数求解结果见表 2-2, 求解过程如图 2-9 所示。

表 2-2 轴承钢修正 Z-A 模型参数

温度/℃	900~1300
C_1	80
C_2	14.03542124
C_3	0.004068028
C_4	0.000285058
C_5	0.085469958
C_6	0.000341295
m	-0.410341985

计算不同应变、应变速率、温度下修正 Z-A 模型预测值, 其与实验值对比如图 2-10 所示。可见修正 Z-A 模型预测值总体呈现下降趋势, 尤其在 900~1300℃, 低应变时模型预测值与实验值偏差较大。与实验值相比, 模型预测值散点图呈现出峰值应力"超前"状态, 即模型预测值峰值应变比实验值峰值应变更小, 而温度大于 1000℃ 时, 模型预测值与实验值吻合度较好。结合误差分析, 平均相对误差 (7.27%) 较小, 但是相关系数 R 略低, 仅为 0.98。虽然对于轴承钢修正 Z-A 模型的平均相对误差较小, 但是模型预测值散点图不能切实地描述在此变形条件下轴承钢的金属流变规律。

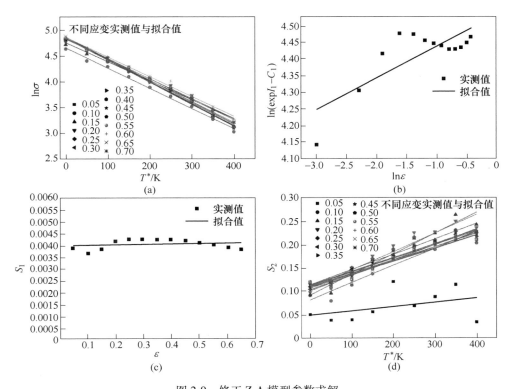

图 2-9　修正 Z-A 模型参数求解

（a）参数 C_1、S_1 求取；（b）参数 C_2、n 求取；（c）C_3 和 C_4 求取；（d）C_5 和 C_6 求取

（扫书前二维码看彩图）

2.1.2.5　Arrhenius 模型

金属热变形时的温度和应变速率分别决定了材料的原子扩散速度和位错密度累积速度。为了能更真实地反映金属材料热变形过程中的本构关系，Sellars 和 Tegart 等[18]提出了 Arrhenius 方程来描述应变速率与温度、流变应力之间的关系[1,19]，该模型考虑了变形温度，同时还考虑了变形激活能，其一般表达式如下：

$$\dot{\varepsilon} = A\exp\left(-\frac{Q}{RT}\right)F(\sigma) \tag{2-17}$$

其中 $F(\sigma)$ 为应力函数，根据应力状态的不同，应力函数可表达为：

$$F(\sigma) = \begin{cases} \sigma^{n_1} & \alpha\sigma < 0.8 \\ \exp(\beta\sigma) & \alpha\sigma > 1.2 \\ [\sinh(\alpha\sigma)]^n & \text{所有的 } \sigma \end{cases} \tag{2-18}$$

式中　　　　$\dot{\varepsilon}$——应变速率，s^{-1}；

σ——流变应力，MPa；

R——理想气体常数，取值为 8.314J/(mol·K)；

T——绝对温度，K；

Q——变形激活能，J/mol；

n——材料应力指数；

A，α，β，n_1——材料常数，α＝β/n_1。

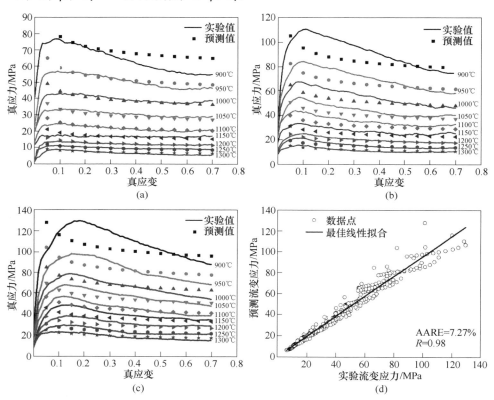

图 2-10　轴承钢不同应变速率下修正 Z-A 模型预测值与实验值对比

(a) 应变速率 0.001s^{-1}；(b) 应变速率 0.01s^{-1}；(c) 应变速率 0.1s^{-1}；(d) 误差分析

对于低应力水平（ασ＜0.8），应力函数 F(σ) 可选择幂函数形式；对于高应力水平（ασ＞1.2），应力函数 F(σ) 可选择指数函数形式；第三项双曲正弦函数适用于所有应力状态，而低应力水平和高应力水平状态的方程可以看作是双曲正弦函数泰勒展开后，依据应力状态不同化简后得到的方程。方程中的变形激活能 Q 用于表征材料在热变形过程中微观原子重新排列组合难易程度的物理量，其取值受材料化学成分、组织结构、变形速率及变形温度等多种因素的综合影响。为了描述应变速率、温度对变形行为的影响，可以用 Zenner-Hollomon 因子 Z

来表示。Z 因子为温度补偿应变速率因子，其形式如下[20]：

$$Z = \dot{\varepsilon}\exp\left(\frac{Q}{RT}\right) \tag{2-19}$$

对于所有应力状态，由式（2-17）~式（2-19）可得式（2-20）：

$$Z = A\left[\sinh(\alpha\sigma)\right]^n \tag{2-20}$$

由式（2-19）和式（2-20）可得到 Z 参数与流变应力的关系：

$$\sigma = \frac{1}{\alpha}\ln\left\{\left(\frac{Z}{A}\right)^{1/n} + \left[\left(\frac{Z}{A}\right)^{2/n} + 1\right]^{1/2}\right\} \tag{2-21}$$

本构模型计算过程中很多计算方法均基于"平均计算"的思想。前人所研究本构模型温度范围跨度小，本构模型的准确性可以保证，而本实验温度跨度较大，常规本构模型准确度难以保证。为提高模型的精确度，考虑到连铸坯的温度跨度大、凝固组织差异明显的特点，同 J-C 模型求解过程相似，划分出两个温度区间对 Arrhenius 本构模型进行求解，即 750~850℃、900~1300℃两个温度区间。具体原因及其划分已在 2.1.2.1 节中详细论述。各参数求解过程与 J-C 模型类似，结果见表 2-3 和表 2-4，求解过程如图 2-11 所示。

表 2-3 750~850℃温度区间 Arrhenius 本构模型材料参数

应变	$Q/\text{J}\cdot\text{mol}^{-1}$	$\ln A$	n	α
0.05	452519.3	44.28	8.001	0.006702
0.1	366060.7	35.15	5.609	0.006185
0.15	315821.2	29.76	4.931	0.006094
0.2	279503.3	25.82	4.522	0.006131
0.25	277725.7	25.63	4.455	0.006384
0.3	271844.9	24.97	4.461	0.006646
0.35	266460.3	24.35	4.532	0.006965
0.4	261337.6	23.74	4.655	0.007307
0.45	245867.3	22.02	4.567	0.007602
0.5	252322.9	22.78	4.524	0.007882
0.55	251890.8	22.75	4.464	0.008082
0.6	250224.9	22.57	4.465	0.008268
0.65	253398.9	22.89	4.455	0.008510
0.7	248703.2	22.39	4.466	0.008537

表 2-4 900~1300℃温度区间 Arrhenius 本构模型材料参数

应变	$Q/\text{J}\cdot\text{mol}^{-1}$	$\ln A$	n	α
0.05	568182.5	43.66	5.398	0.02777
0.1	461409.1	34.63	4.240	0.02696

应变	$Q/\text{J} \cdot \text{mol}^{-1}$	$\ln A$	n	α
0.15	441658.1	33.13	3.881	0.02775
0.2	446308.2	33.60	3.854	0.02845
0.25	471488.3	35.77	3.997	0.02977
0.3	488100.9	37.21	4.091	0.03116
0.35	498701.1	38.09	4.139	0.03265
0.4	502608.7	38.42	4.207	0.03361
0.45	513794.8	39.38	4.360	0.03418
0.5	512181.4	39.26	4.408	0.03488
0.55	509431.6	38.99	4.504	0.03496
0.6	519207.9	39.81	4.698	0.03501
0.65	531141.7	40.75	4.914	0.03492
0.7	558243.2	43.01	5.302	0.03426

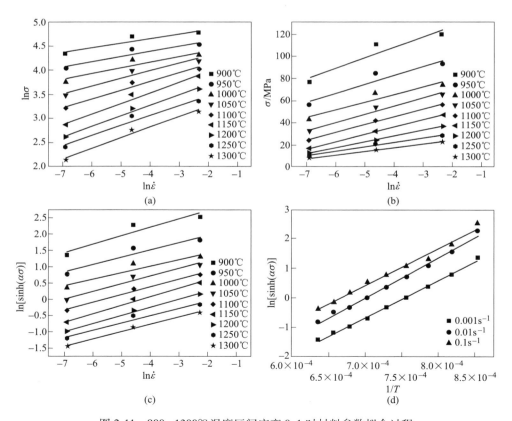

图 2-11　900~1300℃温度区间应变 0.1 时材料参数拟合过程

（a）参数 n_1；（b）参数 β_1；（c）参数 n；（d）参数 Q、A

　　将不同应力条件下参数进行线性拟合计算出各个材料参数具体数值，并将其代入到本构模型中，从而计算出不同温度、不同应变速率条件下的本构模型预测的应力值。如图 2-12 所示在 750～850℃ 温度区间，整体上模型预测值和实验值吻合良好，相关系数 $R = 0.9921$，平均相对误差 AARE = 3.74%。

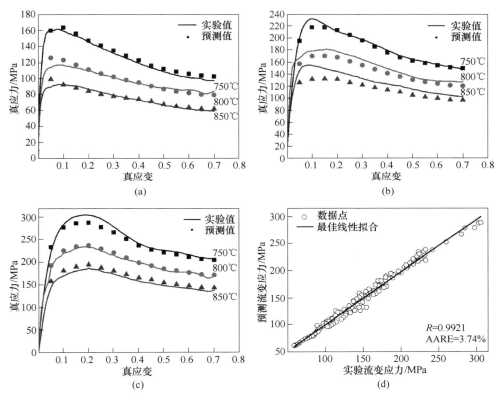

图 2-12　750～850℃ 温度区间 Arrhenius 本构模型预测值与实验值对比

（a）应变速率 $0.001s^{-1}$；（b）应变速率 $0.01s^{-1}$；（c）应变速率 $0.1s^{-1}$；（d）误差分析

　　由图 2-13 可以看出，应变速率 $0.01s^{-1}$、$0.1s^{-1}$ 条件下，900℃ 的模型预测值都有明显的偏差。这是由于 900～1300℃ 区间变形温度跨度大，远远超过了传统的热变形研究温度跨度范围（200℃），而各参数的计算过程均有平均计算的过程，所以在较低温度（900℃）有较大的偏差。除此之外，由于 GCr15 大方坯在连铸过程中存在偏析现象，试样成分有轻微差异，在实验过程中 900℃ 时试样不能全部奥氏体化，也会影响数据的整体规律。在应变速率 $0.001s^{-1}$，真应变 0.05、0.1、0.15 时该本构模型的预测值有一定的偏差；应变速率 $0.01s^{-1}$ 时除 900℃ 预测值较差，其他预测值与实验值吻合度极高；应变速率 $0.1s^{-1}$ 时 950℃、1000℃ 预测值在应变低于 0.15 时存在偏差。综上所述，在 900～1300℃ 温度区间，模型整体预测值精度高，误差分析中相关系数 $R = 0.9921$，平均相对误差 AARE = 5.76%，完全可以满足热-力学模拟计算的需求。

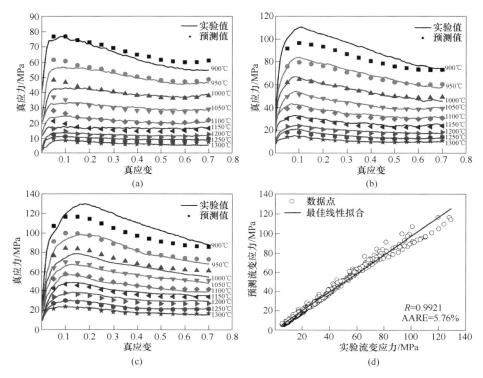

图 2-13　900～1300℃温度区间 Arrhenius 本构模型预测值与实验值对比

（a）应变速率 $0.001s^{-1}$；（b）应变速率 $0.01s^{-1}$；（c）应变速率 $0.1s^{-1}$；（d）误差分析

2.1.2.6　简化 Arrhenius 模型

由上述 Arrhenius 模型的常规解法可以看出，每一个应力值所对应的模型参数的求解过程都非常复杂，都需要进行大量的拟合、回归计算，需要耗费大量时间，操作复杂且易出错。在实际应用过程中，往往需要采用以上方法建立不同材料、钢种所对应的本构模型，其计算量非常庞大。为了简化材料参数求解过程，缩短计算时间，提高计算效率，本节针对 Arrhenius 模型的常规求解过程进行了简化操作。

Arrhenius 模型的简化计算过程的具体方法[22]如式（2-22）所示。先计算出峰值应力条件下的双曲正弦函数中的激活能 Q_p、参数 α_p；将这两个参数作为不随应变变化的常数，然后针对不同应变条件，计算材料参数 n 和 $\ln A$。这样将大幅度缩短计算过程和计算时间，同时也可降低计算过程中发生错误的概率。

$$Z_\mathrm{p} = \dot{\varepsilon}\exp\left(\frac{Q_\mathrm{p}}{RT}\right) = A_\mathrm{p}\big[\sinh(\alpha_\mathrm{p}\sigma_\mathrm{p})\big]^n \qquad (2\text{-}22)$$

计算峰值应力条件下的激活能 Q_p、参数 α_p 的计算过程同 2.1.2.5 节，只需整理出不同应变速率、不同温度的曲线峰值应力代入上述计算过程即可，详细过程不再赘述。计算得到的结果如下。

750~850℃ 区间：

$$Z_\mathrm{p} = \dot{\varepsilon}\exp\left(\frac{323676.1}{RT}\right) = 1.987 \times 10^{13} \times \big[\sinh(0.005885\sigma_\mathrm{p})\big]^{5.0472} \quad (2\text{-}23)$$

900~1300℃ 区间：

$$Z_\mathrm{p} = \dot{\varepsilon}\exp\left(\frac{446719.4}{RT}\right) = 3.437 \times 10^{14} \times \big[\sinh(0.02708\sigma_\mathrm{p})\big]^{3.987} \quad (2\text{-}24)$$

进一步将不同应力值对应的材料参数代入本构模型中即可计算出各温度、应变速率条件下的预测流变应力值。简化算法的 Arrhenius 模型在 750~850℃ 温度区间的实验值和预测值对比如图 2-14 所示。对比数据可以看出，应变速率

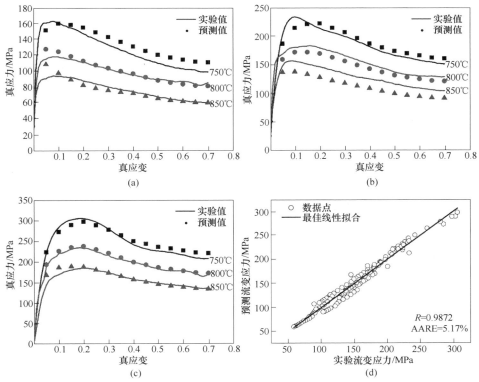

(a)　　　　　　　　　　　　　(b)

(c)　　　　　　　　　　　　　(d)

图 2-14　750~850℃ 温度区间 Arrhenius 简化本构模型预测值与实验值对比

（a）应变速率 $0.001\mathrm{s}^{-1}$；（b）应变速率 $0.01\mathrm{s}^{-1}$；（c）应变速率 $0.1\mathrm{s}^{-1}$；（d）误差分析

0.001s⁻¹时，模型预测值与实验值的吻合度整体较好，在 800℃、850℃的低应力状态下偏差较大，750℃时整体软化趋势明显，但稍有偏差。从图 2-14 可以看出，750℃时峰值应力比较突出，模型预测值与实验值偏差较大，850℃时应力水平整体偏低。应变速率为 0.001s⁻¹时，750~850℃区间的模型预测值与实验值吻合度非常高，完全可以达到有限元模拟所需要的精确度。对 750~850℃区间内所有的预测值偏差进行评估，相关系数 $R = 0.9872$，平均相对误差 $AARE = 5.17\%$，该温度段内总体误差较小，满足使用要求。

900~1300℃区间的简化 Arrhenius 模型如图 2-15 所示。在低应变速率 0.001s⁻¹时，模型应力预测值与实验所测值整体吻合度很高；在应变为 0.05 时模型出现偏差，主要表现在 1050~1300℃的应力值偏大，900℃时应力偏小，1250℃、1300℃曲线应变超过 0.4 时，本构模型应力预测值整体偏高。在应变速率 0.01s⁻¹时，900℃流变应力曲线整体偏低，1200~1300℃同样有预测应力在曲线两端变偏高的现象。应变速率 0.1s⁻¹时，预测应力误差趋势与应变速率 0.01s⁻¹时相似。从 900~1300℃温度区间的整体误差分析来看，相关系数 $R = 0.9920$，平

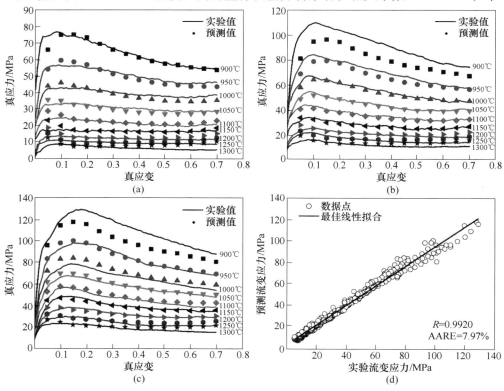

图 2-15　900~1300℃温度区间 Arrhenius 简化本构模型预测值与实验值对比

（a）应变速率 0.001s⁻¹；（b）应变速率 0.01s⁻¹；（c）应变速率 0.1s⁻¹；（d）误差分析

均相对误差 AARE=7.97%，误差水平稍高于 Arrhenius 模型常规解法的 AARE=5.76%，但是该计算过程大幅度降低了计算复杂程度，缩短了计算时间，并可以满足热-力学模拟计算的需要。

2.1.2.7 修正 Arrhenius 模型

常规的 Arrhenius 本构模型是唯象型本构模型。本构模型的材料参数 Q、A、n、α 是基于应力-应变曲线计算出来的，模型假定金属材料变形过程中结构恒定，并没有考虑高温变形时材料的微观结构变化。针对 Arrhenius 方程不包含物理意义的缺陷，引入了和位错滑移、攀移相关的晶体学参数，即基于物理意义对 Arrhenius 本构模型进行了修正，并且标定了该本构模型参数。

近些年来有些学者[20~24]发现，在高温变形过程中，变形机制受位错的滑移和攀移控制时，双曲正弦指数 n、自扩散系数 D 可用于描述流变应力的变化，其表达式如式（2-25）所示，部分计算结果与关键参数见表 2-5。

$$D = D_0 \exp(-Q_{sd}/RT) \tag{2-25}$$

式中　D_0——指前因子；

　　　Q_{sd}——自扩散激活能。

表 2-5　所需自扩散系数和剪切模量等相关晶格参数[24]

材料	$D_0/\mathrm{m^2 \cdot s^{-1}}$	$Q_{sd}/\mathrm{kJ \cdot mol^{-1}}$	η	G_0/MPa	T_M/K
AISI 304/316 钢	3.7×10^{-5}	280	−0.85	81000	1680
1%CrMoV 钢	1.9×10^{-4}	239	−1.09	81000	1573
γ-Fe	1.8×10^{-5}	270	−0.91	81000	1184~1665
Al	1.7×10^{-4}	142	−0.50	25400	933
Mg	1.0×10^{-4}	135	−0.49	16600	924
Cu	2.0×10^{-5}	197	−0.54	42100	1356
Ni	1.9×10^{-4}	284	−0.64	78900	1726

引入弹性模量 E、自扩散系数 D 并进行基于物理意义的修正后，Arrhenius 本构模型可表达为：

$$\frac{\dot{\varepsilon}}{D} = \begin{cases} B'\left(\dfrac{\sigma}{E}\right)^{n'} \\ B''\exp\left(\dfrac{\beta'\sigma}{E}\right) \\ B\left[\sinh\left(\dfrac{\alpha'\sigma}{E}\right)\right]^{n} \end{cases} \tag{2-26}$$

$$E = 2G(1+\gamma) \tag{2-27}$$

$$G = G_0 \left[1 + \eta (T - 300)/T_M \right] \tag{2-28}$$

式中　　　　　　　　　E——弹性模量，MPa；

　　　　　　　　　γ——泊松比，取值 0.3；

　　　　　　　　　G——剪切模量，MPa；

　　　　　　　　　G_0——温度为 300K 时的剪切模量，MPa；

B'、B''、B、n'、n、β'、α'——材料参数。

由于 GCr15 参数无法获取，本节采用与 GCr15 物理性能相近的 1%CrMoV 的参数（表 2-5），将表 2-5 中参数代入式（2-25）和式（2-28）可得：

$$D = 1.9 \times 10^{-4} \exp(-239000/RT) \tag{2-29}$$

$$G = 81000 \times \left[1 - 1.09 \times (T - 300)/1603 \right] \tag{2-30}$$

对式（2-26）两边取对数：

$$\ln\left(\frac{\dot{\varepsilon}}{D}\right) = \begin{cases} n'\ln\left(\dfrac{\sigma}{E}\right) + \ln B' \\[2mm] \beta'\left(\dfrac{\sigma}{E}\right) + \ln B'' \\[2mm] n\ln\left[\sinh\left(\dfrac{\alpha'\sigma}{E}\right)\right] + \ln B \end{cases} \tag{2-31}$$

采用最小二乘法，建立 $\ln(\dot{\varepsilon}/D)$-$\ln(\sigma/E)$ 的函数关系。$\ln(\dot{\varepsilon}/D)$ 为纵坐标，$\ln(\sigma/E)$ 为横坐标，计算出直线的斜率即为 $n' = 9.031$。采用类似的方法，建立 $\ln(\dot{\varepsilon}/D)$-σ/E 的函数关系，$\ln(\dot{\varepsilon}/D)$ 为纵坐标，σ/E 为横坐标，计算出直线的斜率即为 $\beta' = 7992.7$。最后可以计算出 $\alpha = \beta'/n' = 885.03$。

将材料参数代入模型后可计算出不同温度、不同应变速率下的应力值。如图 2-16 所示，将模型预测值与实验值对比可以发现，在 750~850℃ 温度区间内应变速率 0.001s⁻¹ 时，模型预测值与实验值吻合度较好，仅在低于应变 0.1 时存在较大偏差。在应变速率 0.01s⁻¹、0.1s⁻¹ 时，模型预测值偏低。出现偏差的主要原因是该模型引入了自扩散系数 D 等与位错滑移、攀移相关的材料参数，由于 GCr15 轴承钢 750~850℃ 时渗碳体+奥氏体两相区奥氏体晶界处存在渗碳体，导致变形机理更加复杂，因此模型预测值出现较大偏差。由图 2-16（d）可知，该模型相关系数 $R = 0.9628$，平均相对误差 AARE = 15.44%，总体误差大，无法满足热-力学模拟计算的需求。

由图 2-17 可知，模型预测值与实验值吻合度高，尤其在应变速率 0.001s⁻¹、0.01s⁻¹ 时，模型预测值非常准确。在应变速率 0.001s⁻¹、900℃、应变 0.05 时预测值存在较大偏差；在应变速率 0.01s⁻¹、900℃ 时，模型预测值整体偏低，1200~1300℃ 的模型预测值在应变低于 0.25 时存在较小偏差，其他温度和应变下均有很高的吻合度；在应变速率 0.1s⁻¹ 时，900~1000℃ 的低应变区域存在偏差，1150~1300℃ 的模型预测值整体偏低，总体上 0.1s⁻¹ 的模型预测值出现较大偏差。

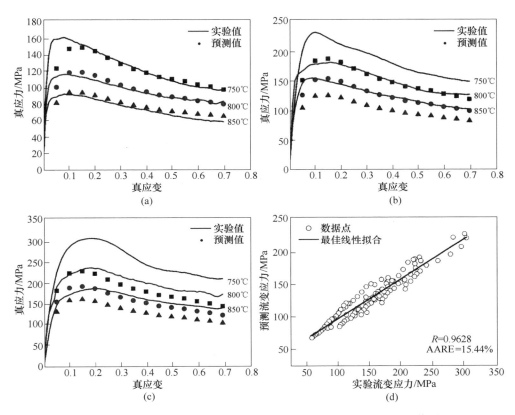

图 2-16　750~850℃温度区间 Arrhenius 修正本构模型预测值与实验值对比

（a）应变速率 0.001s^{-1}；（b）应变速率 0.01s^{-1}；（c）应变速率 0.1s^{-1}；（d）误差分析

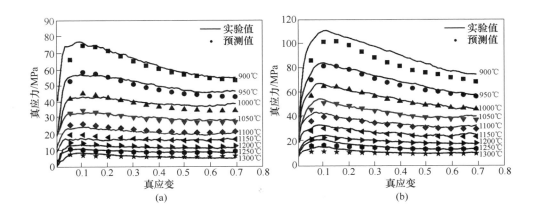

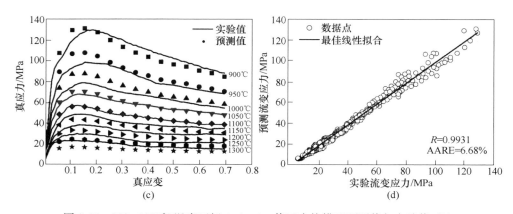

图 2-17　900~1300℃温度区间 Arrhenius 修正本构模型预测值与实验值对比

（a）应变速率 0.001s^{-1}；（b）应变速率 0.01s^{-1}；（c）应变速率 0.1s^{-1}；（d）误差分析

根据该温度段所有结果的误差分析，相关系数 $R=0.9931$，平均相对误差 AARE $=6.68\%$，总体误差在可接受的范围内，可满足热-力学模拟计算的需求。

2.1.2.8　各模型误差综合对比分析

表 2-6 为 GCr15 轴承钢 900~1300℃固相区不同形式本构模型的误差对比。

表 2-6　GCr15 轴承钢 900~1300℃固相区不同形式本构模型的误差对比

模　　型	AARE/%	R
J-C 模型	18.05	0.975
修正 J-C 模型	8.12	0.99
修正 Z-A 模型	7.27	0.98
Arrhenius 模型	5.76	0.99
Arrhenius 简化模型	7.97	0.992
Arrhenius 修正模型	6.68	0.9628

由表 2-6 可知，Arrhenius 模型的预测精度最高，其平均相对误差 AARE 为 5.76%，相关系数 R 为 0.99，该模型能很好地反映出 GGr15 轴承钢在压缩过程中的应力应变变化情况。而 J-C 模型的预测精度最差，其平均相对误差 AARE 为 18.05%，相关系数 R 为 0.975，该模型对应力应变的变化反映不佳。

2.1.3　典型钢种的本构模型

金属材料的晶格类型差异使其物理属性也有所不同。不同晶体结构金属材料在加载过程所呈现的宏观现象不一，导致其所适应的本构模型也各有差异。本节以钛微合金钢、结构钢（Q355E）、管线钢为例，采用 2.1.2 节方法测定 900~

1300℃铸坯变形特征，并给出了适用的本构模型。

2.1.3.1 钛微合金钢

本实验试样取自国内某钢厂的钛微合金钢连铸坯，钢种成分见表2-7。

表2-7 钛微合金钢化学成分（质量分数） （%）

C	Mo	Ti	N
0.16	1.3	0.37	0.2

由图2-18可知，在变形过程中钛微合金钢连铸坯应力一直随着应变增加而增加，其应力值随着应变的增加先以较大速率增加随后以较小的速率增加，整个过程中都没出现明显的软化过程，这表明动态回复和动态再结晶发生并不是很显著，只是减缓了加工硬化造成应力快速增加的速率，由动态回复和动态再结晶造成的软化作用并没有超过加工硬化造成的硬化效应。

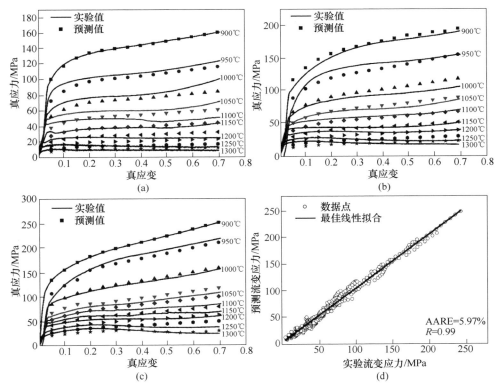

图2-18 钛微合金钢在不同应变速率下修正J-C模型预测值与实验值对比

（a）应变速率0.001s⁻¹；（b）应变速率0.01s⁻¹；（c）应变速率0.1s⁻¹；（d）误差分析

采用第 2.1.2 节方法建立本构模型，各模型误差见表 2-8。由表可知，修正 J-C 模型的预测精度最高，其平均相对误差 AARE 为 5.97%，相关系数 R 为 0.95。这是由于修正 J-C 模型与其他模型相比，仅考虑应变硬化和应变速率强化对流变应力的影响，忽视了热软化即温度对应力的影响，而由于此钢种钛含量较高，在高温压缩过程中形变诱导析出大量钛化物，增强了加工硬化效果，抵消了原本的热变形中的软化效应；若此时考虑软化的影响，反而会降低模型的整体精度。

表 2-8　钛微合金钢 900~1300℃不同本构模型的预测误差对比

模　型	AARE/%	R
J-C 模型	20. 15	0. 98
修正 J-C 模型	5. 97	0. 95
修正 Z-A 模型	23	0. 99
Arrhenius 模型	10. 02	0. 99
简化 Arrhenius 模型	9. 97	0. 99
修正 Arrhenius 模型	7. 68	0. 97

2.1.3.2　微合金结构钢 Q345E

本实验试样取自国内某钢厂的微合金结构钢 Q345E 连铸坯，钢种成分见表 2-9。

表 2-9　微合金钢化学成分（质量分数）　　　　　　（%）

C	Si	Mn	P
0. 17	0. 31	1. 5	0. 014

由图 2-19 可知，由于 Q345E 微合金元素含量较少，其微合金析出物数量也

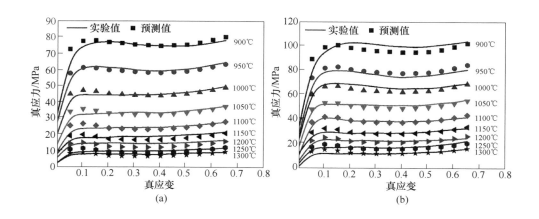

(a)　　　　　　　　　　　　　　　　(b)

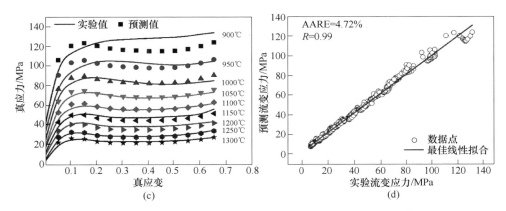

图 2-19 Q345E 在不同应变速率下 Arrhenius 模型预测值与实验值对比

（a）应变速率 0.001s^{-1}；（b）应变速率 0.01s^{-1}；（c）应变速率 0.1s^{-1}；（d）误差分析

相对较少，受形变后期发生的再结晶现象影响，导致总体的应力-应变曲线呈现动态回复现象，即应力先快速增加随后平缓增加，最后保持稳定状态，此时加工硬化造成的硬化作用与动态回复造成的软化作用达到动态平衡。

各本构模型对 Q345E 金属流变特性的预测误差对比如表 2-10 所示。Arrhenius 模型预测值与实验值偏差小，平均相对误差仅为 4.72%，相关系数 R 为 0.99，说明 Arrhenius 模型预测精度高。相比于其他模型，Arrhenius 模型的参数求解过程中考虑了应变与模型参数的关系，因此充分反映了后期金属材料应力应变的动态回复。

表 2-10　微合金钢 Q345E 900~1300℃不同本构模型的预测误差对比

模　　型	AARE/%	R
J-C 模型	10.63	0.99
修正 J-C 模型	7.8	0.99
修正 Z-A 模型	7.16	0.99
Arrhenius 模型	4.72	0.99
简化 Arrhenius 模型	8.97	0.99
修正 Arrhenius 模型	6.93	0.98

2.1.3.3　管线钢 X65MS

本实验试样取自国内某钢厂的管线钢连铸坯，钢种成分见表 2-11。

表 2-11   X65MS 管线钢化学成分（质量分数）

化学成分/%									
C	Si	Mn	P	S	Al	Nb	Ni	Cr	Ti
0.04	0.15	1.25	0.015	0.0015	0.03	0.04	0.15	0.25	0.015

　　采用压缩法测定管线钢应力应变曲线，如图 2-20 所示。管线钢合金含量介于 Q345E 与钛微合金钢之间，在压缩前期应力先快速增加，加工硬化显著，随后平缓增加，最后保持稳定状态，但此时开始发生动态回复应变要比 Q345E 滞后。

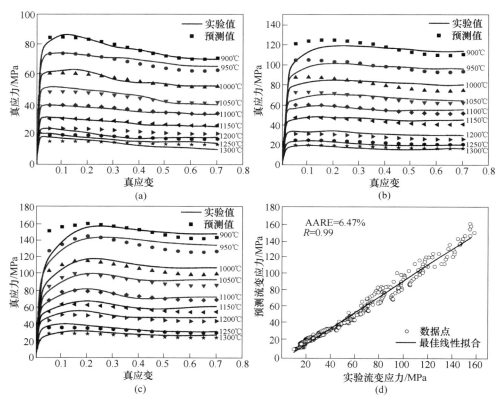

图 2-20　管线钢在不同应变速率下 Arrhenius 模型预测值与实验值对比
（a）应变速率 0.001s^{-1}；（b）应变速率 0.01s^{-1}；（c）应变速率 0.1s^{-1}；（d）误差分析

　　采用第 2.1.2 节方法建立管线钢本构模型，各模型误差见表 2-12。由表可以看出，Arrhenius 模型误差最小，平均相对误差为 5.12%，相关系数为 0.99，其预测误差及误差分析如图 2-20（d）所示。由于变形过程试样温度较高，对试样造成一定软化作用，因此采用考虑了温度与应变速率耦合作用对流变应力的影响的 Arrhenius 模型可以准确预测出管线钢变形过程的流变特征。相比于 Q345E，其析出物种类与数量更多，动态回复软化效应滞后，模型预测误差稍大。

表 2-12　X65MS 管线钢 900~1300℃不同本构模型的预测误差对比

模　　型	AARE/%	R
J-C 模型	7.63	0.99
修正 J-C 模型	6.02	0.99
修正 Z-A 模型	8.58	0.99
Arrhenius 模型	5.12	0.99
简化 Arrhenius 模型	6.78	0.99
修正 Arrhenius 模型	7.85	0.98

2.2　两相区的变形特征与本构模型

固液两相并存是连铸凝固末端压下的显著特征，铸坯心部液相的存在直接影响铸坯的变形规律。特别是随着铸坯断面的加厚，两相区厚度及所需的变形量均大幅增加，两相区变形对铸坯整体变形的影响更加不容忽视。两相区本构模型建立过程中必须考虑液相分数对变形的影响，因此本节将以钛微合金钢为例，分析两相区变形过程因液相存在所导致的微观组织特殊性，采用"唯像"法构建两相区本构模型。

2.2.1　两相区压下过程金属流变特征

与固相区金属流变特征相比，由于两相区中存在一定液相，因此变形过程试样会发生显著的"软化"效应，导致压缩过程流变应力波动甚至出现失稳，无法检测应力值，因此在实验过程中必须严格控制试样的液相率。

钛微合金钢的具体成分如表 2-7 所示。首先采用差热分析仪（DSC）检测得出的热流曲线，确定钛微合金钢的固液相线以及不同温度对应的液相率。根据图 2-21 中的 DSC 测量热流曲线，结合计算公式：

$$f_L = \frac{\int_{T_S}^{T} W(T) \, dT}{\int_{T_S}^{T_L} W(T) \, dT} \tag{2-32}$$

通过计算可得，温度 1425℃、1430℃、1435℃、1440℃、1450℃对应的液相率为：2.16%、2.85%、4.25%、6.15%、12.06%。据此明确压缩目标温度为 1425~1450℃。

根据目标温度，设计实验方案如图 2-22 所示。在压缩实验进行之前，所有试样以 10℃/s 的速率升温到 1300℃，保温 20s 以减小试样内温度梯度，再以

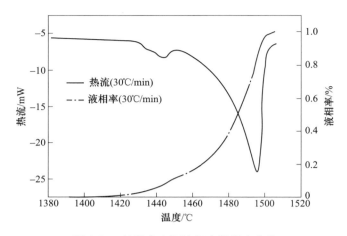

图 2-21　钛微合金钢液相率随温度变化

1℃/s 升温到目标温度，保温 5s，以 0.1s^{-1}、1s^{-1}、5s^{-1}进行压缩变形直到达到 0.2 应变，压缩变形结束后喷气快速冷却到室温，保留组织形貌以便后续观察。

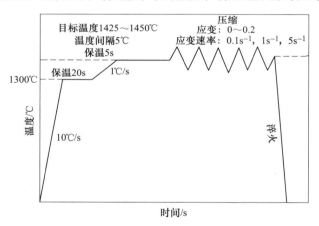

图 2-22　两相区热加工压缩工艺图

如图 2-22 所示，当应变速率为 0.1s^{-1}时，应力随着应变增加而缓慢增加，应变大于 0.18 时，应力又以较大的增长速率增加。应变速率 1s^{-1}、5s^{-1}时，随着应变增加应力先快速增加，应变达到 0.04 后，应力随着应变的增加变化不大。由于高温区液相存在，与固相区相比应力值大幅降低，即使应变速率高达 5s^{-1}，应力值最大仍未超过 20MPa。因此，液相的存在大大减少了压缩实验所需的变形抗力，显著"软化"了试样。而且可以明显看出，随着温度增加，试样内部液相含量增加，试样"软化"作用增强。

　　图 2-23 为含有部分液相的钛微合金钢试样压缩变形后的断口形貌。试样中的液相在变形过程中被挤出，冷却后断口呈放射状。

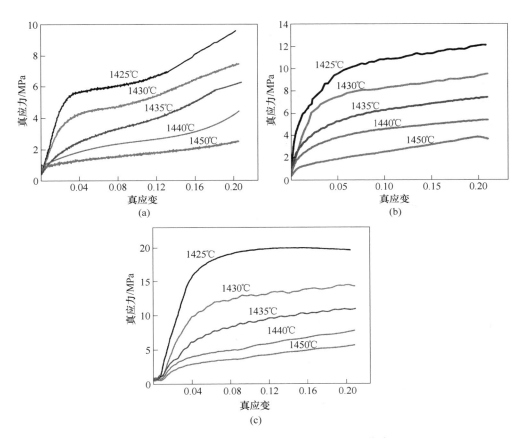

图 2-23　钛微合金钢 1425～1450℃应力应变曲线
（a）应变速率 0.1s⁻¹；（b）应变速率 1s⁻¹；（c）应变速率 5s⁻¹

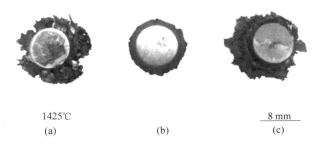

1425℃　　　　　　　　　　　　　　　　　8 mm
（a）　　　　　　　（b）　　　　　　　（c）

图 2-24　钛微合金钢不同变形条件压缩试样图
（a）应变速率 0.1s⁻¹；（b）应变速率 1s⁻¹；（c）应变速率 5s⁻¹

2.2.2　两相区微观组织演变规律

图 2-25 为试样在温度为 1430℃、应变速率为 0.1s^{-1} 条件下压缩后垂直于压缩方向的整个横截面的金相组织。中心区域处（实线框）为明显的马氏体组织，该区域由许多细小的变形晶粒组成，在这些细小变形晶粒周围包围着再结晶晶粒。边缘位置（虚线框）出现许多黑色区域，这是典型的液相特征。

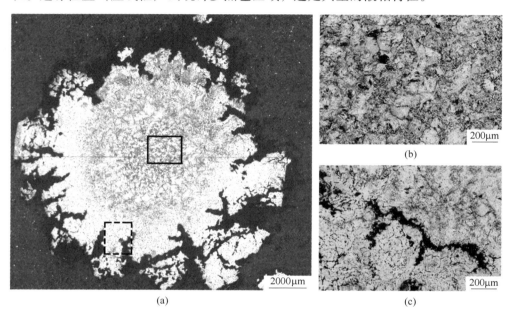

(a)　　　　　　　　　　　　　　　　(b)　　　(c)

图 2-25　1430℃、0.1s^{-1} 变形条件下钛微合金钢的显微组织

（a）整体组织形貌；（b）中心区域组织形貌；（c）边缘区域组织形貌

如图 2-26 所示，进一步对试样中心进行放大。通过 SEM 可以看出边缘黑色区域主要由许多"凹坑"组成，在"凹坑"内有许多细小的树枝晶。利用 EDS 观察可以发现，中心区域 Ti 均匀分布，在中心晶粒晶界处 C 略有富集；在边缘的"凹坑"区域，Ti 和 C 严重富集，该区域 C（36.5%）和 Ti（2%）的含量远远高于晶界处 C（13.8%）和 Ti（0.2%）的含量。由于液相中溶质的溶解度要远高于固相，可以判断黑色区域就是元素富集区域。造成这一现象的主要原因是高温试样压缩变形的液相流动行为。如图 2-27 所示，在外力作用下，枝晶向热流方向生长。溶质与液体的流动方向一致，因此最终凝固部分元素浓度较高。在相同温度下，溶质在液相中的溶解度远大于在固相中的溶解度。但在非平衡凝固过程中，溶质元素在固相中的扩散系数一般比在液相中的扩散系数小几个数量级。因此，凝固后被固相包围的液相中的元素仍然相对集中。此外，如图 2-26

（a）所示，在压缩过程中，液相从原有位置被压力挤出到边缘位置，来不及补缩，最终形成的"凹坑"。

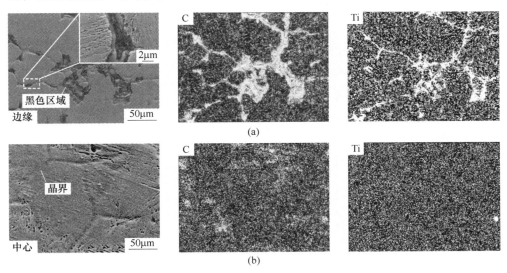

图 2-26　0.37%钛微合金钢在 1430℃和 0.1s^{-1}时变形试件的 SEM 和 EDS 图像

（a）边缘；（b）中心

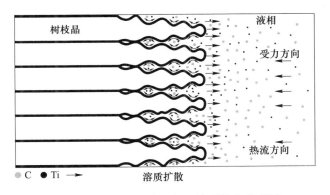

图 2-27　压下过程中两相区溶质分布示意图

表 2-13 为 1430℃下不同应变速率的显微组织。当应变速率为 0.1s^{-1}时，试样的中间出现了明显的板条马氏体。这是因为在变形过程中，更多的液相从中间部分挤压到边界部分。外边界有大量的液相，而内部几乎没有液相。由于液相中碳的溶解度远大于固相，这就造成试样中部形成贫碳区，淬火后形成马氏体。

表 2-13　钛微合金钢 1430℃不同应变速率组织

应变速率 /s⁻¹	0.1	1	5
中心			
边缘			

应变速率为 $1s^{-1}$ 和 $5s^{-1}$ 时，试样中间的小尺寸晶粒被再结晶晶粒包围。这说明在固-液两相区凝固过程中施加外力不仅可以促使晶粒在液相间进行滑动和旋转，并可以使晶粒发生变形，形成更细小的再结晶晶粒。随着应变速率的增加，晶界处的许多细小晶粒被液相分离。应变速率越高，变形速度越快，达到相同变形量所需的时间越短。此外，小晶粒还可以聚集合并形成大晶粒，此过程液相不参与变形。此时主要的变形机制是固体颗粒的塑性变形和固相的晶界滑移，导致高应变速率下更大的变形抗力，类似于铝合金触变成形过程的变形机制。

随着应变速率的增加，试样的微观组织呈现出更多的再结晶晶粒。从应力-应变曲线（见图 2-23）可以看出，在高应变速率下，应力随应变缓慢增加，应力-应变曲线呈现加工硬化的规律，动态再结晶和动态恢复引起的软化效果不明显。产生这种现象的主要原因是材料在高应变速率作用下，达到相同变形量所需时间较短，液相没有时间参与变形过程。与低应变速率变形相比，高应变速率下晶粒的塑性变形更大，积累的位错密度和能量促进了固相颗粒的动态再结晶。同时，晶粒周围的液相凝固过程会持续放热，催进晶粒的再结晶。

2.2.3　连铸坯两相区本构模型

2.2.3.1　考虑液相调节因子修正的 Fields-Bachofen(F-B) 模型

Fields 和 Bachofen 提出 Fields-Backofen（F-B）模型描述应变硬化、应变速率强化对流变应力的效应，但最初 FB 模型中并没有考虑温度的软化作用。Zhang 等[25]使用指数函数表示温度和应变对流变应力的软化作用，从而修正了 FB 模型。因此本节采用指数形式表示温度的软化作用，修正 FB 模型；同时试样变形温度位于固液两相区温度之间，液相的存在对流变应力有显著影响，故也引入液相调节因子进行修正。

$$\sigma = \alpha_1 \exp(\alpha_2/T)\dot{\varepsilon}^m \varepsilon^n (1 - \beta f_L)^K \tag{2-33}$$

式中　α_1，α_2，m，n——材料常数；

$\quad\quad\quad K$——液相分数因子；

$\quad\quad\quad f_L$——液相分数；

$\quad\quad\quad \beta$——几何参数；

$\quad\quad\quad (1-\beta f_L)^K$——液相调节因子，可根据模型预测精度进行调整，液相率低于 50% 的变形试样，β 一般设定为 2。

式（2-34）两边取对数：

$$\ln\sigma = \ln\alpha_1 + \alpha_2/T + m\ln\dot{\varepsilon} + n\ln\varepsilon + L\ln(1 - \beta f_L) \tag{2-34}$$

$\ln\sigma$-$\ln\dot{\varepsilon}$、$\ln\sigma$-$\ln\varepsilon$、$\ln\sigma$-$\ln(1-\beta f_L)$、$\ln\sigma$-$1/T$ 的函数关系的斜率即是参数 m、n、L、α_2，由 $\ln\sigma$-$\ln\varepsilon$ 函数关系的截距计算，其中参数 m、L、α_2 以应变 0.04 为例，如图 2-28 所示。

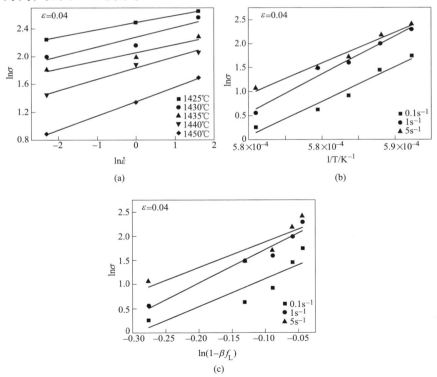

图 2-28　最小二乘法求解钛微合金钢修正 FB 本构模型参数

（a）参数 m 求解；（b）参数 α_1 求解；（c）参数 L 求解

模型参数计算结果见表 2-14。

表 2-14　加入液相调节因子修正 FB 模型参数

参数	425~1450℃
α_1	7.4411×10^{-39}
α_2	155351.7956
n	0.30816
m	0.19529
l	5.25857
β	0.8 与 2.0

首先选取液相调节因子 $\beta = 2.0$，通过以上计算求得模型参数，并代入应变、应变速率和温度值，计算出模型的预测值，对比分析模型预测值与实验值，如图 2-29 所示。应变速率 $0.1 \mathrm{s}^{-1}$ 时，1425~1440℃，模型预测值大于实验值，而 1450℃ 时模型预测值又小于实验值。应变速率 $1 \mathrm{s}^{-1}$ 和 $5 \mathrm{s}^{-1}$ 时，1425℃ 和 1430℃ 模型预测

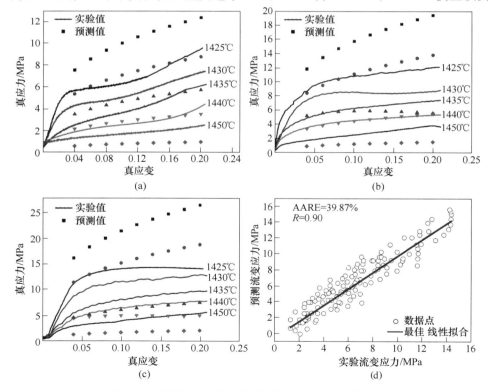

图 2-29　加入液相调节因子修正 FB 模型预测值与实验值对比（$\beta = 2$）

（a）应变速率 $0.1 \mathrm{s}^{-1}$；（b）应变速率 $1 \mathrm{s}^{-1}$；（c）应变速率 $5 \mathrm{s}^{-1}$；（d）误差分析

值远大于实验值，其余温度预测值均低于实验值。可以看出，液相调节因子 $\beta=$ 2.0 时，修正 FB 模型预测精度较低，不适用于表征该钢种两相区温度范围内的金属流变规律。

通过调节液相调节因子中 β 值可提高模型预测精度。前人研究了铝合金[26] β 值分别等于 0.9、1.2、1.5 时的模型预测精度，得出随着 β 值减小，模型预测精度提高的结论。因此，进一步选取液相调节因子 $\beta=0.8$ 进行分析，预测结果如图 2-30 所示。

对比分析图 2-29 与图 2-30，可以看出当温度较低时（小于 1435℃），β 值从 2.0 降至 0.8 后，预测误差明显降低。然而，当温度较高时（大于等于 1435℃），β 值降至 0.8 后预测误差反而增加，模型精度降低。综合对比，β 值从 2.0 降至 0.8 后，模型误差虽从 39.87% 降至 34.51%，但仍然不能满足使用需求。因此，液相调节因子 $\beta=0.8$ 时修正 FB 模型仍不适用于表征 0.37% 钛微合金钢两相区金属流变规律。

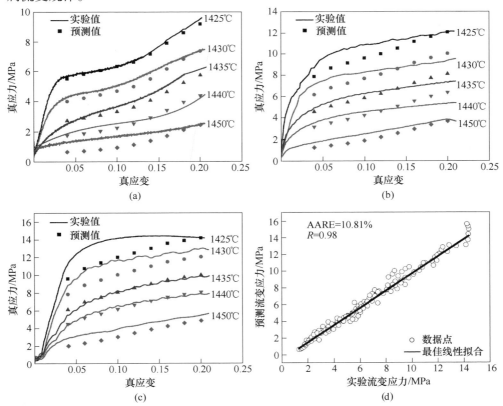

图 2-30 加入液相调节因子修正 FB 模型预测值与实验值对比（$\beta=0.8$）

（a）应变速率 $0.1s^{-1}$；（b）应变速率 $1s^{-1}$；（c）应变速率 $5s^{-1}$；（d）误差分析

2.2.3.2　考虑液相调节因子的修正 Arrhenius 模型

Arrhenius 模型是应用广泛的固相区经验性本构模型，研究者[27,28]在 Arrhenius 模型中加入液相调节因子研究镁合金高温两相区本构行为，实现了镁合金高温两相区本构特征的准确预测，具体计算公式如下：

$$(1 - \beta f_{\mathrm{L}})^K \dot{\varepsilon} = A [\sinh(\alpha\sigma)]^n \exp\left(-\frac{Q}{RT} \right) \tag{2-35}$$

其中，A、Q、R、T、α、n、$\dot{\varepsilon}$、σ 与第 2.1.2.5 节定义一致，β 是几何参数，当液相率低于 0.5 时，对于镁合金 β 取值为 2[28]，对于铝合金取值 1.5[29]，可根据模型预测精度进行调节；f_{L} 是液相率；K 是与液相相关的材料常数；$(1-\beta f_{\mathrm{L}})^K$ 是液相调节因子。

参数 α、n 求取过程与第 2.1.2.5 节类似，在此不再重复叙述。代入应力、应变、应变速率计算预测值如图 2-31 所示。可以看出，当温度等于 1425℃ 与

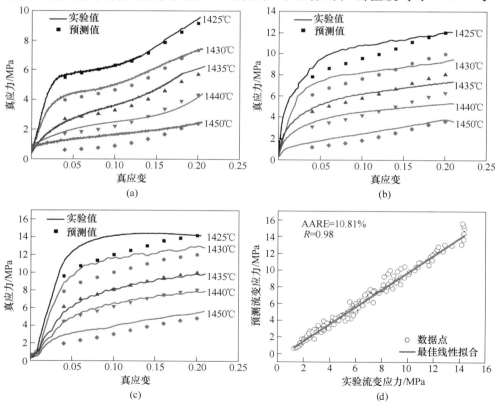

图 2-31　钛微合金钢加入液相调节因子 Arrhenius 模型预测值与实验值对比

(a) 应变速率 0.1s^{-1}；(b) 应变速率 1s^{-1}；(c) 应变速率 5s^{-1}；(d) 误差分析

1430℃时，高应变速率下（1s⁻¹，5s⁻¹）预测值均低于实测值，表明该模型未能充分考虑高应变速率的加工硬化效应。而高温范围内（不小于1435℃），模型预测精度较高。综合考虑，模型预测平均相对误差10.81%。

可以看出，由于Arrhenius模型中没有充分彰显应变速率强化效应，因此需要提高模型预测精度，对原有的Arrhenius模型进行修正。基于前人[30]研究基础，在原有模型中乘以 $\dot{\varepsilon}^{1/3}$，具体为下式：

$$(1 - \beta f_{\mathrm{L}})^K \dot{\varepsilon}^{4/3} = A[\sinh(\alpha\sigma)]\exp\left(-\frac{Q}{RT}\right) \tag{2-36}$$

代入应变、应变速率、温度、液相率计算模型预测值，计算过程中发现，应变速率0.1s⁻¹时，应变速率小于1，增加其次数导致模型预测精度反而变差，如图2-32所示。因此针对不同应变速率应采用不同的应变速率强化效果，即根据应变速率进行分段处理，公式为：

$$\begin{cases} (1 - \beta f_{\mathrm{L}})^K \dot{\varepsilon}^{4/3} = A[\sinh(\alpha\sigma)]^n\exp\left(-\frac{Q}{RT}\right) & \dot{\varepsilon} > 1\mathrm{s}^{-1} \\ (1 - \beta f_{\mathrm{L}})^K \dot{\varepsilon} = A[\sinh(\alpha\sigma)]^n\exp\left(-\frac{Q}{RT}\right) & \dot{\varepsilon} \leqslant 1\mathrm{s}^{-1} \end{cases} \tag{2-37}$$

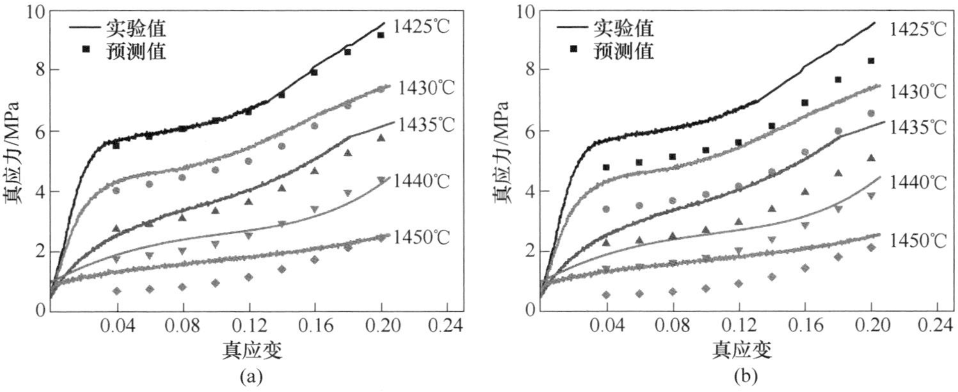

图2-32 应变速率0.1s⁻¹Arrhneius模型预测值与实验值对比
（a）1次方程；（b）4/3次方程

如图2-33所示，应变速率5s⁻¹时，温度1425~1450℃条件下模型预测值与实验值偏差明显减小；但是应变速率1s⁻¹，温度1430℃时，模型预测值散点图变化趋势没有表现出试验曲线所呈现的软化行为，其表明即使调整 ε 的幂指数，Arrhenius模型也无法反映动态再结晶软化行为。综合分析可知，调整 ε 幂指数后，平均相对差从10.81%下降到8.34%，模型预测精度满足准确预测钛微合金钢两相区金属流变行为的需求。

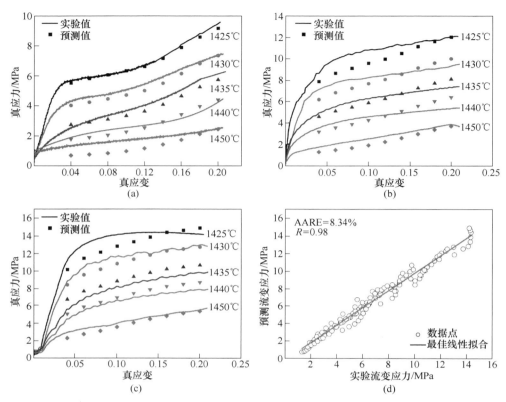

图 2-33　钛微合金钢修正加入液相调节因子 Arrhenius 模型预测值与实验值对比

（a）应变速率 $0.1s^{-1}$；（b）应变速率 $1s^{-1}$；（c）应变速率 $5s^{-1}$；（d）误差分析

2.2.3.3　两相区变形机制

金属在两相区的变形特征与机制如图 2-34 所示。当材料含有较多液相时，施加外力载荷可使材料发生变形，外力使晶粒在液相中旋转和滑动，此时液相起到润滑剂的作用。与此同时，作用在晶粒上的外力，使固相内晶粒发生滑移变形和再结晶。当液相较少时（见图 2-34（a））少量液相存在于固体颗粒之间，形成薄而不连续的液体薄膜；变形过程中，不连续的液体薄膜被挤压排出，晶粒在外力作用下逐渐紧密接触。液膜对晶粒的变形具有有限的润滑作用，从而在一定程度上提高了金属的强度。当液相含量较高时（见图 2-34（b）），液相含量在晶粒周围分布更均匀；虽然变形过程中晶粒间的液层变薄，但液相对固相颗粒间的运动仍有良好的润滑作用，因此金属强度较低，此时应力随温度的升高而减小。

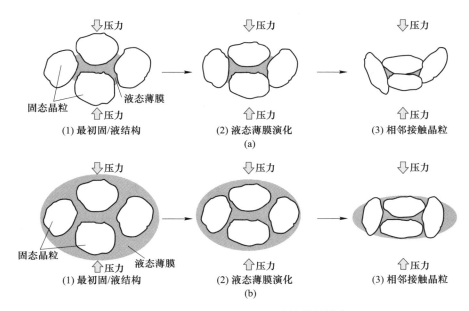

图 2-34 热压缩时两相区固/液结构的转变

（a）变形过程中较少液相液态薄膜的变化；（b）变形过程中较多液相液态薄膜的变化

参 考 文 献

[1] Zhang C, Zhang L, Shen W, et al. Study on constitutive modeling and processing maps for hot deformation of medium carbon Cr-Ni-Mo alloyed steel [J]. Eng. Mater. Des., 2016, 90: 804~814.

[2] 王进，褚忠，张琦. 用 Arrhenius 方程预测 F40MnV 非调质钢高温流动应力 [J]. 材料热处理学报，2013，34（1）：182~186.

[3] Li Y, Wang Z, Zhang L, et al. Arrhenius-type constitutive model and dynamic recrystallization behavior of V-5Cr-5Ti alloy during hot compression [J]. Trans. Nonferrous Met. Soc. China, 2015, 25 (6): 1889~1900.

[4] Kozlowski P F, Thomas B G, Azzi J A, et al. Simple constitutive equations for steel at high temperature [J]. Metall. Trans. A, 1992, 23 (3): 903~918.

[5] Wray P J. Effect of carbon content on the plastic flow of plain carbon steels at elevated temperatures [J]. Metall. Trans. A. 1982, 13 (1): 125~134.

[6] Suzuki T, Tacke K H. Wuennenberg K, et al. Creep properties of steel at continuous casting temperatures [J]. Ironmaking Steelmaking, 1988, 15 (2): 90~100.

[7] Samantaray D, Mandal S, Borah U, et al. A thermo-viscoplastic constitutive model to predict el-

evated-temperature flow behaviour in a titanium-modified austenitic stainless steel [J]. Mater. Sci. Eng., A, 2009, 526 (1-2): 1~6.

[8] Ji G, Li F, Li Q, et al. A comparative study on Arrhenius-type constitutive model and artificial neural network model to predict high-temperature deformation behaviour in Aermet100 steel [J]. Mater. Sci. Eng. A, 2011, 528 (13-14): 4774~4782.

[9] Sellars C M, Tegart W J M. Hot Workability [J]. Int. Metall. Rev., 1972, 17 (1): 1~24.

[10] Pu Z J, Wu K H, Shi J, et al. Development of constitutive relationships for the hot deformation of boron microalloying TiAl-Cr-V alloys [J]. Mater. Sci. Eng. A, 1995. 192-193 (94): 780~787.

[11] He A, Chen L, Hu S, et al. Constitutive analysis to predict high temperature flow stress in 20CrMo continuous casting billet [J]. Eng. Mater. Des., 2013, 46 (4): 54~60.

[12] Samantaray D, Mandal S, Bhaduri A K. Constitutive analysis to predict high-temperature flow stress in modified 9Cr-1Mo (P91) steel [J]. Eng. Mater. Des., 2010, 31: 981~984.

[13] 陈家祥. 连续铸钢手册 [M]. 北京: 冶金工业出版社, 1991.

[14] Bhadeshia H K D H. Steels for bearings [J]. Prog. Mater. Sci., 2012, 57 (2): 268~435.

[15] Johnson G R, Cook W H. A constitutive model and data for metals subjected to large strains, high strain-rates and high temperatures [C] // Proceedings of the 7th International Symposium on Ballistics, 1983, 547: 541~547.

[16] Li H Y, Xiao X F, Duan J Y, et al. A modified Johnson-Cook model for elevated temperature flow behavior of T24 steel [J]. J. Mater. Sci. Eng. A, 2013, 577: 138~146.

[17] Zerilli F J, Armstrong R W. Dislocation-mechanics-based constitutive relations for material dynamics calculations [J]. Jpn. J. Appl. Phys., 1987, 61 (5): 1816~1825.

[18] Sellars C M, Tegart W J M. Hot Workability [J]. Int. Metall. Rev., 1972, 17 (1): 1~24.

[19] Zuo Q, Liu F, Wang L, et al. Prediction of hot deformation behavior in Ni-based alloy considering the effect of initial microstructure [J]. Prog. Nat. Sci.: Mater. Int., 2015, 25: 66~77.

[20] Rakesh S V, Sivaprasad P V, et al. Constitutive equations to predict high temperature flow stress in a Ti-modified austenitic stainless steel [J]. Mater. Sci. Eng. A, 2009, 500 (1): 114~121.

[21] Cai J, Li F, Liu T, et al. Constitutive equations for elevated temperature flow stress of Ti-6Al-4V alloy considering the effect of strain [J]. Eng. Mater. Des., 2011, 32 (3): 1144~1151.

[22] Mirzadeh H. A simplified approach for developing constitutive equations for modeling and prediction of hot deformation flow stress [J]. Metall. Mater. Trans. A, 2015, 46 (9): 1~11.

[23] Mirzadeh H, Cabrera J M, Najafizadeh A. Constitutive relationships for hot deformation of austenite [J]. Acta Mater., 2011, 59 (16): 6441~6448.

[24] Frost H J, Ashby M F. Deformation-mechanism maps: The Plasticity and Creep of Metals and Ceramics [J]. Pergamon Press, 1982, 9 (2): 224~225.

[25] Zhang X H. Experimental and numerical study of magnesium alloy during hot working process [D]. Shanghai Jiaotong University, 2003.

[26] Wang J J, Phillion A B, Lu G M. Development of a visco-plastic constitutive modeling for thixo-

forming of AA6061 in semi-solid state [J]. J. Alloys. Compd. , 2014, 609: 290~295.

[27] Chen G, Lin Y F, Yao S J, et al. Constitutive behavior of aluminum alloy in a wide temperature range from warm to semi-solid regions [J]. J. Alloys. Compd. , 2016, 674: 203~205.

[28] Tang Q, Zhou M Y, Fan L L, et al. Constitutive behavior of AZ80 M magnesium alloy compressed at elevated temperature and containing a small fraction of liquid [J]. J. Vac. , 2018, 155: 476~489.

[29] Xu Y, Chen C, Jia J B, et al. Constitutive behavior of a SIMA processed magnesium alloy byemploying repetitive upsetting-extrusion (RUE) [J]. J. Alloys. Compd. , 2018, 748: 694~705.

[30] Lin Y C, Chen M S, Zhong J. Constitutive modeling for elevated temperature flow behavior of 42CrMo steel [J]. Comput. Mater. Sci. , 2008, 42 (3): 470~477.

3 压下过程连铸坯变形与裂纹风险

无论是准确描述压下对连铸坯凝固末端两相区内溶质挤压排出规律,还是预测压下作用对铸坯心部疏松的改善规律,均需要准确描述压下过程铸坯的变形规律,例如变形量向铸坯心部传递效率、铸坯断面不同位置应力应变分布等。目前大多数的研究者们大多采用数值模拟方法建立有限元模型分析压下过程铸坯热/力学行为规律。此外,压下过程的裂纹风险也是研究者们关心的重要问题,更是压下工艺设计的重要限定条件。连铸坯裂纹是在内外因素综合作用下产生的,其内因主要是铸坯的热塑性,如 Suzuki[1] 提出的钢液在凝固过程存在三个脆性区间理论;外因主要是铸坯的应力集中,包括弯曲矫直过程的机械应力、冷却过程的热应力等。在凝固末端压下过程中,如果铸坯局部应力超过其临界阈值,就会导致裂纹产生。根据压下变形与铸坯凝固特征,压下过程可能引起的裂纹主要分为两种类型,一种是中间裂纹萌生,即凝固界面前沿第一脆性区裂纹的诱发;另一种是表面裂纹扩展,尤其是角部横裂纹扩展,是典型的第三脆性区裂纹。

本章详细介绍了连铸全程三维热/力耦合模型的建立方法,系统分析了大方坯与宽厚板坯凝固末端压下过程铸坯应力应变分布规律,给出了压下过程中间裂纹萌生与表面裂纹扩展临界应变的测定方法,建立了基于热/力学行为规律的裂纹风险预测方法,并以轴承钢连铸大方坯、微合金钢 Q345E 连铸宽厚板坯等为实例,分析了不同压下工艺下裂纹萌生扩展的风险及控制准则。

3.1 连铸全程热/力学行为规律研究

3.1.1 大方坯连铸坯热/力耦合仿真模型及压下变形规律分析

3.1.1.1 建模参数

以某钢厂 320mm×425mm(冷坯断面)大方坯连铸机为研究对象,其结晶器弯月面距最后一架拉矫机长约 26.5m,冷却区包括结晶器初始冷却区、4 个二冷分区及 1 个空冷区,铸机的详细冷却分区参数见表 3-1。铸机空冷区内距弯月面 17.7~26.5m 的范围内排布 9 架拉矫机,每架拉矫机装备一对直径 500mm 铸辊。辊缝开口度及转速可分别通过相应拉矫机液压缸及驱动电机在一定范围内灵活调整以完成凝固末端压下。相邻两架拉矫机间距为 1.1m,具体各拉矫机铸流位置见表 3-2。选取轴承钢 GCr15 为具体研究钢种，其生产拉速为 0.58m/min，二冷比水量 0.22L/kg，浇铸温度 1497℃，1~9 号拉矫机压下量分别为 0 \ 1 \ 1 \ 1 \ 2 \ 3 \ 4 \ 4 \ 2mm。

表 3-1 大方坯连铸机冷却分区参数

冷却分区		距弯月面距离/m		长度/m
		起始位置	结束位置	
一次冷却	结晶器有效高度	0.00	0.78	0.78
二次冷却	二冷 1 区	0.78	1.13	0.35
	二冷 2 区	1.13	2.63	1.50
	二冷 3 区	2.63	4.73	2.10
	二冷 4 区	4.73	7.93	3.20
空冷	空冷区	7.93	26.50	18.57

表 3-2 各拉矫机距弯月面距离

拉矫机编号	1	2	3	4	5	6	7	8	9
距弯月面的距离/m	17.7	18.8	19.9	21.0	22.1	23.2	24.3	25.4	26.5

3.1.1.2 模型建立

有限单元法（Finite Element Method，简称 FEM）是最常用的数值模拟方法，其应用领域已遍及温度场、电磁场、流场、应力场等各类物理场的分析及耦合分析。随着 ANSYS、ABAQUS、MSC. Marc 等商业有限元软件的发展，大大降低了研究者们的工作量和计算效率。本节采用商业有限元软件 MSC. Marc 建立连铸坯热/力耦合计算模型，系统研究连铸全程凝固传热与变形的相互作用，及变形对铸坯不同位置应力应变的累积影响。

A 几何模型

根据铸机图纸建立辊列几何模型并导入铸坯网格，如图 3-1 所示。为提高计算效率，利用铸坯的中心对称特点，建立了宽度方向 1/2 有限元模型，其表征的铸坯宽度 212.5mm、厚度 320mm、长度为 3000mm，采用四面体网格划分，

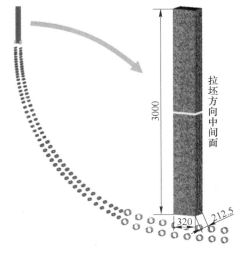

图 3-1 大方坯连铸全程 FEM 模型建立过程

单元边长 15mm，总单元数 249284。

实际连铸生产过程中持续拉坯，而模拟过程中由于铸坯模型长度有限且坯头存在咬入限制等原因，铸坯首尾位置在和铸辊接触时并不能真实反映铸坯变形情况。因此，在铸坯模型拉坯方向中间位置设置中间面（图 3-1 中铸坯有限元模型中间切片位置），该中间面距铸坯首尾位置足够远，咬入作用对该位置处影响较小，可较好地反映铸坯真实变形规律。

B　控制方程

在凝固传热计算模型中通常采用凝固传热微分方程，其主要是从结晶器弯月面处沿铸坯中心取微元体，其宽度、厚度及高度分别为 dx、dy 及 dz，铸坯以一定拉速向拉坯方向运动，微元体也随之运动，如图 3-2 所示。微元体的热平衡可表示为：微元体的热量＝微元体接收的热量－微元体向外界支出的热量。

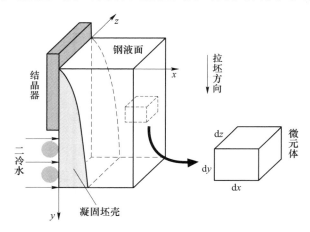

图 3-2　铸坯凝固示意图

以下为微元体接收和支出的热量：

（1）钢液从顶部带入微元体的热量（dx、dz 面）：$\rho vcTdxdz$；

（2）铸坯宽面中心传递给微元体的热量（dy、dz 面）：$-k_{\mathrm{eff}}\dfrac{\partial T}{\partial x}dydz$；

（3）铸坯窄面中心传递给微元体的热量（dx、dy 面）：$-k_{\mathrm{eff}}\dfrac{\partial T}{\partial z}dxdy$；

（4）微元体内储存的热量：$\rho c\dfrac{\partial T}{\partial t}dxdydz$；

（5）微元体向下传递的热量（dx、dz 面）：$\rho vc\left(T+\dfrac{\partial T}{\partial y}dy\right)dxdz$；

（6）由微元体宽面传递出去的热量（dy、dz 面）：$-\left[k_{\mathrm{eff}}\dfrac{\partial T}{\partial x}+\dfrac{\partial}{\partial x}\left(k_{\mathrm{eff}}\dfrac{\partial T}{\partial x}\right)dx\right]dydz$；

（7）由微元体窄面传递出去的热量（dx、dy 面）：$-\left[k_{eff}\dfrac{\partial T}{\partial z}+\dfrac{\partial}{\partial z}\left(k_{eff}\dfrac{\partial T}{\partial z}\right)dz\right]dxdy$；

（8）内热源项，即凝固潜热项：S_O。

将上述各项代入热平衡方程得到：

$$\rho c\,\frac{\partial T}{\partial t}=-\rho vc\,\frac{\partial T}{\partial y}+\frac{\partial}{\partial z}\left(k_{eff}\,\frac{\partial T}{\partial z}\right)+\frac{\partial}{\partial x}\left(k_{eff}\,\frac{\partial T}{\partial x}\right)+S_O \tag{3-1}$$

式中　T——温度，℃；

　　　ρ——密度，kg/m³；

　　　v——钢液流动速度，cm/s；

　　　c——热容，J/(kg·℃)；

　　　k_{eff}——导热系数，W/(m·℃)；

　　　S_O——内热源项，W/m³。

C　边界条件

钢液由中间包经水口进入结晶器，忽略该段时间内热量消耗，认为浇铸温度、中间包温度和钢液在结晶器液面的初始温度相等，即钢液进入结晶器之前：

$$T_0 = T_{tundish} = T_c \tag{3-2}$$

式中　T_0——初始温度，℃；

　　$T_{tundish}$——中间包温度，℃；

　　　T_c——浇铸温度，℃。

根据宽向传热对称性，将模型中对称面处视为绝热条件，即：

$$\left.\frac{dU}{dZ}\right|_{symm}=0 \tag{3-3}$$

式中　U——热量；

　　　Z——铸坯宽度方向。

结晶器也称一次冷却区，在结晶器内钢液与结晶器铜板接触后迅速换热，接触位置冷却形成坯壳，该过程中边界条件采用第二类冷却条件。本模型结晶器内换热边界条件采用 Savage J. 等提出的热流密度公式[2]施加边界条件，如式（3-4）所示：

$$q = 2.688 - B\sqrt{t} \tag{3-4}$$

式中　q——铸坯表面的热流密度，MW/m²；

　　　B——结晶器冷却工况相关的系数；

　　　t——铸坯在结晶器内的冷却时间，s。

出结晶器进入二次冷却区后，铸坯表面主要通过喷淋冷却水/雾方式进行冷却，即铸坯表面与冷却水/雾以对流换热及冷却水蒸发方式进行热量传递，采用

Nozaki 等[3]提出的公式计算等效对流换热系数。

$$h_{\text{spray}}^i = \alpha_i W_i^{0.55} (1 - 0.075 T_{\text{w}}) \tag{3-5}$$

式中　　i——第 i 个二冷区;

　　　　α_i——第 i 个二冷区的修正系数;

　　h_{spray}^i——冷却水/雾与铸坯表面间的换热系数,W/(m² · ℃);

　　　　W_i——第 i 个冷却区内的水流密度,L/(m² · min);

　　　　T_{w}——冷却水/雾温度,℃。

　　铸坯出二次冷却区进入空冷区,换热方式主要为铸坯和空气之间的辐射换热,换热系数计算公式如下:

$$h_{\text{rad}} = \varepsilon \sigma (T_{\text{surf}}^2 + T_{\text{env}}^2)(T_{\text{surf}} + T_{\text{env}}) \tag{3-6}$$

式中　　h_{rad}——铸坯表面的辐射换热系数,W/(m² · K);

　　　　ε——辐射系数(取值 0.8);

　　　　σ——斯特藩-玻耳兹曼常数,5.67×10⁻⁸W/(m² · K⁴);

T_{surf},T_{env}——铸坯表面温度及环境温度,K。

　　D　物性参数

　　物性参数主要包括热物性参数和力学参数,其中力学参数主要包括描述应力与应变之间关系的本构模型、弹性模量(杨氏模量)和泊松比,其均与温度直接关联,因此温度场的准确计算是确保铸坯变形特征准确预测的最重要前提条件。

　　连铸过程钢液从结晶器到铸机出口依次通过结晶器冷却、二冷水冷却、空冷而逐渐变为固态,整个凝固过程冷却条件复杂多变、温度跨度大,因此凝固传热的边界条件与热物性参数直接决定模型的准确性。实际上,从 20 世纪 60 年代末期 Mizikar 第一次利用有限差分方法实现了铸坯凝固传热二维模型的数值求解开始[4],在后继的几十年来凝固传热模型算法已十分成熟,有限差分、有限体积、有限元(包括商业有限元软件)在相同热物性参数与边界条件下计算结果几乎无差别。因此,连铸凝固传热数值模拟的研究热点主要集中在边界条件处理、物性参数精确确定(包括液相对流对传热的影响和凝固潜热处理等),以及如何实现生产过程高精度多维度温度场实时计算等方面。

　　为了获得固相线和液相线温度范围内的轴承钢 GCr15 材料物性参数,建立了可准确预测 δ/γ 相转变过程及溶质再分配的一维有限差分模型,进一步可根据基于相分率的关键物性参数计算方法[5]求得固液两相内的导热系数、熵、密度。

　　基于 Ueshima 等[6]的工作,假设凝固枝晶的横截面为正六边形,并使用其横截面的 1/6 作为计算域,如图 3-3(a)所示。枝晶干半径长度为 $\lambda/2$,并将此区域划分为 100 个节点,如图 3-3(b)和(c)所示。

根据 Fick 第二定律，溶质扩散控制方程表示如下：

$$\frac{\partial C_i^s}{\partial t} = \frac{\partial}{\partial x}\left(D_i^s(T)\frac{\partial C_i^s}{\partial x_i}\right) \qquad (3-7)$$

式中　$D_i^s(T)$——溶质元素 i 在固相中的扩散系数，$\mathrm{m^2/s}$；

　　　C_i^s——溶质元素 i 在固相中的溶质质量浓度，%。

在枝晶生长过程中，忽略了枝晶间的熔体流动，并假设溶质元素 i 的总质量为常数。其中，一次枝晶臂间距 λ 按式（3-8）计算[7]：

$$\lambda = 278.748 C_R^{-0.206278} w_C^n \qquad (3-8)$$

式中　C_R——等效冷却速率；

　　　w_C——钢的标称碳含量（质量分数），%；

　　　n——计算系数，可从式（3-9）中得到。

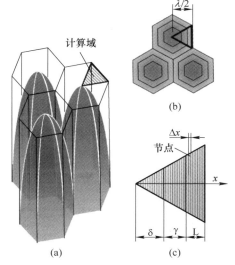

图 3-3　正六边形截面枝晶形态及其计算域示意图

（a）枝晶阵列概述；（b）枝晶横截面；（c）建模域结构

$$n = \begin{cases} -0.316225 + 2.0325 C_R & 0 \leqslant C_R \leqslant 0.15 \\ -0.0819 - 0.491666 C_R & 0.15 < C_R \leqslant 1.0 \end{cases} \qquad (3-9)$$

其中，液相线温度 T_l 和 δ/γ 相变温度点 T_{Ar4} 均由界面节点中的溶质（质量）浓度确定，具体计算方程如下[6,9]：

$$T_l = 1536 - \sum_i^N m_i w(C)$$

$$\qquad (3-10)$$

$$T_{Ar4} = 1392 - \sum_i^N n_i w(C)$$

式中　m_i——液相线斜率；

　　　n_i——Fe-i 二元相图中的 δ/γ 界面；

　　　N——该模型中所计算的溶质元素数量；

　　　C——溶质质量浓度，%。

根据我们团队的研究[8]，连铸过程铸坯平均冷速约为 1.78℃/s，但在凝固末端两相区内冷速还低于此值。为准确反映凝固末期实际，选取冷速 0.25℃/s 进行计算，轴承钢 GCr15 凝固过程中的相分数、枝晶间溶质偏析比的演变规律如图

3-4（a）所示。可以看出，轴承钢 GCr15 凝固过程中，钢水中直接生成 γ 相而不形成 δ 相。相比于凝固初期，元素偏析率在凝固末期迅速增大。图 3-4（b）、（c）和（d）分别为通过加权相分数方程[5]计算得到的轴承钢 GCr15 的密度、焓和导热系数。

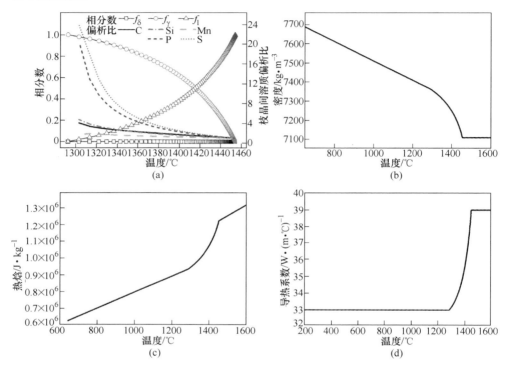

图 3-4　轴承钢 GCr15 的相分数、微观溶质偏析和材料热物性参数
（a）相分数和微观溶质偏析；（b）密度；（c）焓；（d）导热系数

在力学参数方面，轴承钢 GCr15 的本构模型已在第 2 章详细论述，此外还需确定弹性模量和泊松比。模型弹性模量 E 的计算公式[10,11]如下：

当 $T \leqslant 900℃$ 时，

$$E = 347.6525 - 0.350305T \tag{3-11}$$

当 $900℃ < T < T_s$ 时，

$$E = 968 - 2.33T + 1.9 \times 10^{-3}T^2 - 5.18 \times 10^{-7}T^3 \tag{3-12}$$

两相区温度区间内存在零强度温度（Zero Strength Temperature，ZST），在 ZST 以上铸坯强度为零，而模型中弹性模量若设为零，计算将终止。因此，需要对 ZST 之上的弹性模量进行修正，一般设为一个大于零的极小值，本模型中取 0.0013MPa。

模型中泊松比 ν 采用 Uehara 等[12]由实验数据确定的公式计算：

$$\nu = 0.278 + 8.23 \times 10^{-5}T \tag{3-13}$$

泊松比也同样涉及两相区内的处理问题，一般在 ZST 温度下采用此公式计算，液相凝固温度时泊松比可定位 0.5，在 ZST 与液相凝固温度间线性插值。

3.1.1.3 模型验证

为确保分析的准确性，需要对计算结果进行验证，目前主要采用表面温度测定（红外测温或皮下预埋热电偶）、坯壳厚度测定（射钉法或示踪剂法），对于热/力耦合计算模型还可采用压下量-压下力实测结果验证变形行为的准确性。

图 3-5 给出了此工况条件下（320mm×425mm 断面轴承钢 GCr15、拉速 0.58m/min、过热度30℃），采用红外测温和射钉法得到的铸坯表面温度（大方

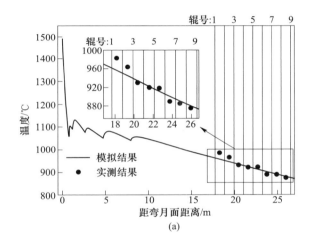

(a)

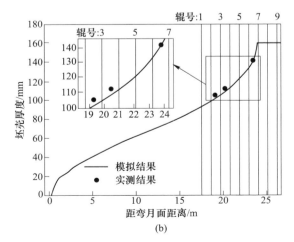

(b)

图 3-5 大方坯侧面中心温度（a）和坯壳厚度（b）实测值与计算值对比

坯侧面中心位置）与坯壳厚度实测值，及其与模型计算值的对比结果。可以看出，在凝固传热方面，模型计算得到的大方坯表面温度与坯壳厚度均与对应位置处的实测值吻合较好，相对误差分别小于 2.9% 与 3.1%。

　　进一步的，采用生产过程中各拉矫机液压缸实际输出压力（即压坯力）与模型计算得到的铸辊反力进行对比，验证变形行为预测的准确性。图 3-6 为 5 号辊与 7 号辊压下量分别为 2mm 与 4mm 条件下，压坯力计算值与实测值的对比。其中，图 3-6（a）与（b）分别为模型中 5 号辊与 7 号辊接触反力，图 3-6（c）为生产过程中 5 号和 7 号拉矫机液压缸输出实际压力。可以看出，计算得到的 5 号辊接触反力为 582.3kN，而实际 5 号拉矫机输出压力为 597.8kN，其相对误差为 2.59%；计算得到的 7 号辊接触反力为 986.4kN，实际 7 号拉矫机输出压力为 1012.8kN，相对误差为 2.61%。

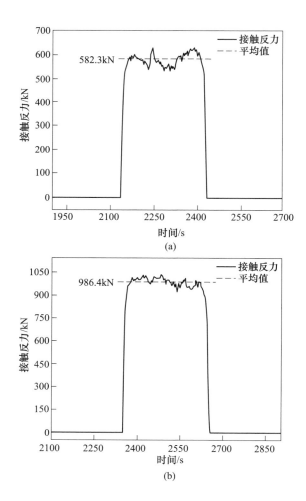

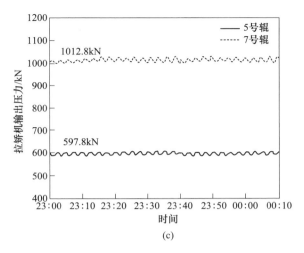

图 3-6 压下过程拉矫机压坯力实测值与模型预测值对比

（a）5 号拉矫机压坯力计算值；（b）7 号拉矫机压坯力计算值；（c）5 号与 7 号拉矫机压坯力实测值

3.1.1.4 大方坯连铸全程热/力学行为规律

铸坯在连铸过程中主要在弯曲段、矫直段及压下过程中受机械外力发生变形，而热/力学计算模型中的等效塑性应变反映铸坯塑性变形情况，Mises 等效应力反映铸坯受力情况。在弯曲段、矫直段和铸机末端位置提取等效塑性应变云图和 Mises 等效应力云图，如图 3-7 所示。

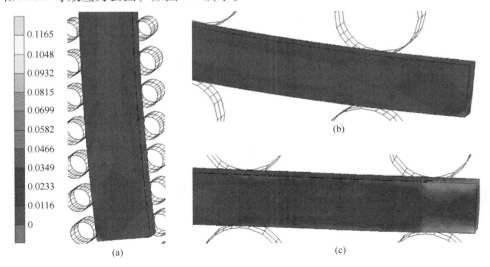

图 3-7 轴承钢大方坯铸流各位置处等效塑性应变云图

（a）弯曲段；（b）矫直段；（c）铸机末端

（扫书前二维码看彩图）

如图 3-7（a）所示，铸坯在弯曲段内、外弧面处应变较大，厚度中心处应变较小。而在矫直段，如图 3-7（b）所示，铸坯和矫直辊接触后应力增加明显，其中角部位置应变变化最为明显，且外弧侧等效塑性应变大于内弧侧等效塑性应变。在铸机末端位置处，如图 3-7（c）所示，受铸辊压下作用铸坯等效塑性应变增加，内、外弧侧由于直接与铸辊接触，应变较大，窄面中心应变明显小于角部位置，应变在窄面位置沿厚度方向表现为先减小后增大。

图 3-8 给出了弯曲段、矫直段和铸机末端位置提取的铸坯 Mises 等效应力分布云图。如图 3-8（a）所示，在弯曲段铸坯外弧侧坯头位置处应力较大，内弧侧铸坯长度方向中间位置处应力较大。这是因为铸坯由结晶器进入弯曲段时，外弧坯头处受直接顶弯作用，相对的内弧拉坯方向中间位置处铸辊阻碍铸坯变形，铸坯在内、外弧铸辊的类似三点顶弯形式的受力作用下，表现为坯头处外弧应力较大和拉坯方向中间位置内弧应力较大。

如图 3-8（b）所示，在矫直过程中，铸坯在矫直辊的作用下从弯曲形态逐渐变为平直形态，与矫直辊接触时铸坯表面应力先增加后减小，且其明显高于铸坯弯曲过程，尤其是内、外弧角部在与矫直辊接触位置应力最为集中。如图 3-8（c）所示，在铸机末端位置，铸坯受压下辊压下作用产生变形，其变形量显著高于弯曲与矫直过程，此过程中铸坯角部应力集中更为明显，意味着裂纹风险性最高。

图 3-9（a）与（b）分别为 7~9 号拉矫机压下时铸坯宽面对称面温度云图和等效塑性应变云图。如图 3-9（b）所示，当拉矫机压下时，铸坯宽面对称面处

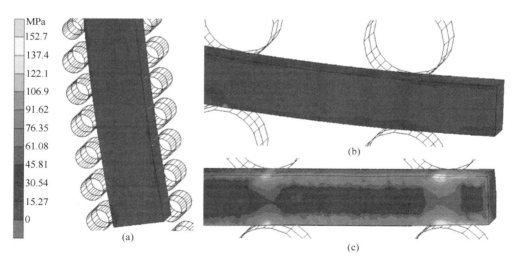

图 3-8　轴承钢大方坯铸流各位置处 Mises 等效应力云图
（a）弯曲段；（b）矫直段；（c）铸机末端
（扫书前二维码看彩图）

表现为内弧与外弧侧应变较小、铸坯中心位置应变较大的规律，这与图 3-7 所示窄面等效塑性应变分布规律刚好相反。由图 3-9（a）可知铸坯内、外弧面温度约为 950℃，铸坯中心位置温度约为 1350℃，即铸坯心表面存在 400℃ 左右的温度梯度，这显著利于变形量向铸坯心部的高效传递；而窄面位置处温度整体较低、温度梯度较小，因此压下时内、外弧侧应变较大，中心位置处应变较小。

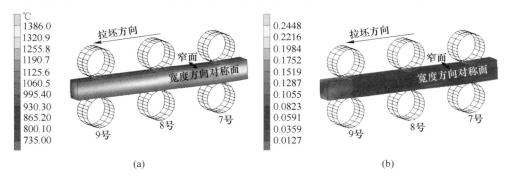

(a)   (b)

图 3-9　轴承钢大方坯宽度方向对称面温度
云图（a）和等效塑性应变云图（b）
（扫书前二维码看彩图）

为更清晰地描述铸坯变形情况随铸流位置的变化，选取图 3-10 所示模型中间面上的铸坯中心（A 点）、内弧 1/4（B 点，铸坯厚度 1/4）、内弧面中心（C 点）、内弧角部（D 点）和窄面中心（E 点）为研究对象，分析连铸过程各位置应变、应力的变化规律，如图 3-10 所示。

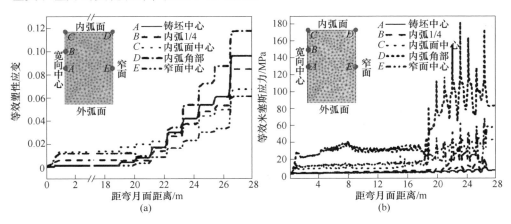

(a)   (b)

图 3-10　轴承钢铸坯等效塑性应变（a）和 Mises 等效应力变化曲线（b）
（扫书前二维码看彩图）

如图 3-10（a）所示，随着距弯月面距离的增加，铸坯各位置等效塑性应变均呈逐渐增加趋势。在出结晶器后的顶弯过程中，铸坯等效塑性应变开始明显增加，且内弧角部、内弧中心位置应变较大，铸坯中心和内弧中心应变增加较小。结合铸坯温度分布可知，此时铸坯温度整体较高且比较均匀，并不利于变形向铸坯中心传递，因此窄面中心和铸坯中心处等效应变较小，内、外弧面应变较大，应变从内、外弧面向厚度中心方向呈减小趋势。铸坯进入弧形区后（距结晶器弯月面 2~18m），铸坯在圆弧型辊列中运动，应变基本保持稳定。距弯月面距离19.9m 后，铸坯进入矫直区，铸坯中心、内弧面中心和窄面中心位置处等效塑性应变均表现出缓慢增加趋势，内弧 1/4 位置基本不变，而内弧角部反而降低。从总体受力来看，矫直过程中铸坯在内、外弧两侧铸辊的夹持作用下弯曲形态逐渐减缓，因此应变变化缓慢，而不同位置受力不同其应变也各不相同。随后，随着压下量的逐渐增加，等效塑性应变呈阶梯增长趋势，其中铸坯中心等效塑性应变增加尤为明显，这主要是因为铸坯表面温度逐渐降低，铸坯内外温度梯度逐渐增加，变形能够较好传递到铸坯中心位置。

图 3-10（b）为铸坯各位置处 Mises 等效应力随铸流位置的变化趋势。可以看出，各位置处 Mises 等效应力均呈波动上升趋势，且铸坯表面与铸辊直接接触位置波动较大。沿铸流方向，铸坯应力变化趋势与应变变化趋势基本一致，其中铸坯角部应力值最高且波动最大，峰值可达 170~180MPa，这主要是因为变形过程中角部位置应力集中，特别是压下过程铸坯与铸辊接触时应力增加明显，铸坯通过铸辊后应力迅速降低所导致的。

3.1.2　宽厚板坯连铸坯热/力耦合仿真模型及压下变形规律

3.1.2.1　建模参数

以某钢厂 300mm×2200mm 断面（冷坯断面）宽厚板坯铸机为研究对象，该铸机为立弯式弧形连铸机，包含 14 个扇形段，其中 1 个弯曲段（1 段）、5 个弧形段（2~6 段）、2 个矫直段（7 段、8 段）、6 个水平段（9~14 段），铸机长度约为 35.29m。各冷却区分区见表 3-3，水平压下段入口及出口位置见表 3-4。根据上述条件，建立宽厚板坯连铸全程热/力耦合模型，计算分析该微合金宽厚板坯连铸过程行为及变形行为规律。

表 3-3　宽厚板坯连铸机冷却分区参数

冷却分区		距弯月面距离/m		长度/m
		起始位置	结束位置	
一次冷却	结晶器有效高度	0.00	0.88	0.88
二次冷却	二冷 1 区	0.88	1.52	0.64
	二冷 2 区	1.52	2.71	1.19

冷却分区		距弯月面距离/m		长度/m
		起始位置	结束位置	
二次冷却	二冷 3 区	2.71	4.00	1.29
	二冷 4 区	4.00	6.02	2.02
	二冷 5 区	6.02	10.01	3.99
	二冷 6 区	10.01	13.91	3.90
	二冷 7 区	13.91	20.83	6.92
	二冷 9 区	20.83	27.97	7.14
空冷	空冷区	27.97	35.29	7.32
足辊段	—	0.88	1.41	0.53

表 3-4　各水平段铸流位置　　　　　　（m）

扇形段	9	10	11	12	13	14
入口位置	21.2	23.5	25.9	28.3	30.7	33.1
出口位置	23.2	25.5	27.9	30.3	32.7	35.1

3.1.2.2　模型建立

宽厚板坯连铸全程热/力学计算模型和 3.1.1 节所述大方坯模型建立过程相似，先通过铸机图纸确定各铸辊位置，再由通过二次开发建立辊列几何模型、并导入铸坯网格完成模型建立，模型如图 3-11 所示。

选取微合金钢 Q345E 为具体钢种，拉速 0.80m/min，9～14 号扇形段的压下量分别为 1mm/2mm/3mm/4mm/5mm/5mm。为节省计算时间、存储空间，提高计算效率，考虑到铸坯对称性，本模型为宽度方向 1/2 模型。模型中铸坯宽度 1100mm、厚度 300mm、长度为 1000mm，采用四面体网格划分，单元边长 15mm，总单元数 370604。同样的，对压下过程铸坯长度方向中心切片位置的变形进行分析，以避免咬入作用的影响。

同样，采用 3.1.1 节方法确定微合金钢 Q345E 热物性参数，如图 3-12 所示。

力学参数中的本构模型见第 2 章，弹性模量和泊松比计算方法与 3.1.1 节相同。

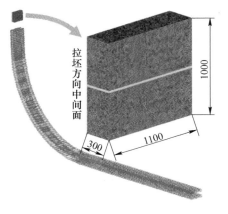

图 3-11　宽厚板坯热/力学计算
模型建立过程（单位：mm）

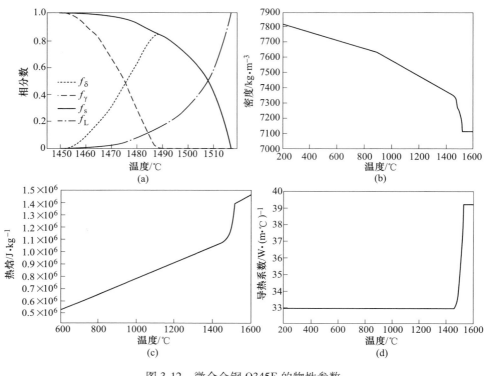

图 3-12　微合金钢 Q345E 的物性参数
（a）相分数；（b）密度；（c）热熔；（d）导热系数

此外模型控制方程、求解条件等均与 3.1.1 节连铸大方坯处理方法相似。

3.1.2.3　模型验证

为验证宽厚板坯热/力学计算模型的准确性，图 3-13 对比了表面温度与坯壳厚度的实际测量值与传热模型计算值。可以看出，由凝固传热模型计算的宽厚板坯宽面 118（$P_{1/8}$）温度、宽面中心（$P_{1/2}$）温度以及坯壳厚度与实际测量值符合较好。进一步计算表明，温度与坯壳厚度的模型计算值与实测结果间相对误差分别为 1.79% 与 1.19%，说明传热模型可较准确计算凝固传热进程。

进一步的，可通过对比扇形段压坯力实测值与模型计算值验证模型变形行为预测的准确性。由于扇形段驱动辊（一般是扇形段的中间辊）上配备了单独调节辊缝的液压缸及压力传感器，以便于装送引锭杆和开浇过程牵引引锭杆。因此，采用驱动辊液压缸输出的实测压力和模型计算得到的驱动辊压坯抗力进行对比，如图 3-14 所示，可以看出，模型计算值与实测值之间的相对误差 ≤3.0%，计算精度较好。

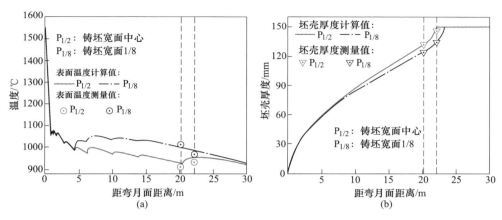

图 3-13 宽厚板坯表面温度与坯壳厚度

（a）表面温度；（b）坯壳厚度

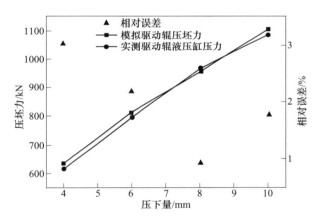

图 3-14 宽厚板坯压坯力实测值与计算值对比

3.1.2.4 宽厚板坯连铸全程热/力学行为规律

与连铸大方坯分析过程相似，在弯曲段、矫直段和铸机末端位置，提取等效塑性应变云图和 Mises 等效应力云图，以分析铸坯变形行为。图 3-15 为微合金钢宽厚板坯各铸流位置处的等效塑性应变云图，为避免铸辊遮挡云图，图中已将内弧侧铸辊隐藏。如图 3-15（a）所示，在弯曲段，铸坯由竖直状态受顶弯作用而弯曲，模型中铸坯坯头处直接受铸辊顶弯作用而应变较大；过坯头一段距离后等效塑性应变分布区域稳定，表现出内、外弧面处应变较大，厚度中心处应变较小的规律。如图 3-15（b）所示，在矫直段，铸坯和矫直辊接触后应力增加明显，且外弧侧等效塑性应变大于内弧侧等效塑性应变。如图 3-15（c）所示，在铸机末端位置处，受铸辊压下作用铸坯等效塑性应变增加；内、外弧侧由于直接与铸辊接触，应变较大；窄面中心应变明显小于角部位置。

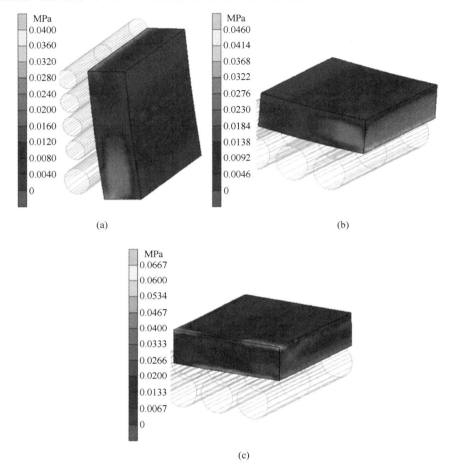

(a)   (b)

(c)

图 3-15　微合金钢宽厚板坯铸流各位置处等效塑性应变云图
(a) 弯曲段；(b) 矫直段；(c) 铸机末端
(扫书前二维码看彩图)

在弯曲段、矫直段和铸机末端处分别提取铸坯的 Mises 等效应力分布云图，如图 3-16 所示。

如图 3-16 (a) 所示，在顶弯过程中，铸坯应力分布规律和连铸大方坯相似，即在内、外弧铸辊的类似三点顶弯作用下，铸坯外弧侧坯头位置处应力较大，长度方向内弧侧中间位置处应力较大。如图 3-16 (b) 所示，在矫直过程中，铸坯内、外弧角部位置应力整体偏高，与铸辊接触位置应力略有波动，铸坯其他位置应力分布较小且均匀。如图 3-16 (c) 所示，在铸机末端，铸坯受压下辊压下作

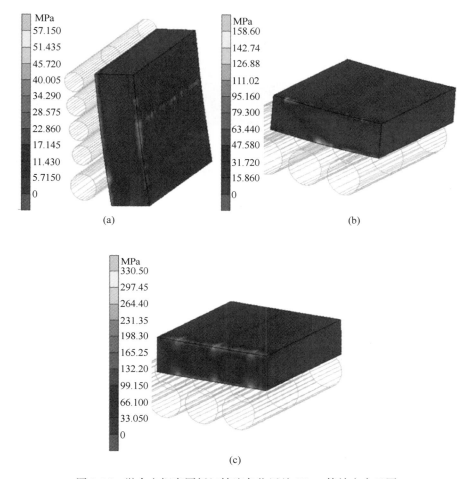

图 3-16 微合金钢宽厚板坯铸流各位置处 Mises 等效应力云图

(a) 弯曲段；(b) 矫直段；(c) 铸机末端

(扫书前二维码看彩图)

用产生变形，铸坯角部在辊坯接触过程出现明显的应力集中。

为更加清晰地描述铸坯变形的演变规律，如图 3-17 所示，选取铸坯有限元模型中间面上的中心（A 点）、内弧 1/4（B 点，铸坯厚度 1/4）、内弧面中心（C 点）、内弧角部（D 点）和窄面中心（E 点）为研究对象，各点等效塑性应变和 Mises 等效应力随铸坯运行的变化曲线分别如图 3-17（a）与（b）所示。

由图 3-17（a）可知，等效塑性应变随铸流位置呈逐渐增加趋势，在顶弯过程应变开始增加；在弧形段内，应变基本保持不变；在矫直段内各点应变开始出现变化，但进入压下过程后各点应变均呈阶梯增加趋势。如图 3-17（b）所示，Mises 等效应力变化趋势大体与等效塑性应变相似，但应力在各辊压下位置波动

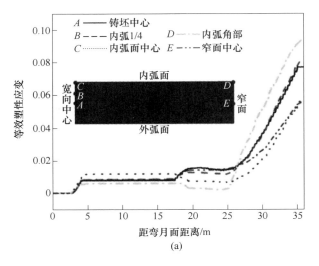

(a)

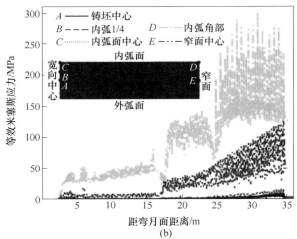

(b)

图 3-17　微合金钢宽厚板坯的等效塑性应变（a）

和 Mises 等效应力变化曲线（b）

（扫书前二维码看彩图）

较大，其中与连铸大方坯类似，宽厚板坯角部位置应变波动最为显著，在弧形段应力波动约 20MPa，在矫直段波动约 50MPa，在压下段波动约 150MPa。

3.2　压下过程连铸坯裂纹萌生、扩展临界应变研究

从 3.1 的分析可以看出，压下变形将大幅增加铸坯应力应变，若其超过铸坯裂纹萌生、扩展的临界值，将形成铸坯裂纹缺陷。裂纹与中心偏析、疏松一样，也是连铸坯的三大质量缺陷之一，大多会在后续加热、轧制过程进一步扩展，导

致成材率下降。实际上，压下所导致的裂纹风险一直是生产者们最为担心的问题，制约着压下工艺的应用。

为避免压下裂纹的产生，必须将压下过程变形量约束在导致铸坯裂纹发生的临界应变以内。这一方面需准确表征不同压下工艺条件对铸坯应力应变的影响作用（如3.1节所述），另一方面还需准确测定裂纹产生的临界准则。早在20世纪80年代，日本的研究者们就做出了大量开拓性的工作，Miyazaki等[13]通过带液芯钢锭的顶弯实验研究了中间裂纹形成的临界应变；Yasunaka等[14]通过带液芯钢锭的顶弯实验研究了表面裂纹形成的临界应变；Matsumiya等[15]认为铸锭顶弯实验需要较大试样，测量临界应变繁琐，因而采用了原位熔融弯曲实验测量了中间裂纹萌生的临界应变值。Bernhard[16]和Rowan[17]等采用浸入式激冷-撕裂实验确定裂纹形成的临界准则，该方法将连接传感器的钢锭置于钢液熔池中，通过测量激冷形成坯壳的应变确定裂纹形成的临界准则。此外，Won[18]、Kato[19]、Yamanaka[20]、Yu[21]、Punnose[22]和Enos[23]等学者均采用较为简单、准确的拉伸法确定裂纹产生的临界值。这些临界裂纹的测定方法为避免连铸坯裂纹缺陷提供重要的研究支撑，但由于常规连铸过程大多数的裂纹产生于结晶器内的初凝过程，因此上述研究大多集中在初凝阶段的表面裂纹方面。鉴于此，本节结合凝固末端压下过程铸坯的受力变形特征和温度变化特征，采用高温拉伸法模拟了中间裂纹萌生和表面裂纹扩展两种裂纹发生的临界准则。

3.2.1　连铸坯中间裂纹萌生临界应变测定

连铸坯中间裂纹大多位于铸坯厚度方向1/4左右，即铸坯仍存在大量液芯时，由于压下变形量过大，导致固液界面前沿开裂而形成的。Clyne等[24]认为在零塑性温度（ZDT=f_s，0.99）和零强度温度（ZST=f_s，0.75）之间黏滞性温度（LIT）可将ZDT~ZST区间分为钢液自由补充区（LIT~ZST区间）和裂纹区（ZDT~LIT区间）；在钢液自由补充区内，裂纹即使形成也会因钢液填充作用而消除，但因此时钢液中含有大量溶质偏析元素，呈现为貌似裂纹的"黑线"；而在裂纹区，内裂纹形成后无液相补充或钢液不完全渗入，"黑线"与裂缝伴随产生。

3.2.1.1　中间裂纹萌生临界应变测定方案

根据中间裂纹萌生原理，利用Thercmemastor-Z/100型动态热/力学模拟实验机，采用拉伸法测定中间裂纹萌生临界应变。拉伸试样取自某钢厂轴承钢GCr15大方坯及某钢厂微合金钢Q345E宽厚板坯。取样位置如图3-18所示，取样方向平行于拉坯方向，避开中心偏析、疏松较为严重的中心区域，试样从厚度、宽度1/4线和距表面距离10mm之间取样，加工得到如图3-19所示的标准拉伸试样。

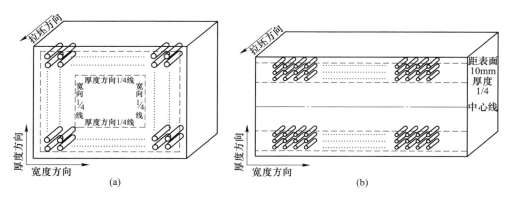

图 3-18　中间裂纹萌生实验拉伸试样取样位置示意图

（a）轴承钢大方坯；（b）微合金钢宽厚板坯

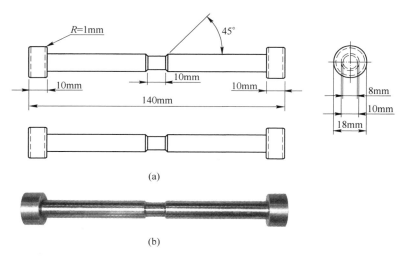

图 3-19　中间裂纹萌生实验拉伸试样

（a）示意图；（b）实物图

　　根据中间裂纹形成机理，首先理论计算得到不同钢种的固相线温度，然后在固相线温度附近取几组温度进行高温拉伸实验，拉断试样，并根据试样断口的形貌确定实际的 ZDT；最后在实际 ZDT 下进行不同应变量的拉伸实验，并通过金相显微镜、扫描电子显微镜等检测不同应变量下试样裂纹产生情况，最终确定中间裂纹萌生的临界应变。轴承钢、微合金钢中间裂纹形成的理论温度区间如图 3-20 所示。

　　轴承钢实验时采用如图 3-21（a）所示的加热制度，首先从室温以 10℃/s 的升温速率加热到 1200℃；在 1200℃ 保温 20s 以均匀成分和温度；再以 10℃/s 的

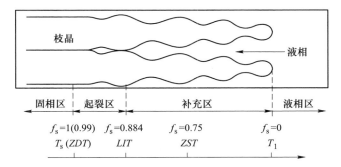

图 3-20　裂纹形成的理论温度区间示意图

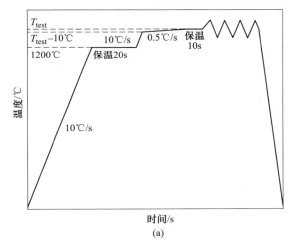

(a)

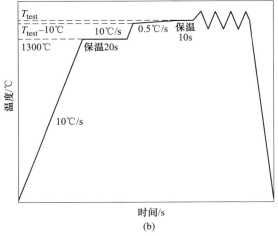

(b)

图 3-21　中间裂纹萌生实验加热制度

（a）轴承钢；（b）微合金钢

升温速率加热到测试温度以下 10℃；接着以 0.5℃/s 加热到测试温度，保温 10s；根据 3.1 节中的热力耦合模型中的计算结果，压下过程两相区的应变速率在 $6×10^{-3}$ 左右，因此保温后以 $6×10^{-3}$ 的应变速率进行拉伸实验，完成后喷气冷却淬火。

由于微合金钢固相线较轴承钢高，因此实验加热制度略有不同。实验时采用如图 3-21（b）所示加热制度，首先从室温以 10℃/s 的升温速率加热到 1300℃ 并在 1300℃ 保温 20s 以均匀成分和温度；再以 10℃/s 的升温速率加热到测试温度以下 10℃；接着以 0.5℃/s 加热到测试温度，保温 10s 后以 $6×10^{-3}$ 的应变速率进行拉伸实验；最后喷气冷却。

实验时先在测试温度下将试样拉断，通过断口形貌及颈缩现象判定试样温度是否为 ZDT；确定完试样温度后根据该温度下拉断试样的应力-应变曲线大体确定中间裂纹萌生的临界应变范围；在该应变范围内进行不同应变量的拉伸实验，并通过金相显微镜、扫描电子显微镜等检测试样裂纹产生情况以确定中间裂纹萌生的临界应变。

3.2.1.2　轴承钢中间裂纹萌生临界应变测定

凝固末期元素偏析导致局部位置固相线温度降低，最终导致 ZDT 低于平衡相变固相线温度[25]。根据经验可知，通常实验温度低于理论温度 30℃ 左右。因此，在 1310~1320℃ 之间进行 3 组实验，拉伸试样如图 3-22 所示。如图 3-23 为拉伸试样断口形貌的扫描电镜（SEM）照片，在 1310℃ 温度下拉伸时，实验无明显颈缩现象，表明该温度已在固相线附近；1315℃ 时，试样亦无明显颈缩现象，且断口处无大面积熔化区域，此时应处于 ZDT 左右；1320℃ 拉伸时，试样断口处熔化现象明显，液相率较高，此时温度应大于 LIT。

1310℃　　1315℃　　1320℃

图 3-22　轴承钢不同温度下
拉伸试样及其断口

图 3-24 对不同温度下拉伸实验断口进行了局部放大。可以看出，在 1310℃ 拉伸时，断口为细小颗粒状，且晶界较为明显；在 1315℃ 拉伸时，断口处小颗粒较为圆润，且部分位置出现了细小枝晶，表明该温度下试样已处于两相区；在 1320℃ 下拉伸时，试样断口处枝晶面积占比较大，表明该温度下试样已熔化形成液相且液相率较高，温度应高于 LIT。根据上述分析可确定 1315℃ 时轴承钢 GCr15 试样处于 ZDT~LIT 区间，因此可在 1315℃ 下测定其中间裂纹萌生临界应变。

由于 1315℃ 温度下进行拉伸实验时应力较小，难以直接得出应力-应变曲线，

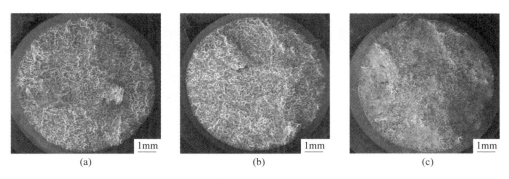

图 3-23　不同温度下试样断口 SEM 全貌
（a）1310℃；（b）1315℃；（c）1320℃

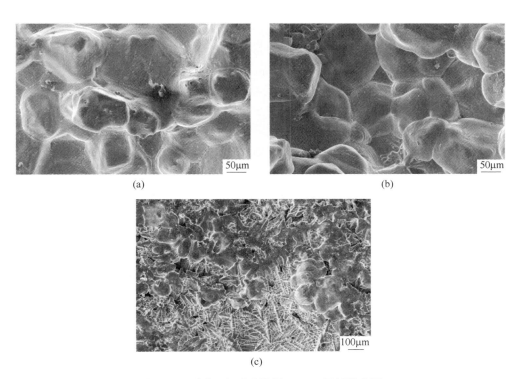

图 3-24　不同温度下试样断口 SEM 局部放大图
（a）1310℃；（b）1315℃；（c）1320℃

故无法直接根据应力-应变曲线确定其应变峰值，因此直接在 1315℃下分别进行应变量 0.02、0.03、0.04、0.05 和 0.06 的拉伸实验，通过检测各试样切开后的微观形貌确定中间裂纹萌生临界应变。

　　将试样按如图 3-25 所示的方式用线切割制成小试样，经磨样、抛光等工序制成金相试样，对试样中间位置裂纹产生情况进行金相观测，不同应变量下试样金相照片如图 3-26 所示。当应变量为 0.02 和 0.03 时，试样无明显缺陷形成；当应变量升至 0.04 时，试样中形成了极小的缩孔群；当应变量进一步达到 0.05 时，试样中已形成了细小裂纹；当应变量达到 0.06 时，试样中裂纹十分清晰。这恰好与 Enos 等[23]研究发现裂纹是由小缩孔长大、连接形成的结论相吻合。

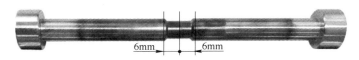

图 3-25   轴承钢 1315℃下的拉伸试样及加工示意图

进一步对应变量为 0.05、0.06 的试样进行了 SEM 放大表征，如图 3-27 所示。图 3-27（a）为放大 2000 倍的裂纹形貌，当应变量达到 0.05 时裂纹开始在晶界处形成，但裂纹小且不连续、未布满整个晶界；图 3-27（b）为应变量 0.06 的试样放大 2000 倍的裂纹形貌，当应变量达到 0.06 时，裂纹进一步扩展，形成了布满整个晶界的裂纹。综上所述，轴承钢试样的实际 ZDT 约为 1315℃，此条件下中间裂纹萌生的临界应变为 0.05。

由图 3-20 中间裂纹形成理论可知，在 ZDT 以下裂纹形成的可能性较小。这主要是因为当温度低于 ZDT（$f_s = 0.99$）温度时，材料为固相，具有一定强度、塑性和延展性，在应变量较小时不易形成裂纹。为进一步确定温度低于 ZDT 时中间裂纹形成的风险性及临界应变，在 1310℃开展了高温拉伸实验。图 3-28 为 1310℃下将试样拉断得到应力-应变曲线。可以看出，在应变量达到 0.073 时出现应力峰值；当应变量进一步增加时，应力开始迅速下降。据此可知，1310℃时裂纹极有可能在应变量达到 0.073 附近时形成，并随应变继续增加而扩展，即当裂纹扩展到一定限度材料出现破坏现象，曲线上表现为应力急剧下降，试样断裂。

为进一步探究 1310℃时裂纹形成的临界应变，在该温度下进行了应变量 0.07、0.08 和 0.10 的高温拉伸实验，拉伸后试样如图 3-29 所示。将该三个试样按图 3-25 所示方式加工成金相试样，金相检测结果如图 3-30 所示。

由图 3-30 可知，在 1310℃拉伸应变量为 0.07 时，试样未出现裂纹缺陷；当应变量为 0.08 时，试样部分位置出现了细小裂纹；当应变量达到 0.10 时，细小裂纹连接形成了沿晶界分布的裂纹。同样的，为进一步表征 1310℃时应变量 0.08、0.10 时形成的裂纹，对其进行了 SEM 表征，如图 3-31 所示。可以清晰地观察到 1310℃拉伸应变量达到 0.08 时裂纹开始萌生，且裂纹较 1315℃应变量 0.05 时形成的裂纹更为细小；1310℃应变量 0.10 时，裂纹较其在应变量 0.08 时

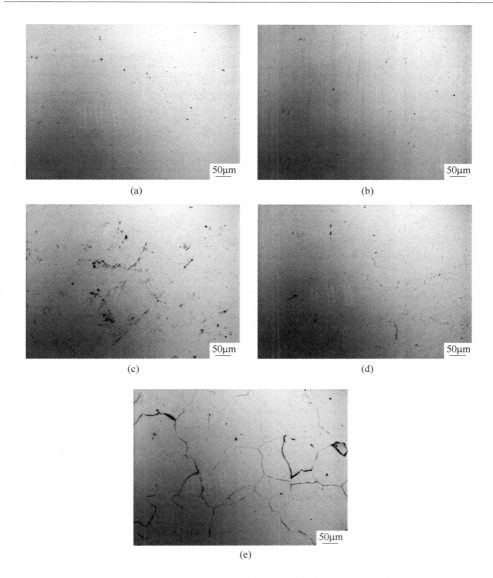

图 3-26　轴承钢 1315℃不同应变量下拉伸试样金相照片

(a) $\varepsilon=0.02$；(b) $\varepsilon=0.03$；(c) $\varepsilon=0.04$；(d) $\varepsilon=0.05$；(e) $\varepsilon=0.06$

的略有扩展，但整体仍保持较细小的形态。

对比图 3-26、图 3-27 和图 3-30、图 3-31 可知，在 1315℃应变量达到 0.05 时裂纹开始形成，其为该温度下的临界应变，当应变量达到 0.06 时裂纹较为明显；在 1310℃应变量达到 0.08 时裂纹开始形成，其为该温度下的临界应变，应变量达到 0.10 时裂纹较为明显；且 1310℃应变量 0.10 时形成裂纹较 1315℃应变量

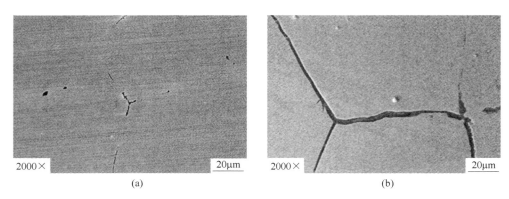

图 3-27 轴承钢 1315℃裂纹 SEM 照片

(a) $\varepsilon = 0.05$；(b) $\varepsilon = 0.06$

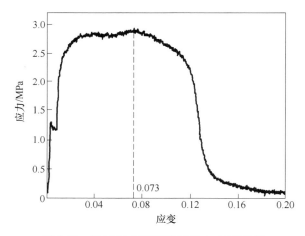

图 3-28 轴承钢 1310℃拉伸应力-应变曲线

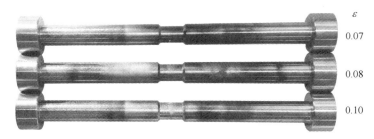

图 3-29 轴承钢 1310℃不同应变量的拉伸试样

0.06 时形成的裂纹更为细小，其也验证了中间裂纹在 ZDT 以上较易形成，而当温度低于 ZDT 时裂纹较难形成。

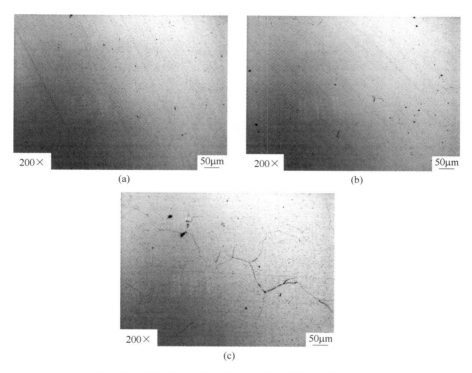

图 3-30 轴承钢 1310℃不同应变量下拉伸试样金相照片

(a) $\varepsilon = 0.07$；(b) $\varepsilon = 0.08$；(c) $\varepsilon = 0.10$

图 3-31 轴承钢 1310℃裂纹 SEM 照片

(a) $\varepsilon = 0.08$；(b) $\varepsilon = 0.10$

3.2.1.3 微合金钢中间裂纹萌生临界应变测定

与轴承钢 GCr15 相似，微合金钢 Q345E 的 ZDT 同样可能低于理论温度几十摄氏度左右，因此在 1420~1440℃ 之间进行 5 组实验，拉伸试样如图 3-32 所示。

由拉伸试样及其断口形貌可知，1420℃、1425℃、1430℃ 温度下拉伸时，拉伸试样出现颈缩现象，表明其尚未达到固相线凝固温度；1435℃ 时，试样无明显颈缩，此时应处于 ZDT 左右；1440℃ 拉伸时，试样断口处熔化现象明显，液相率较高，此时温度应大于 ZDT。

为更清晰地观察断口形貌，对实验断口进行了 SEM 观察，如图 3-33 所示。可以清晰地看出，1435℃ 温度下拉伸试样断口为细小颗粒状，小颗粒棱角略有熔化，但几乎看不到液相，此时固相率应接近 1；1440℃ 温度下拉伸试样断口熔化现象明显，固相率较

图 3-32 微合金钢不同温度下
拉伸试样及其断口

低，该温度应大于 ZDT。综合上述分析可知，微合金钢在 1435℃ 时应处于实际 ZDT~LIT 区间，即应在 1435℃ 下测定微合金钢 Q345E 中间裂纹萌生的临界应变。

(a)

(b)

图 3-33 微合金钢不同温度下试样断口 SEM 形貌
(a) 1435℃；(b) 1440℃

图 3-34 所示为 1435℃ 温度下进行拉伸实验的应力-应变曲线。可以看出，当应变量达到 0.043 时出现应力峰值，但随着应变继续增加，应力值迅速下降，其为裂纹萌生并扩展、直至断裂所致，因此可以确定裂纹萌生的临界应变应小于 0.043。相应的，在 1435℃ 下分别进行应变量为 0.01、0.02、0.03、0.04 的拉伸实验，通过检测各试样有无裂纹产生确定中间裂纹萌生的临界应变。

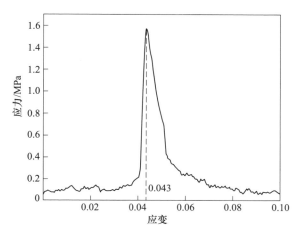

图 3-34 微合金钢 1435℃时拉伸应力-应变曲线

将试样按如图 3-25 所示的方式对不同应变量下试样进行金相观测，如图 3-35 所示。当应变量为 0.01 和 0.02 时，试样无明显缺陷形成；当应变量为 0.03

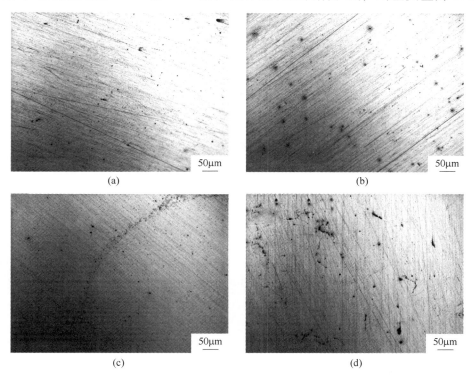

图 3-35 微合金钢在 1435℃时不同应变量下拉伸试样金相照片

(a) $\varepsilon = 0.01$；(b) $\varepsilon = 0.02$；(c) $\varepsilon = 0.03$；(d) $\varepsilon = 0.04$

时，试样形成了极小的缩孔群；当应变达到 0.04 时，试样形成了细小的裂纹。为进一步表征应变量 0.04 时的细小裂纹，对该试样进行了 SEM 观测，如图 3-36 所示。图 3-36（a）为放大 2000 倍的裂纹形貌，裂纹附近可以观察到小缩孔；图 3-36（b）为放大 4000 倍的裂纹形貌，可以更清晰地观察到裂纹附近的小缩孔。充分表明微合金钢 Q345E 中间裂纹萌生过程与轴承钢 GCr15 相似，随着应变量的增加，试样先形成了小缩孔；应变量继续增加，形成了细小的裂纹。

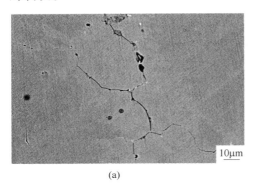 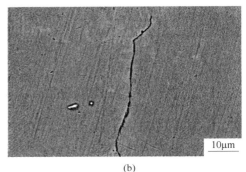

（a）　　　　　　　　　　　　　　　　（b）

图 3-36　微合金钢 1435℃裂纹 SEM 照片
（a）2000 倍；（b）4000 倍

综上所述，微合金钢 Q345E 实际 ZDT 为 1435℃，其中间裂纹萌生的临界应变为 0.04。

3.2.2　连铸坯角部裂纹扩展临界应变测定

一般连铸坯表面裂纹主要萌生于结晶器内，即铸坯初凝阶段。对于连铸坯角部模裂纹而言，在结晶器内铸坯收缩量较大使初凝坯壳角部换热速率下降，导致角部奥氏体晶粒粗大。与此同时，在钢水静压力和渣道压力作用下形成振痕，振痕底部在弯曲矫直过程易应力集中产生微裂纹[26]。在后续二冷过程中，奥氏体晶界上析出的微合金碳氮化物及相变过程的先共析铁素体膜大幅弱化了晶界强度[27,28]，若此时再施加压下，当变形量超过表面微裂纹扩展临界条件时，将不可避免地导致表面微裂纹扩展。

3.2.2.1　角部裂纹扩展临界应变测定方案

根据角部裂纹扩展原理，采用 Thercmemastor-Z/100 型动态热/力学模拟实验机，通过对预制裂纹试样进行高温拉伸实验确定角部裂纹扩展的临界应变。实验所用钢种为钛微合金钢，该钢种裂纹敏感性较普通微合金钢 Q345E 更高，

其具体成分见第 2 章表 2-7。按图 3-37 所示的加工方案加工成预制裂纹的拉伸
试样。

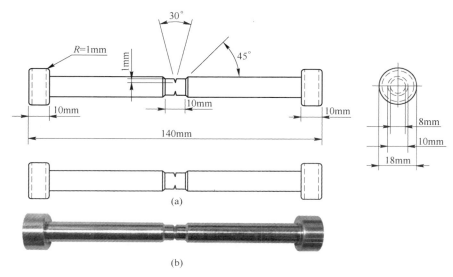

图 3-37　表面裂纹扩展实验拉伸试样示意图（a）及实物图（b）

与中间裂纹不同，压下过程铸坯角部裂纹扩展时温度已低于 900℃，此时
铸坯组织直接决定其热塑性；而从铸坯热履历角度分析，铸坯角部经历了降温
（结晶器与足辊区）和快速回温（出足辊窄面水量停止），其与直接冷却降温
得到的铸态组织差异十分显著。为充分考虑铸坯冷却过程热履历对角部组织的
影响，需根据钛微合金钢宽厚板坯连铸过程温度场变化规律，设计试验热
履历。

建立钛微合金钢连铸宽厚板坯三维热/力耦合模型（详见第 3.1 节），铸坯温
度变化以及压下过程局部应变云图及局部应变、温度云图如图 3-38 所示。依据
铸坯角部热履历设计试验过程热履历（如图 3-39 所示），先将试样以 10℃/s 的
速率升温到 1200℃；再在 1200℃保温 1min 以使试样奥氏体晶粒充分长大，接近
实际铸坯表面 1200℃时的晶粒大小；然后依据结晶器与足辊区铸坯角部降温速
率，按 5.5℃/s 降温至 770℃；再依据出足辊区的回温速率，按 0.65℃/s 回温至
870℃；继续依据铸坯持续冷却速率，按 0.1℃/s 降温至测试温度，并以 10^{-2}/s
的应变速率进行拉伸试验。

由图 3-38 铸坯应变可知，在矫直段铸坯角部出现应变集中现象，其对应温
度为 750~850℃。因此，在 750℃、800℃和 850℃进行角部裂纹扩展实验，以确
定角部裂纹扩展的临界准则。

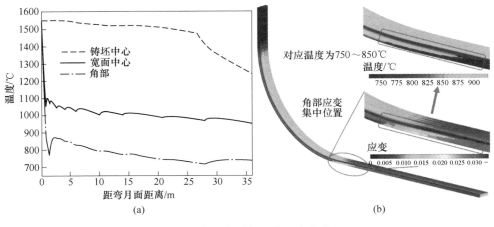

图 3-38　微合金宽厚板坯的温度变化（a）

和应变、温度云图（b）

（扫书前二维码看彩图）

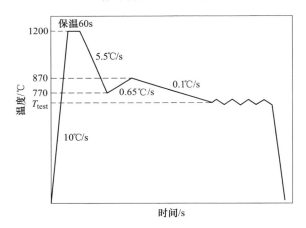

图 3-39　角部裂纹扩展实验加热制度

3.2.2.2　0.37%钛微合金钢角部裂纹扩展临界应变测定

因测试的是压下过程裂纹的扩展临界应变，所以按图 3-40 设计加工了带有预制裂纹的拉伸实样。根据上节方案，首先对钛微合金钢连铸坯在 750℃进行拉伸实验，应力-应变曲线如图 3-41 所示。可以看出，应力随应变的增加先增加后减小，在应变达到 0.143 时出现应力峰值，当应变继续增加时应力开始下降，并在应变达到 0.2 左右时下降速率增加明显，其表明裂纹极有可能在应变 0.143 附近扩展。为具体确定的裂纹扩展临界应变，在 750℃下分别进行了应变量为0.05、0.10、0.12、0.143、0.18 的拉伸实验。用金相显微镜观察到的各试样裂纹扩展情况如图 3-42 所示。

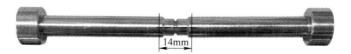

图 3-40 钛微合金钢 750℃不同应变量的预制缺口拉伸试样加工示意图

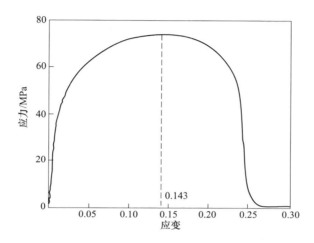

图 3-41 0.37%钛微合金钢 750℃拉伸应力-应变曲线

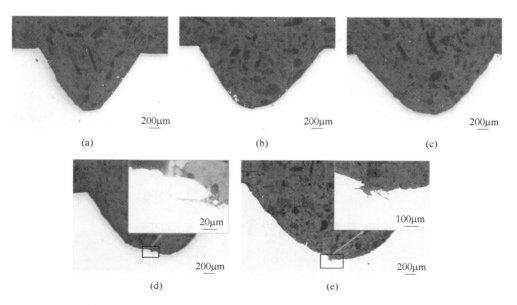

图 3-42 0.37%钛微合金钢 750℃不同应变量拉伸试样的金相照片

(a) $\varepsilon = 0.05$; (b) $\varepsilon = 0.10$; (c) $\varepsilon = 0.12$; (d) $\varepsilon = 0.143$; (e) $\varepsilon = 0.18$

由图 3-42 可知，当应变小于 0.143 时，预制裂纹未出现扩展现象；当应变量达到 0.143 时，预制裂纹试样出现裂纹扩展现象，但此时扩展裂纹深度较小，仅为 40μm 左右；当应变量继续增加达到 0.18 时，裂纹扩展十分明显，裂纹扩展深度约为 100μm。结合图 3-41 的应力-应变曲线，裂纹在应力峰值对应的应变处开始扩展，且由于裂纹的扩展导致材料性能下降，进而表现为应力下降。因此裂纹扩展的临界应变应为应力-应变曲线开始下降时的应变值，即应力峰值对应的应变值。

对 800℃、850℃ 也进行了拉断的高温拉伸实验，得到应力-应变曲线后确定应力峰值对应的应变值，并进行相应应变量的拉伸实验及金相组织观察，实验结果分别如图 3-43（b）与（c）所示，其应力峰值对应的应变量分别为 0.149、0.158。综上所述，可以确定 750℃、800℃、850℃ 时钛微合金钢角部裂纹扩展的临界应变分别为 0.143、0.149、0.158。

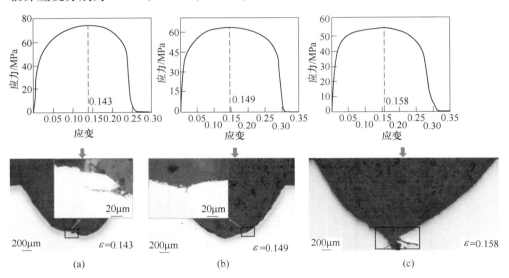

图 3-43　钛微合金钢不同温度下的应力-应变曲线及裂纹扩展金相照片
(a) 750℃；(b) 800℃；(c) 850℃

3.3　基于热/力学规律的压下过程裂纹风险预测研究

本节根据 3.1 节中连铸全程热/力行为规律模拟结果，并结合 3.2 节中实验测得的裂纹萌生与扩展的临界应变，综合分析连铸全程裂纹萌生、扩展风险性，为压下裂纹防控提供定量数据参考。具体而言，基于 3.1 节开发的连铸过程三维热/力耦合计算模型，利用 MSC. Marc 的二次开发接口提取所需数据，并对关键节点拉应变与裂纹临界准则进行比对分析，确定各节点裂纹风险系数并绘制裂纹风险云图，具体的计算流程如图 3-44 所示。

3.3.1 轴承钢 GCr15 大方坯中间裂纹萌生风险分析

使用第 3.2.1.2 节测定的轴承钢大方坯中间裂纹临界准则、第 3.1.1 节温度和变形模拟结果以及图 3-44 裂纹风险预测模型对 320mm×425mm 断面轴承钢 GCr15 大方坯、拉速 0.58m/min、过热度 30℃浇铸过程，不同压下辊在不同压下量下的中间裂纹萌生风险进行分析。

中间裂纹萌生的条件为铸坯温度处于 *ZDT~LIT* 区间，且铸坯所受拉应变超过中间裂纹萌生的临界应变。因此，在热/力耦合模拟过程中，首先逐个增量步数判断各节点是否满足中间裂纹萌生

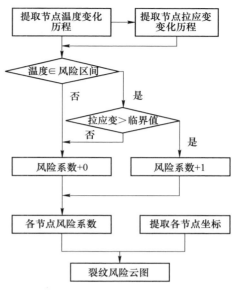

图 3-44　裂纹风险模型计算流程图

的条件，再统计各节点满足中间裂纹萌生条件的总增量步数，并以此来表征中间裂纹萌生的风险性。图 3-45 给出了模拟方案，即不同辊所模拟的不同压下量。

如图 3-45 所示，首先采用裂纹风险预测模型计算了各辊单独压下 5mm 时的裂纹风险性，并绘制裂纹风险云图。其中 1 号、2 号拉矫机压下 5mm 时出现裂纹风险，3~9 号拉矫机单独压下 5mm 时未出现裂纹风险。为进一步探究单辊压下对中间裂纹产生的影响，对图 3-45 中标注的其他工况进行模拟计算，并绘制其裂纹风险云图。

辊号	压下量/mm											
---	1	3	5	7	9	11	13	15	17	19	21	23
1	▲		▲									
2		▲	▲									
3			▲									
4			▲	▲	▲	▲						
5			▲				▲	▲				
6			▲					▲				
7			▲							▲	▲	
8			▲									▲
9			▲									▲

▲已模拟方案　　　未模拟方案

图 3-45　单辊压下实验方案

对图 3-45 中各工况进行模拟后，用裂纹风险分析模型计算其中间裂纹萌生的风险系数。其中 1 号拉矫机压下 5mm、3 号拉矫机压下 5mm、6 号拉矫机压下 17mm、7 号拉矫机压下 19mm、21mm 时出现中间裂纹萌生风险，其余算例未出现中间裂纹萌生风险，各单辊压下时中间裂纹风险云图如图 3-46 所示。可以看出，1 号、2 号拉矫机压下 5mm 时，裂纹风险性较高且裂纹风险区域较大；随着拉矫机后移，所允许的压下量不断增大；6 号拉矫机压下 17mm 时，在距厚度中心约 50mm 处出现较小的裂纹风险；7 号拉矫机压下 19mm、21mm 时，在铸坯中心处较小区域存在裂纹风险。对比可知，拉矫机后移，允许的最大压下量增加、裂纹风险区域变小。对各工况模拟结果裂纹风险发生情况进行统计，得到各拉矫机的压下量和裂纹风险关系图如图 3-47 所示。

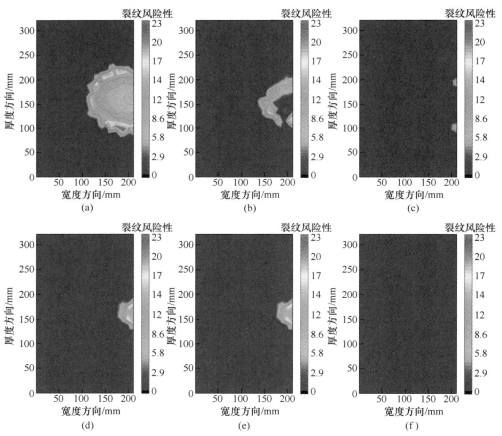

图 3-46　轴承钢大方坯单辊压下中间裂纹萌生风险云图

（a）1 号拉矫机压下 5mm；（b）2 号拉矫机压下 5mm；（c）6 号拉矫机压下 17mm；

（d）7 号拉矫机压下 19mm；（e）7 号拉矫机压下 21mm；（f）其余算例

（扫书前二维码看彩图）

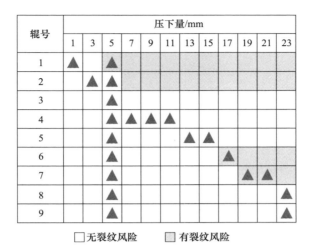

图 3-47 各拉矫机压下量和裂纹风险关系图

图 3-48 为轴承钢 0.58m/min 拉速时中心固相率随铸流位置变化曲线，1～9号拉矫机位置处铸坯中心固相率见表 3-5。结合图 3-46 与图 3-47 可知，1 号、2号拉矫机压下时，铸坯中心固相率较低（$f_s = 0.31 \sim 0.37$），允许的最大压下量较小；随固相率增加（$f_s = 0.43 \sim 0.51$），4 号、5 号拉矫机允许压下量增加明显；6号拉矫机（$f_s = 0.69$）压下 17mm 时部分位置出现较小的裂纹风险率；7 号拉矫机处（$f_s = 0.82$）铸坯中心固相率较高，压下 19mm 和 21mm 时均表现为存在裂纹萌生风险；8 号、9 号拉矫机处铸坯完全凝固，压下量继续增加时未出现中间裂纹萌生的风险。

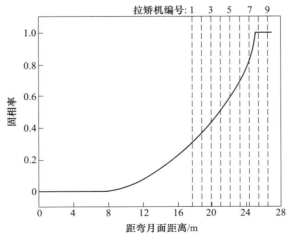

图 3-48 轴承钢 0.58m/min 拉速时固相率变化曲线

表 3-5   各拉矫机位置处铸坯中心固相率

拉矫机编号	1 号	2 号	3 号	4 号	5 号	6 号	7 号	8 号	9 号
固相率	0.31	0.37	0.43	0.51	0.59	0.69	0.82	1.0	1.0

结合上述大方坯中间裂纹萌生风险分析可知，现场生产该轴承钢大方坯时，1 号、2 号拉矫机压下量应控制在较小范围；3 号~5 号拉矫机可逐步增加压下量；6 号、7 号拉矫机较 5 号拉矫机压下量不宜增加过大；8 号、9 号拉矫机可实施较大压下量，以改善疏松、缩孔等缺陷。

3.3.2　微合金钢 Q345E 宽厚板坯中间裂纹萌生风险分析

本节使用 3.2.1.3 节测定的微合金钢宽厚板坯中间裂纹临界准则、3.1.2 节温度和变形模拟结果以及 3.3 节所述裂纹风险预测模型对微合金钢宽厚板坯中间裂纹萌生风险进行分析。首先通过热/力耦合模型模拟了微合金钢宽厚板坯压下 20mm、30mm、40mm、50mm 时的变形行为，在此基础上分析其中间裂纹萌生风险性。压下工艺见表 3-6，固相率随铸流位置的变化曲线如图 3-49 所示，各压下方案在各扇形段出口处的裂纹风险云图如图 3-50 所示。

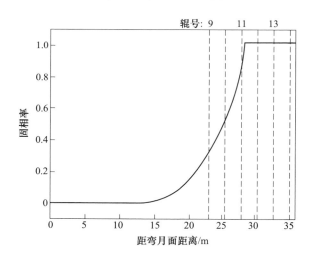

图 3-49   微合金钢在 0.80m/min
拉速时固相率变化曲线

方案 1 压下 20mm、方案 2 压下 30mm 时和方案 3 压下 40mm 时，微合金钢宽厚板坯中间裂纹风险系数均为零，此三种工艺下中间裂纹发生的概率极低。方案

4 压下 50mm 时，在 10 段出口处出现裂纹风险性，云图如图 3-50（a）所示；在 11 段出口处，裂纹风险性进一步增加，云图如图 3-50（b）所示；在 12 段出口处裂纹风险云图如图 3-50（c）所示；在 13 段、14 段出口处裂纹风险与 12 段出口处相同；其余算例中间裂纹萌生风险系数为零，云图均如图 3-50（d）所示。

表 3-6 微合金钢宽厚板坯压下工艺

| 压下方案 | 压下量/mm | | | | | | 总压下量 |
	9 段	10 段	11 段	12 段	13 段	14 段	/mm
方案 1	1	2	3	4	5	5	20
方案 2	2	3	4	5	7	9	30
方案 3	2	4	7	8	9	10	40
方案 4	2	6	9	10	11	12	50

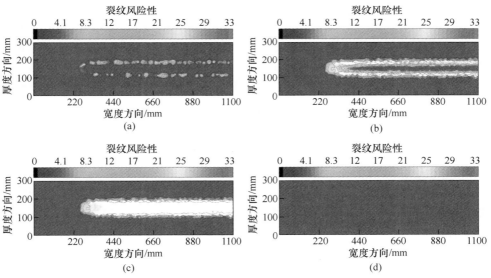

图 3-50 微合金钢宽厚板坯中间裂纹萌生风险云图
（a）方案 4-扇形段 10；（b）方案 4-扇形段 11；
（c）方案 4-扇形段 12；（d）其余算例
（扫书前二维码看彩图）

通过各云图对比可知，随着总压下量增加，中间裂纹萌生的风险区域不断变宽，这主要是因为总压下量增大导致固相率较低时压下量超过允许的极限压下，导致裂纹在固、液界面附近形成。方案 4 在 10 段压下时，由于此时铸坯中心固相率较低、液相区较厚，虽然压下量仅有 6mm，但仍然诱发了中间裂纹，且所引发的内裂纹呈沿固液界面分布趋势。11 段继续增加压下量，裂纹表现为向铸坯中心扩展趋势，这一方面是因为固液界面随冷却进行而向铸坯中心收缩，压下量过大导致裂纹在靠近铸坯中心位置处也存在发生的风险；另一方面是 10 段压下形成的裂纹在后续压下过程中可能向铸坯中心方向继续扩展，最终导致裂纹风险区域变大。凝固终点位于 12 段内，且 12 段压下量较大导致该段压下后裂纹风险区域进一步扩大，云图如图 3-50（c）所示。在 13 段、14 段压下量进一步增大，但裂纹风险云图与 12 段出口处保持相同，这表明凝固终点后压下中间裂纹萌生风险极低，凝固终点后压下不会增加中间裂纹萌生的风险，可以看出，与生产轴承钢 GCr15 连铸大方坯相似，在生产该微合金钢宽厚板坯时，在固相率较低时应控制压下量在较低水平；在固相率较高时适当增加压下量；在凝固终点后可施加较大压下量改善铸坯疏松、缩孔。

3.3.3　钛微合金钢角部裂纹扩展风险分析

微合金钢宽厚板坯角部位置裂纹发生率较高，极易在凝固末端压下过程扩展，是影响压下工艺的稳定性的。本节选取钛微合金钢为研究对象，结合3.2.2.2 节测定的角部裂纹扩展临界准则和宽厚板坯角部变形模拟结果，对角部裂纹扩展的风险性进行分析。

角部横裂纹扩展主要受拉坯方向应变影响，当拉坯方向应变超过角部裂纹扩展的临界应变时，裂纹即发生扩展。宽厚板坯连铸机压下段均在水平段，水平段拉坯方向即模型中 x 方向，因此可根据内外弧角部位置的 x 方向应变大小分析角部裂纹扩展的风险性。如图 3-51 所示，计算得到表 3-6 所示方案 1~4 实施后钛微合金钢角部 x 方向应变。

可以看出随距弯月面距离增加，压下量逐渐增加，内外弧角部的 x 方向应变也呈阶梯增加趋势；且随方案 1~4 压下量逐渐增大，角部位置的 x 方向应变也逐步增加。方案 1 压下 20mm 时，角部 x 方向应变最大值约为 0.068；方案 2 压下30mm 时，角部 x 方向应变最大值约为 0.094；方案 3 压下 40mm 时，角部 x 方向应变最大值约为 0.115；方案 4 压下 50mm 时，角部 x 方向应变最大值约为0.139。由 3.2.2 节测定的钛微合金钢在 750℃、800℃和 850℃时角部裂纹扩展的临界应变分别为 0.143、0.149、0.158；对比图 3-51 可知，方案 1~4 压下后内外弧角部位置 x 方向应变均小于 0.14，故方案 1~4 压下时 0.37%钛微合金钢角部裂纹扩展的风险较低。同时，方案 4 压下时，角部位置沿拉坯方向的应变已接近0.14，若进一步增加压下量，则可能引发角部裂纹的扩展。

由上述分析可知，方案 1~4 压下时，钛微合金钢角部裂纹扩展风险较低，但继续增加压下量，有可能引发角部裂纹扩展。因此，在生产该钢种的宽厚板坯时，应控制压下量，避免过大压下量引起角部裂纹曲线。

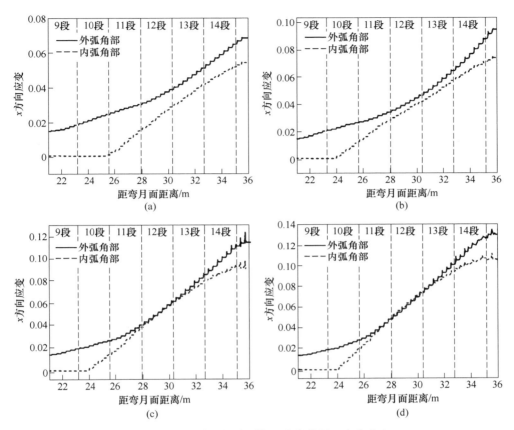

图 3-51 钛微合金钢宽厚板坯角部位置 x 方向应变

（a）压下 20mm；（b）压下 30mm；（c）压下 40mm；（d）压下 50mm

参 考 文 献

[1] Suzuki H G, Nishimura S, Yamaguchi S. Characteristics of hot ductility in steels subjected to the melting and solidification [J]. Trans. Iron Steel Inst. Jpn. , 1982, 22 (1): 48~56.

[2] Savage J, Pritchard W. The problem of rupture of the billet in the continuous casting of steel [J]. J. Iron Steel Inst, 1954, 178 (3): 269~277.

[3] Nozaki T, Matsuno J, Murata K, et al. A secondary cooling pattern for preventing surface cracks of continuous casting slab [J]. Trans. Iron Steel Inst. Jpn. , 1978, 18 (6): 330~338.

[4] Mizikar E A. Mathematical heat transfer model for solidification of continuously cast steel slabs [J]. Transactions of the Metallurgical Society of AIME, 1967, 239: 1747~1753.

[5] Li C S, Thomas B G. Thermomechanical finite-element model of shell behavior in continuous

casting of steel [J]. Metall. Mater. Trans. B, 2004, 35 (6): 1151~1172.

[6] Ueshima Y, Mizoguchi S, Matsumiya T, et al. Analysis of solute distribution in dendrites of carbon steel with δ/γ transformation during solidification [J]. Metall. Trans. B, 1986, 17 (4): 845~859.

[7] ElBealy M, Thomas B G. Prediction of dendrite arm spacing for low alloy steel casting processes [J]. Metall Mater Trans B, 1996, 27 (4): 689~693.

[8] Wang W L, Zhu M Y, Cai Z Z, et al. Micro-segregation behavior of solute elements in the mushy zone of continuous casting wide-thick slab [J]. Steel Res Int, 2012, 83 (12): 1152~1162.

[9] Won Y M, Thomas B G. Simple Microsegregation model for steel solidification [J]. Metall. Mater. Trans. A, 2001, 32 (7): 1755~1767.

[10] Mixwkami H, Murakami K. Mechanical properties of contin-uously cast steel at high temperature [J]. Nihan Kohan Corpora-tion Testu-to-Hagan6 (Iron and Steel), 1977, 63: 146~265.

[11] Wu C H, Ji C, Zhu M Y. Numerical simulation of bulging deformation for wide-thick slab under uneven cooling conditions [J]. Metall. Mater. Trans. B, 2018, 49 (3): 1346~1359.

[12] Uehara M. Mathematical modelling of the unbending of continuously cast steel slabs [D]. Vancouver: University of British Columbia, 1983.

[13] Miyazaki J, Narita K, Nozaki T. On the internal cracks caused by the bending test of small ingot [J]. Trans. Iron Steel Inst. Jpn. , 1981, 21: B210.

[14] Hiroyuki Y, Kiichi N, Takasuke M, et al. On the surface cracks casused by the bending test of small ingot [J]. Trans. Iron Steel Inst. Jpn. , 1981, 21: B470.

[15] Matsumiya T, Ito M, Kajioka H, et al. An evaluation of critical strain for internal crack formation in continuously cast slabs [J]. Trans. Iron Steel Inst. Jpn. , 1986, 26 (6): 540~546.

[16] Bernhard C, Xia G. Influence of alloying elements on the thermal contraction of peritectic steels during initial solidification [J]. Ironmaking Steelmaking, 2006, 33 (1): 52~56.

[17] Rowan M, Thomas B G, Pierer R, et al. Measuring mechanical behavior of steel during solidification: modeling the SSCC test [J]. Metall. Mater. Trans. B, 2011, 42 (4): 837~851.

[18] Won Y M, Yeo T J, Seol D J, et al. A new criterion for internal crack formation in continuously cast steels [J]. Metall. Mater. Trans. B, 2000, 31 (4): 779~794.

[19] Kato T, Ito Y, Kawamoto M, et al. Prevention of slab surface transverse cracking by microstructure control [J]. ISIJ Int. , 2003, 43 (11): 1742~1750.

[20] Yamanaka A, Nakajima K, Okamura K. Critical strain for internal crack formation in continuous casting [J]. Ironmaking Steelmaking, 1995, 22 (6): 508~512.

[21] Yu C H, Suzuki M, Shibata H, et al. Simulation of crack formation on solidifying steel shell in continuous casting mold [J]. ISIJ Int. , 1996, 36 (S1): 159~162.

[22] Punnose S, Mukhopadhyay A, Sarkar R, et al. Determination of critical strain for rapid crack growth during tensile deformation in aluminide coated near-α titanium alloy using infrared thermography [J]. Mater. Sci. Eng. , Proc. Conf, 2013, 576: 217~221.

[23] Enos D, Scully J. A critical-strain criterion for hydrogen embrittlement of cold-drawn, ultrafine pearlitic steel [J]. Metall. Mater. Trans. A, 2002, 33 (4): 1151~1166.

[24] Clyne T W, Wolf M, Kurz W. The effect of melt composition on solidification cracking of steel, with particular reference to continuous casting [J]. Metall. Trans, 1982, 13 (2): 259~266.

[25] Kim K, Han H, Yeo T, et al. Analysis of surface and internal cracks in continuously cast beam blank [J]. Ironmaking Steelmaking, 1997, 24 (3): 249~256.

[26] 孟祥宁, 朱苗勇. 高拉速连铸结晶器振动参数对板坯表面裂纹形成的影响 [J]. 钢铁, 2009, 44 (8): 34~38.

[27] 祭程, 蔡兆镇, 罗森, 等. 微合金钢宽厚板连铸坯角部横裂纹控制技术研究 [C] //微合金钢连铸裂纹控制技术研讨会. 九江, 2012: 1~10.

[28] Ji C, Cai Z Z, Wang W L, et al. Effect of transverse distribution of secondary cooling water on corner cracks in wide thick slab continuous casting process [J]. Ironmaking Steelmaking, 2014, 41 (5): 360~368.

4 压下过程连铸坯中心缩孔闭合规律

缩孔是连铸坯凝固组织中一种常见的内部缺陷[1]，缩孔的存在会大大降低金属材料的力学性能和服役寿命，致使金属疲劳性能和抗拉强度以及使用时长大幅降低。众所周知缩孔等缺陷是裂纹萌生的风险源[2]，在连铸机弯曲矫直段实施不合理的压下极容易在缩孔处产生裂纹扩展；缩孔在连铸坯经加热炉加热后，缩孔容易发生氧化，轧制时缩孔缺陷一旦不能焊合就会扩展成裂纹，严重影响产品的成材率。根据缩孔尺寸的大小，可以将缩孔分为微观缩孔和宏观缩孔。孔隙无法通过后续的热处理过程消除，故降低铸坯孔隙度的最佳策略是更好地理解缩孔的形成，从而确定适当的策略来抑制其对铸坯质量的影响。

前人主要集中于研究球型宏观缩孔在锻压、轧制等条件下缩孔的演变行为[3,4]；近些年随着连铸凝固末端压下技术的兴起和推广，陆续有学者着手研究重压下实施对缩孔的演变作用[5,6]。我们团队基于第 2 章获得的可表征金属流变特征的本构方程和第 3 章建立的连铸坯变形模型，建立了预置微观与宏观缩孔的连铸坯凝固末端机械压下变形有限元模型[7~10]，用以揭示压下过程铸坯致密度的提升规律，为充分发挥凝固末端铸坯"内热外冷"优势，合理确定压下量与压下区间提供定量数据支持。

鉴于此，本章基于宽厚板坯及大方坯重压下实施设备及疏松带的分布规律和缩孔形貌，使用数值模拟方法研究了两者在凝固末端压下过程的缩孔演变规律。

4.1 连铸坯中心区域缩孔形貌、分布及预测

4.1.1 连铸坯凝固过程缩孔形成及其预测方法

连铸坯的致密性取决于钢液不间断地流向凝固区域，以补充凝固收缩造成的缺陷，如果钢液不能填充这些缺陷，就会产生缩孔[9]。因此凝固前沿必须持续补充钢液来避免缩孔的形成，然而钢液的供给能力会随着金属的逐渐凝固而不断下降，当凝固区域的枝晶形成固定的网状结构时，钢液的补充能力会进一步减少，直至残余钢液再也无法补充这些缺陷[10,11]。

预测缩孔的分布区域和尺寸是一项困难的任务，人们已经多次尝试通过复杂的三维数值模型来解释这一现象。然而，由于这些模型的数学复杂性和缺乏可靠的数据库，许多研究人员开发了更简单的分析方法，称为"准则函数"，用来预

测铸坯中何时何地有很高的缺陷形成概率。准则函数是与冷却速率、凝固速率、温度梯度等相关的简单规则。根据缩孔形成的物理假设和使用的数学模型，不同方法的缩孔预测可以总结如下：

（1）热模型[12]：求解能量运输方程，以确定最后一个凝固区域或钢液供给受到限制的区域。

（2）热/体积计算模型[13]：通过求解能量运输方程和质量守恒来预测自由表面和最后凝固区域的位置。

（3）热/流体流动模型[14]：求解质量和能量运输方程，以预测自由表面和最后凝固区域的位置。

（4）气体孔隙成核与增长模型[15]：当枝晶形成一个连贯的网络时，计算孔的形核和生长；液体流动被描述为通过多孔介质的流动。

本节使用基于热/流体流动模型的 Niyama 修正模型，该模型不仅考虑了局部热条件，也考虑了金属的性能和凝固特性[16,17]。

$$Ny^* = C_\lambda \dot{T}^{-\frac{1}{3}} Ny \sqrt{\frac{\Delta p_{cr}}{\mu_l \beta \Delta T_f}} \tag{4-1}$$

式中　Δp_{cr}——临界压降；

　　　C_λ——物性参数；

　　　$\dot{T}$——冷速；

　　　Ny——Niyama 缩孔生成概率判据，$Ny = G/\dot{T}$；

　　　μ_l——动力黏度；

　　　β——凝固收缩；

　　　ΔT_f——冷却区间。

4.1.2　宽厚板坯疏松带分布与缩孔形貌

4.1.2.1　宽厚板坯疏松带分布及预测

宽厚板坯凝固末端的疏松带沿铸坯横断面分布是不均匀的，这主要是因为宽厚板坯横断面上凝固特征不一、进程不同。一般而言，由于宽厚板坯连铸结晶器水口冲击和宽向二冷水流密度分布不均，铸坯宽向两侧 1/8~1/4 宽度位置最后凝固[18]。为观察板坯内部的缩孔缺陷，采用高频超声显微镜（SAM）对横断面尺寸为 2000mm×280mm 的微合金钢 Q345E 宽厚板坯横断面进行了探测，形貌如图 4-1（a）所示。图 4-1（a）中深色部分代表基体，浅色点代表内部缺陷（这里专指缩孔）；大部分缩孔分布在虚线框内，此区域即为铸坯的疏松带，其沿宽厚板坯厚度方向中心线对称分布。

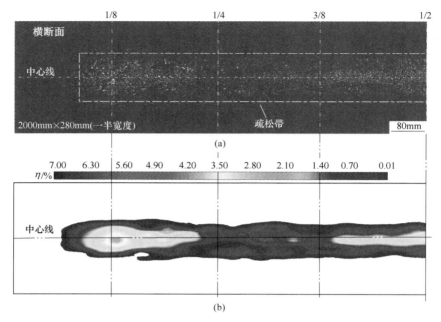

图 4-1　宽厚板坯疏松带分布图
（a）SAM 扫描图；（b）孔隙率分布云图
（扫书前二维码看彩图）

　　为了更加清晰直观地观察宽厚板坯疏松带的分布，以 10mm×10mm 的小网格对图 4-1（a）进行网格划分，采用式（4-2）对各网格内孔隙进行计算，最终使用图像处理软件绘制得到孔隙率分布云图，如图 4-1（b）所示。

$$D = [(S_T - S_V)/S_T] \times 100\%$$
$$= \left(1 - \frac{S_V}{S_T}\right) \times 100\%$$
$$= 1 - P \tag{4-2}$$

式中　　S_T——检测的总面积，mm^2；

　　　　S_V——检测出的孔隙总面积，mm^2；

　　　　D——致密度；

　　　　P——孔隙度。

　　可以看出，从厚度方向上来看，宽厚板坯的疏松带主要分布在沿厚度中心线对称的厚度 1/3 区域内；从宽度方向上来看，疏松带在宽度方向上有一个从窄面到宽向 1/8 的过渡区域，且宽厚板坯在宽度方向有断开的现象，这是宽向非均匀凝固造成的；与此同时，宽厚板坯宽向 1/8 区域是其疏松最严重的区域。

　　基于 Ni 基铸造合金凝固过程，Plancher E 等[19] 提出了两种缩孔形成机制：一种是二次枝晶臂间缩孔，在凝固初期高温段，由于垂直于一次枝晶干的高温熔体流动不畅，枝晶生长愈合中二次枝晶臂间形成微缩孔，其主要为微观缩孔。另一种是枝晶间隙之间的缩孔，在凝固后期的低温段，枝晶热收缩导致枝晶间形成间隙，且得不到钢液及时补缩从而产生缩孔，其可产生宏观缩孔。T Takahashi 等[20]认为在固相率f_s达到 0.31 时形成枝晶网格阻碍钢液流动，固相率达到 0.67 时枝晶网状结构将完全阻碍钢液流动。综合上述两者的研究，可以认为连铸坯中心区域固相率 0.31<f_s≤ 0.67 时，主要是二次枝晶臂间微缩孔；当心部凝固终点为f_s>0.67 时，主要是枝晶间隙缩孔（包括微缩孔与宏观缩孔）。

微合金钢宽厚板坯的液相线为 1517.7℃，固相线为 1467.5℃，因此冷却区间 ΔT_0 为 50.2℃，微合金钢的钢液密度为 7030.14g/mm³，钢液凝固后的密度为 7670.69g/mm³，因此凝固收缩量 β 为 0.0911。把上述参数以及凝固传热模拟结果代入式（4-1）的 Niyama 修正模型，并以前述研究结论的固相率f_s= 0.67 为依据，可获得枝晶间隙间的宏观缩孔分布区域，如图 4-2（a）所示。若根据前述研

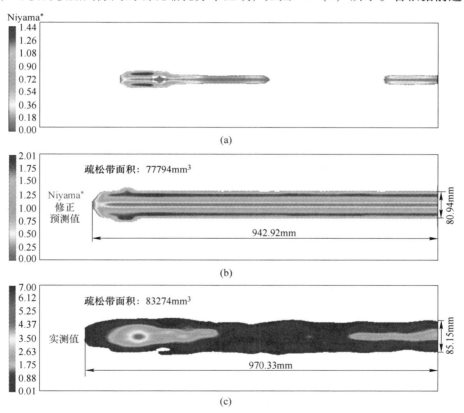

图 4-2 Niyama 修正模型预测的宏观缩孔与微观缩孔分布及其与实测疏松带的对比
（a）枝晶间隙间的宏观缩孔分布；（b）二次枝晶臂间的微观缩孔分布；（c）实测疏松带分布
（扫书前二维码看彩图）

究结论，以固相率 $f_s = 0.31 \sim 0.67$ 为依据，可获得二次枝晶臂间的微观缩孔分布区域，其包括了宏微观的整个疏松带，如图 4-2（b）所示。

为便于比较，图 4-2（c）给出了疏松带内的孔隙率实测图（与图 4-1（b）一致）。可以看出，Niyama 修正模型预测的疏松带分布与实测疏松带分布基本一致，且孔隙较大的宏观缩孔分布位置与实测得到的高孔隙率位置也基本保持一致。根据定量比对，Niyama 修正模型的疏松带分布预测值与实测值在横断面宽度方向上的相对误差值为 2.82%，在厚度方向上的相对误差为 4.94%，即宽度方向的预测精度更高；进一步通过疏松带面积占比进行比较，预测值与实验值的相对误差为 6.58%；这充分表明 Niyama 修正模型可较准确的预测宽厚板连铸坯疏松带分布及疏松程度。

4.1.2.2　宽厚板坯疏松带内缩孔形貌

在疏松带分布的基础上，为了进一步研究疏松带内缩孔的形貌规律，对宽厚板坯特征位置的超声扫描图片做进一步的处理，宽厚板坯的特征位置如图 4-3 所示。使用 Avizo 软件对特征位置的处理流程如图 4-4 所示；三维重构后的缩孔形貌如图 4-5 所示。如图 4-3 所示，根据宽厚板坯凝固特点及缩孔分布特征，在铸坯横截面上选取两相区分布区域的宽度方向 $W_{1/8}$（A）、宽度方向 $W_{1/4}$（B）、宽度方向 $W_{1/2}$（C）位置进行取样，试样的宽度和厚度分别为 50mm 和 93.3mm。

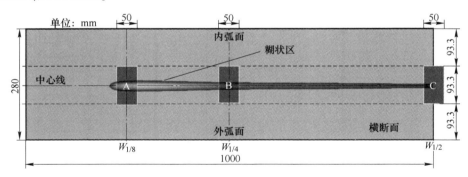

图 4-3　微合金钢宽厚板坯三维重构取样示意图

图 4-4（a）为二值化处理后的超声扫描示意图，对这些图片进行初步三维重构处理后如图 4-4（b）所示，该图片中有很多黑色的小点，这是由超声扫描中探测到的杂波带来的，因此需在 Avizo 软件中设置一个阀值来过滤掉杂波，即降噪处理，这就获得了图 4-4（c）；对疏松带局部位置进行放大处理，得到了图 4-4（d），可以看到构建出来的缩孔形貌极其不规则且由一堆像素点堆叠而成；在图 4-4（d）的基础上，使用表面生成技术生成一层较为光滑的表面，如图

4-4（e）所示，缩孔不再是像素点堆积的形态而是被覆盖一层表面，但缩孔表面转折处仍然是相当生硬尖锐。基于此，使用表面简化技术，使缩孔表面转折过渡由尖锐转变为光滑，如图4-4（f）所示。

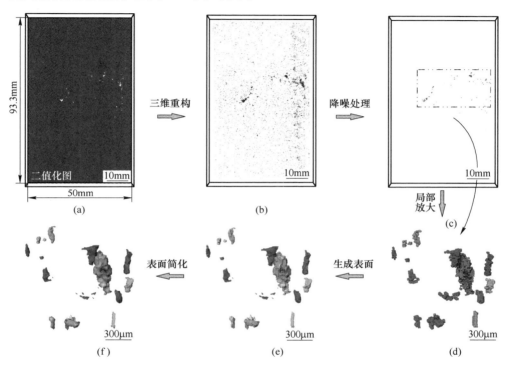

图 4-4 缩孔三维形貌重构流程图

经过如图 4-4 所示的图像处理操作步骤后，获得图 4-5 所示宽厚板坯不同位置的缩孔三维形貌重构图。根据缩孔形貌可以把缩孔分为三种类型：尺寸大于等于 1mm 的宏观缩孔，尺寸小于 1mm 的微观缩孔，以及由众多缩孔聚合而成的聚合型缩孔。为了更加精准地观察缩孔的形貌，对图 4-5 中的特征位置的缩孔进行局部放大，可以观察到，微观缩孔（尺寸小于 $1000\mu m$）的形貌近似于椭球形但轴比不同，且微观缩孔在三个试样中都有分布；宏观缩孔（尺寸大于 $1000\mu m$）形貌非常不规则，且大量位于宽向 1/8 的 A 试样中；聚合型缩孔（由尺寸大于 $1000\mu m$ 的两个或两个以上缩孔聚合而成）同样主要存在于宽向 1/8 的 A 试样中，且由宏观和微观缩孔聚合而成，通常尺寸巨大且形貌也极不规则。为了定量描述试样中的缩孔，使用 Avizo 软件对试样中的缩孔体积、数量、类型进行统计，统计结果如图 4-6 所示。位于宽向 1/8 处的 A 试样中缩孔数量最多，B 和 C 的缩孔数量较少。

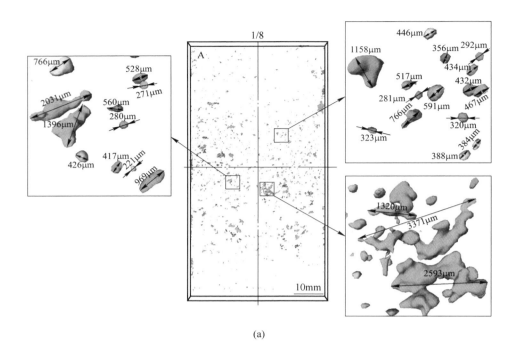

(a)

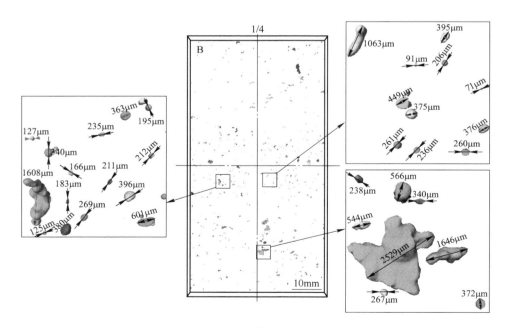

(b)

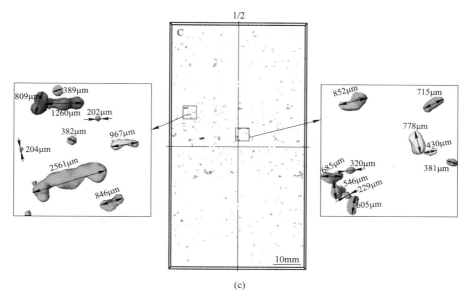

图 4-5　宽厚板坯不同位置的三维重构缩孔形貌
（a）宽向 1/8 位置（A 试样）；（b）宽向 1/4 位置（B 试样）；（c）宽向 1/2 位置（C 试样）

如图 4-6（a）所示，显而易见，相比于其他位置，位于宽向 1/8 的 A 试样缩孔不仅数量最多，且尺寸最大，宏观缩孔、聚合型缩孔集中分布于该试样；如图 4-6（b）和（c）所示，位于宽向 1/4 和 1/2 的 B 和 C 试样缩孔数量明显少于 A 试样。通过缩孔数量统计，缩孔尺寸越小则数量越多，其分布的位置和范围也越广泛；而大尺寸的缩孔数量较少且分布范围远远不如小缩孔。

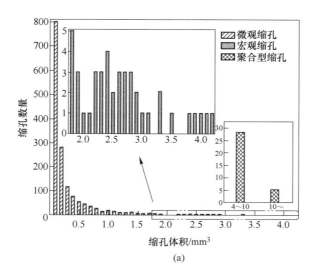

（a）

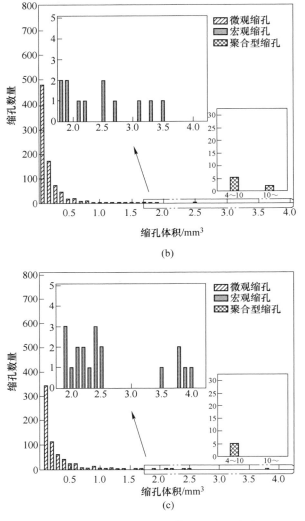

图 4-6 各类型缩孔基于体积的数量统计

（a）宽向 1/8 位置（A 试样）；（b）宽向 1/4 位置（B 试样）；（c）宽向 1/2 位置（C 试样）

由于宽厚板坯宽向 1/8 是最后凝固的区域，该区域温度和冷速等条件不仅满足微观缩孔形成的条件，还是唯一满足宏观缩孔形成的条件，故该区域不仅微观缩孔数量最多且是宏观缩孔主要存在区域，且由于两相区更长，钢液难以补充相邻二次枝晶臂间，故构成了曲折的宏观缩孔形貌。微观缩孔形成于凝固的整个进程中，由于凝固早期钢水流动性好易于填充，故在坯壳到心部的 1/3 区域内几乎没有微观缩孔；在二次枝晶臂和界面张力共同作用下，微观缩孔形貌近似于椭球形且轴比差异较大。

4.1.3 大方坯疏松带分布及内部缩孔形貌

4.1.3.1 大方坯疏松带分布

相比于宽厚板坯来说，大方坯连铸坯宽度方向上尺寸较小，因此大方坯宽向的水流密度分布均匀，其凝固均匀。相比于宽厚板坯非均匀凝固的特点，大方坯的最终凝固位置位于铸坯心部区域。为了观察大方坯内部的质量缺陷，采用高频超声显微镜（SAM）对横断面尺寸为 425mm×320mm 的齿轮钢大方坯横断面进行了探测。大方坯中疏松带的分布如图 4-7（a）所示，与宽厚板坯一样，深色部分代表铸坯的基体，浅色点代表缩孔。显然，大部分缩孔都分布在虚线框内，采用式（4-2）获得连铸大方坯孔隙率分布云图，如图 4-7（b）所示。可以看出，越靠近中心位置缩孔的尺寸越大，分布越密集，其与宽度板坯分布规律相似。

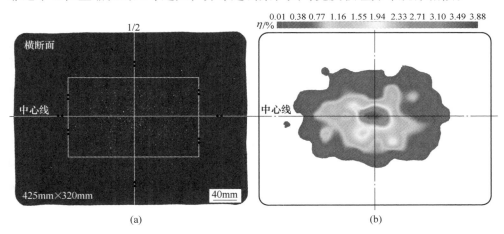

图 4-7 大方坯疏松带分布图

（a）SAM 扫描图；（b）孔隙率分布云图

（扫书前二维码看彩图）

可以看出，相比于宽厚板坯，无论是从厚度方向还是宽度方向上来看，大方坯的疏松带主要分布在沿中心线对称的 1/3 区域内（方坯中心区域）；从宽度、厚度方向上来看，连铸大方坯疏松带都存在一个由坯壳到铸坯心部从无到有的过渡区域；大方坯的中心区域是疏松最严重的区域。

同样采用 Niyama* 修正模型用来预测大方坯横断面疏松带分布，以相同的方式区分疏松带的宏观缩孔分布区及微观缩孔分布区。图 4-8 为大方坯疏松带分布云图。

通过比较，大方坯疏松带分布预测值在横断面宽度方向上的相对误差值为 0.71%，而疏松带在厚度方向上的相对误差为 4.81%；显然同宽厚板坯相似，模

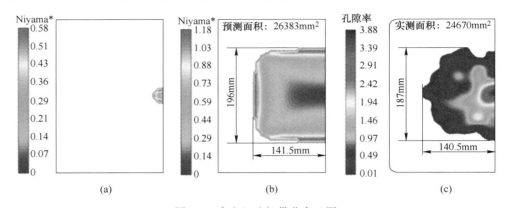

图 4-8　大方坯疏松带分布云图

（a）宏观缩孔分布区域；（b）微观缩孔分布区域；（c）疏松带实测分布区域

（扫书前二维码看彩图）

型在宽度方向的预测精度要高于厚度方向。进一步通过疏松带面积占比进行比较，发现预测值与实验值的相对误差为 6.94%，表明该模型可较好地预测大方坯疏松带的分布规律。

4.1.3.2　大方坯疏松带内缩孔形貌

如图 4-9 所示，将大方坯切分成 9 块小试样，小试样的宽度和厚度分别为141.6mm 和 106.6mm（相对于大方坯横断面）。针对该断面的大方坯，通过凝固传热计算可知大方坯的两相区主要分布在 B2 试样中，其也是大方坯的疏松带主要分布区域。与此同时，还需要对 B2 试样周边 8 个试样靠近两相区的位置着重处理，并按图 4-4 所示方法实施三维重构和颜色渲染。

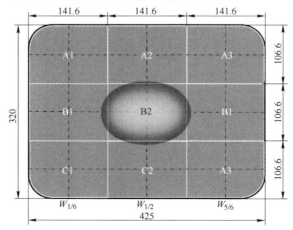

图 4-9　齿轮钢大方坯三维重构取样示意图（单位：mm）

图 4-10 给出了大方坯中心及相邻区域内缩孔的形貌。可以看出，与宽厚板坯中的缩孔形貌规律一致，尺寸小于 1mm 的微观缩孔近似于椭球形，而尺寸大于 1mm 的宏观缩孔形状曲折。宏观缩孔主要存在于 B2 试样，即心部区域，而微观缩孔则弥散分布于整个疏松带。为了更直观地显示不同尺寸缩孔的数量，通过 Avizo 软件对四个试样中不同尺寸的缩孔进行统计，统计结果如图 4-11 所示。

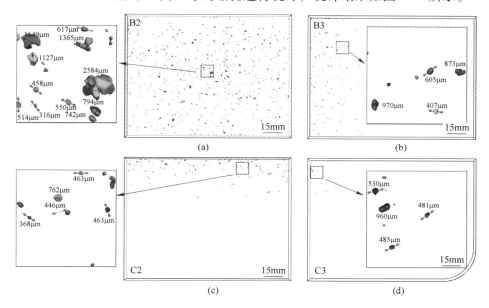

图 4-10　大方坯三维重构缩孔形貌

（a）B2 试样、心部区域；（b）B3 试样、心部右侧；（c）C2 试样、心部下侧；（d）C3 试样、心部右下侧

与宽厚板坯相比，大方坯中心区域为凝固的最后区域，其为宏观缩孔的主要分布区域，其形貌与宽厚板坯并无区别；而微观缩孔数量沿着中心到表面逐渐减少，其形貌特征也与宽厚板坯一致。

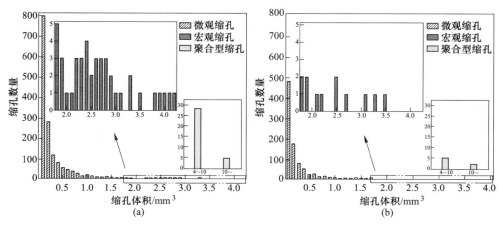

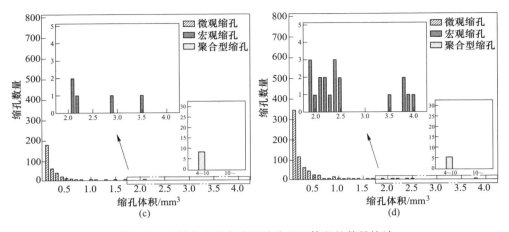

图 4-11　连铸大方坯各类型缩孔基于体积的数量统计

（a）心部区域（B2 试样）；（b）心部右侧（B3 试样）；

（c）心部下侧（C2 试样）；（d）心部右下侧（C3 试样）

4.2　宽厚板坯压下过程缩孔演变规律研究

4.2.1　宏观缩孔演变规律研究

4.2.1.1　带宏观缩孔的压下过程热/力耦合仿真模型

图 4-12 为现场实际生产的铸坯纵断面低倍，结合 4.1 节，宽厚板坯的中心缩孔（宏观缩孔）缺陷主要集中分布于铸坯的厚度中心线附近区域，且缩孔尺寸通常小于 5mm。为得到规律性的结论，把宏观缩孔简化为球形，且在宽厚板坯三维热/力耦合模型中的铸坯宽向不同位置预置了直径 3mm 的球形空洞，以定量揭示宽厚板坯凝固末端压下过程宏观缩孔（尺寸大于 1mm）演变规律。包含球形缩孔的模型如图 4-13 所示。

图 4-13 给出了位于铸坯宽向 1/2 位置的球形缩孔（$P_{1/2}$）形貌。此外，受宽厚板坯宽向非均匀冷却影响，铸坯宽向 1/2 完全凝固时（即宽向中心位置的固相率 $f_s = 1.0$ 时），宽向 1/8 附近区域仍存在较明显未凝固区域，如图 4-14 所示，意味着该区域温度场分布显著异

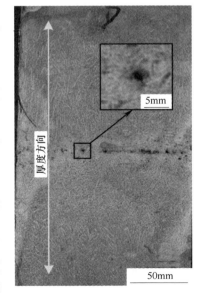

图 4-12　宽厚板坯纵断面低倍

于其他区域，并有可能影响该区域缩孔在压下过程演变规律。为此，除上述宽向 1/2 位置的球形缩孔（$P_{1/2}$）外，在三维模型的宽向 1/8 位置预设了相同尺寸的球形缩孔，以研究该区域位置的缩孔在压下过程中演变规律。三维热/力耦合有限元模型中的两个球形缩孔在横断面的分布位置及形貌如图 4-14 所示。

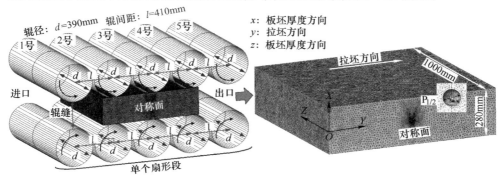

图 4-13　带宏观缩孔的宽厚板坯压下三维热/力耦合模型

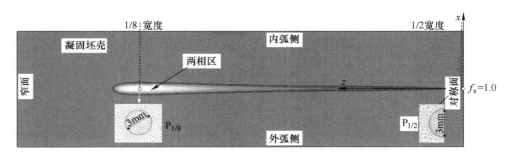

图 4-14　宽厚板坯宽向中心位置固相率（f_s）达到 1.0 时横断面内的凝固形貌及
三维热/力耦合模型中的两个球形缩孔位置分布与形貌

　　如图 4-15 所示，为定量描述压下后宏观缩孔不同方向演变规律，基于压下前后缩孔沿三个坐标轴方向的尺寸变化（x、y、z 轴分别代表宽厚板坯的厚度方向、拉坯方向及宽度方向），采用真应变定义形式定义了缩孔沿三个坐标轴方向的变形度：

$$\begin{cases} \Delta l_x = \ln\left(\dfrac{L'_x}{L_x}\right) \\[2mm] \Delta l_y = \ln\left(\dfrac{L'_y}{L_y}\right) \\[2mm] \Delta l_z = \ln\left(\dfrac{L'_z}{L_z}\right) \end{cases} \tag{4-3}$$

式中　Δl_x，Δl_y，Δl_z——缩孔沿铸坯厚度方向、拉坯方向及宽度方向变形度；

L_x，L_y，L_z——三维热/力耦合模型中球形缩孔沿三个坐标轴方向的原始尺寸长度（见图 4-15），mm；

L'_x，L'_y，L'_z——压下变形后缩孔沿三个坐标轴方向的长度，mm。

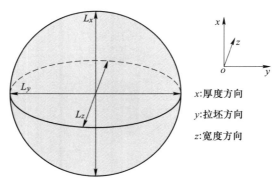

图 4-15　缩孔尺寸示意图

为定量描述压下过程缩孔整体变形规律，表征压下工艺对缩孔的改善效果，基于压下前后缩孔沿铸坯厚度方向（即压下施加方向）的偏差比[21~24]变化定义了缩孔闭合度：

$$\eta_s = \frac{2L_x}{L_y + L_z} - \frac{2L'_x}{L'_y + L'_z} \tag{4-4}$$

式中　η_s——压下后的缩孔闭合度。

η_s 取值范围为 0~1.0，且 η_s 越大，意味着压下对缩孔的改善效果越好。

4.2.1.2　不同压下量后的缩孔演变规律

采用上节所述的宽厚板坯三维热/力耦合模型，首先计算了凝固末端位置（$f_s = 1.0$）单个扇形段均匀施加不同压下变形后的缩孔闭合规律，铸坯宽向 1/2 位置缩孔（$P_{1/2}$）及宽向 1/8 位置缩孔（$P_{1/8}$）的轴向变形度及闭合度如图 4-16 所示。

由图 4-16(a)~(c)可知，随着凝固末端压下量增加，缩孔沿铸坯厚度方向变形度（Δl_x）、拉坯方向变形度（Δl_y）及铸坯宽度方向变形度（Δl_z）不断增大。其中，Δl_x 与 Δl_z 小于 0 而 Δl_y 大于 0，说明压下后缩孔沿铸坯厚度方向及宽度方向尺寸有所减小，而沿拉坯方向尺寸有所增大。与拉坯方向缩孔变形度（Δl_y）及宽度方向变形度（Δl_z）相比，缩孔厚度方向变形度（Δl_x）明显较大，表明压下后厚度方向是缩孔的主要变形方向。由图 4-16（d）可知，随着压下量增大，缩孔闭合度（η_s）不断增大，表明缩孔缺陷在压下过程中随压下量增加可不断得以改善。

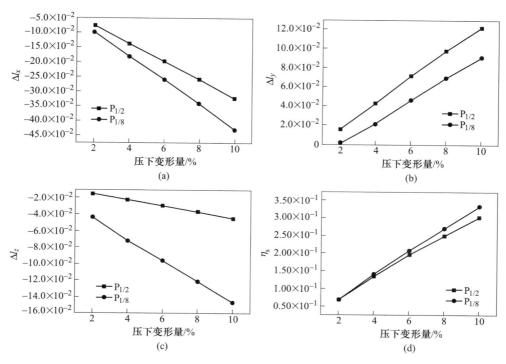

图 4-16　不同压下量后的缩孔轴向变形度及闭合度

（a）Δl_x；（b）Δl_y；（c）Δl_z；（d）η_s

对比图 4-16 处于宽向不同位置的缩孔 $P_{1/2}$ 及 $P_{1/8}$ 演变规律发现，两者存在较明显差异，实施 10% 的压下变形量后，$P_{1/8}$ 的缩孔闭合度比 $P_{1/2}$ 高 9.7%。这表明宽厚板坯凝固末端压下过程，相比于宽向 1/2 位置、宽向 1/8 位置附近区域的缩孔可更高效得以改善。压下过程 $P_{1/2}$ 与 $P_{1/8}$ 演变规律差异的可能原因为：（1）$P_{1/2}$ 与 $P_{1/8}$ 的宽向分布位置不同；（2）宽厚板坯宽向 1/2 与宽向 1/8 区域的温度场分布差异。

为揭示缩孔位置对压下过程缩孔演变规律的影响，在假设的铸坯宽向均匀冷却条件下（即认为二冷水流密度沿铸坯宽向分布均匀，忽略其实际工况条件下的非均匀分布特征），计算并对比了 $P_{1/2}$ 与 $P_{1/8}$ 的缩孔闭合规律，结果如图 4-17 所示。由于铸坯厚度方向为缩孔的主变形方向，因此只对比了 $P_{1/2}$ 与 $P_{1/8}$ 的厚度方向变形度（Δl_x），如图 4-17（a）所示。可以看出，均匀冷却条件下，$P_{1/2}$ 与 $P_{1/8}$ 的厚度方向变形度及缩孔闭合度间差异并不明显，这表明 $P_{1/2}$ 与 $P_{1/8}$ 的分布位置不同并不是导致其演变规律不同的主要原因。

为揭示宽向 1/2 与 1/8 位置的温度场分布对压下过程 $P_{1/2}$ 及 $P_{1/8}$ 的演变规律影响，首先提取了压下过程如图 4-18（a）所示的不同特征点（$L_s^{1/8}$，$L_c^{1/8}$，$L_s^{1/2}$，

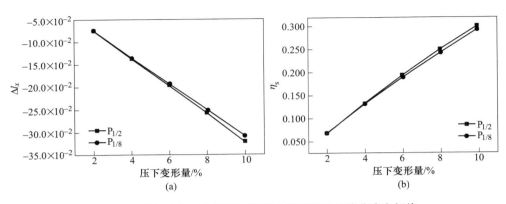

图 4-17　均匀冷却时宽厚板坯凝固末端压下后的缩孔演变规律

（a）Δl_x；（b）η_s

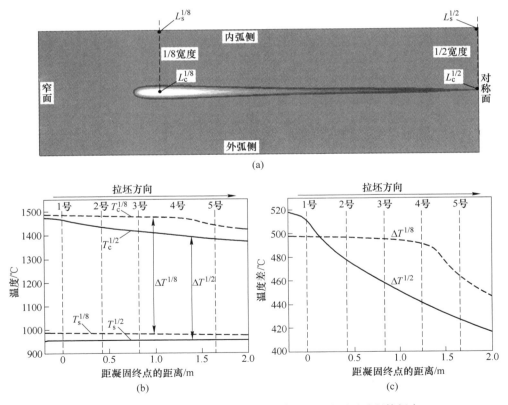

图 4-18　板坯横断面内特征点位置分布（a）及压下过程特征点
位置的温度（b）与铸坯内外温差（c）

$L_c^{1/2}$）温度及对应位置铸坯内外温差变化，结果分别如图 4-18（b）及（c）所示。图 4-18（b）中的 $T_s^{1/8}$，$T_c^{1/8}$，$T_s^{1/2}$，$T_c^{1/2}$ 为压下过程特征点 $L_s^{1/8}$，$L_c^{1/8}$，$L_s^{1/2}$，$L_c^{1/2}$ 位置的温度变化，图 4-18（c）中的 $\Delta T^{1/8}$（$\Delta T^{1/8} = T_c^{1/8} - T_s^{1/8}$）及 $\Delta T^{1/2}$（$\Delta T^{1/2} = T_c^{1/2} - T_s^{1/2}$）分别为宽向 1/8 位置及宽向 1/2 位置铸坯宽面与对应厚度中心位置间温差。

由图 4-18（b）可知，凝固末端压下过程中，铸坯各特征点温度由扇形段入口（对应 1 号辊）至出口（对应 5 号辊）不断降低。然而，相比于铸坯表面特征点温度（$T_s^{1/8}$ 及 $T_s^{1/8}$），铸坯中心位置的特征点温度（$T_c^{1/8}$ 及 $T_c^{1/2}$）降温趋势明显较快。结果是，图 4-18（c）中的温差（$\Delta T^{1/8}$ 及 $\Delta T^{1/2}$）变化趋势与图 4-18（b）中的 $T_c^{1/8}$ 及 $T_c^{1/2}$ 变化趋势相似。宽厚板坯凝固末端位置（即 $f_s = 1.0$），受非均匀冷却影响，其宽向 1/8 位置的中心区域尚存在一定未完全凝固的两相区。在后续冷却降温过程中，铸坯宽向 1/8 中心区域残存的钢液不断释放凝固潜热，一定程度上减缓了 $T_c^{1/8}$ 及 $\Delta T^{1/8}$ 的下降速度。受此影响，图 4-18（c）中的宽向 1/8 温差（$\Delta T^{1/8}$）在扇形段的大部分区域内明显大于宽向中心 1/2（$\Delta T^{1/2}$）。进一步结合图 4-16（d）中的 $P_{1/2}$ 与 $P_{1/8}$ 的缩孔闭合度差异可以推断，由于铸坯宽向 1/8 位置附近区域的内外温差较大，压下变形由铸坯表面向其中心传递效果较高，该区域缩孔在凝固末端压下过程可更为高效得以改善。

图 4-19 对比了不同压下变形后的 $L_c^{1/8}$ 位置及 $L_c^{1/2}$ 位置等效应变。随着压下量增加，两位置处的等效应变不断增大，说明铸坯中心位置的挤压变形程度不断增高。因此，铸坯宽向 1/8 及 1/2 位置缩孔可持续改善，对应的图 4-16（d）中缩孔闭合度（η_s）不断增大。需要指出的是，图 4-19 中 $L_c^{1/8}$ 位置的等效应变整体高于 $L_c^{1/2}$ 位置。这进一步说明，受铸坯宽向 1/8 位置较大温差影响，凝固末端压下过程该区域的压下变形量可更加高效的由铸坯表面传递至心部，从而更加显著地改善该区域缩孔。

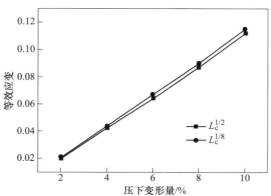

图 4-19 凝固末端施加不同压下量后宽向 1/8 及 1/2 位置的铸坯厚度中心等效应变

4.2.1.3 压下位置对缩孔演变规律影响

对于宽厚板坯连铸机而言，可通过单个或多个扇形段执行压下，并通过改变相应扇形段收缩辊缝值灵活调整压下位置。为揭示压下位置对宽厚板坯缩孔闭合规律影响，计算不同铸流位置单段施加6%压下变形后的缩孔演变规律。

图4-20为不同压下位置施加压下后的缩孔轴向变形度及闭合变化，图中横坐标轴表示凝固终点后扇形段入口（即1号铸辊位置）到凝固终点距离。随着压下位置远离铸流凝固终点，图4-20（a）中的缩孔沿厚度方向变形度及图4-20（c）中沿宽度方向变形度均不断减小，而图4-20（b）中的缩孔沿拉坯方向变形度不断增大。这表明，随着压下位置远离铸流凝固终点，压下后缩孔的三个轴向尺寸均有所增大。图4-20（d）为不同铸流位置施加压下后的缩孔闭合度，相比于铸流凝固末端位置施加压下变形，随压下起始位置沿拉坯方向偏离凝固终点3m，$P_{1/8}$及$P_{1/2}$的缩孔闭合度分别减小了9.3%及6.3%。这意味着，随着凝固终点铸流位置增加，压下变形对缩孔改善效率不断下降。

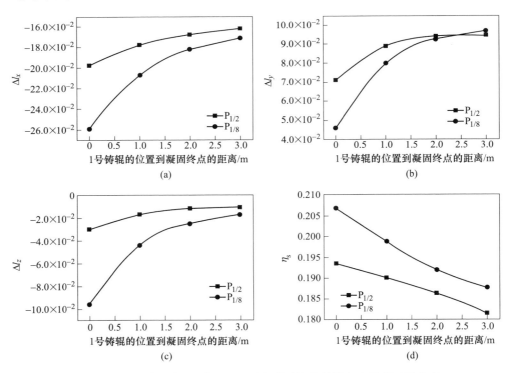

图4-20 不同铸流位置施加6%压下变形后缩孔的轴向变形度及闭合度

(a) Δl_x；(b) Δl_y；(c) Δl_z；(d) η_s

图4-21（a）、（b）分别为扇形段内铸坯宽向不同位置的内外温差及不同铸

流位置施加 6%压下变形后的铸坯宽向不同位置中心等效应变。随着压下起始位置远离铸流凝固末端，可促进压下变形向铸坯心部传递的铸坯内外温差不断减小。如图 4-21 (b) 所示，等效应变随压下起始位置远离铸流凝固终点也不断减小。因此，图 4-20 (d) 所示的缩孔闭合度 η_s 随压下起始位置远离铸流凝固终点位置而不断减小。

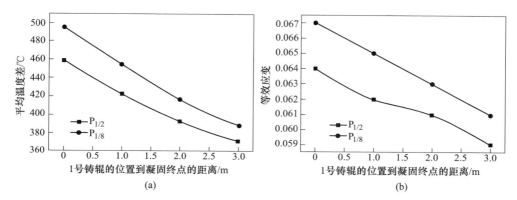

图 4-21　扇形段内铸坯宽向 1/8 及 1/2 位置的内外温差平均值 (a) 及不同
铸流位置施加 6%压下变形后的铸坯宽向 1/8 及 1/2 厚度中心位置等效应变 (b)

随着压下起始位置远离铸流凝固终点，压下过程中铸坯对铸辊的抵抗变形力因铸坯温度降低而不断增大。因此，单个扇形段施加相同压下量所需压坯力随压下位置远离凝固终点而明显增大，如图 4-22 所示。当压下起始位置偏离凝固终点 3m 时，凝固末端单段执行 6%压下变形时所需压下力增大了约 20%。这意味着随着压下位置远离凝固终点，扇形段对铸坯的压下能力明显降低。

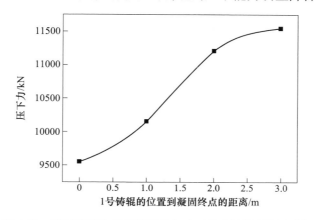

图 4-22　不同铸流位置扇形段施加 6%压下变形所需压下力

综上所述，若在拉坯方向上压下起始位置逐渐远离凝固终点，缩孔闭合度及扇形段对铸坯压下能力均不断减小，压下对铸坯中心疏松的改善效果逐渐减弱。

4.2.1.4　压下模式对缩孔演变规律影响

为提高宽厚板坯凝固末端压下效率，本节研究了单个扇形段相同压下量条件下压下模式对宽厚板坯压下缩孔演变规律影响。表 4-1 给出了拟研究的五个压下方案中单个扇形段内压下量分布，各压下方案的总压下量相同，均为铸坯厚度的6%，五个方案下铸坯在压下扇形段内的厚度变化如图 4-23 所示。方案 1 中，压下变形由重压下扇形段各辊均匀施加，每辊施加压下变形量为铸坯厚度的 1.2%，代表了传统的均匀压下模式（UHR，Uniform Heavy Reduction）。

表 4-1　扇形段内五个压下方案的压下量分布

方案	压下模式	每个扇形段的压下变形量/%					总的压下变形量/%
		1 号	2 号	3 号	4 号	5 号	
1	UHR	1.20	1.20	1.20	1.20	1.20	6.0
2	SPUHR	1.80	1.05	1.05	1.05	1.05	6.0
3		2.40	0.90	0.90	0.90	0.90	6.0
4		3.00	0.75	0.75	0.75	0.75	6.0
5		3.60	0.60	0.60	0.60	0.60	6.0

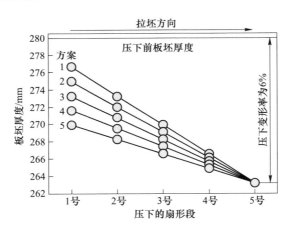

图 4-23　扇形段内五个压下方案的铸坯厚度变化

板坯扇形段一般依靠安装于入口及出口位置的两对液压缸对其入口及出口的辊缝开口度进行灵活调整，在此基础上实现对铸坯厚度方向的压下变形工艺（扇形段出口辊缝开口度小于入口）。压下过程中，受扇形段机械结构限制，其上框架（铸机内弧侧）铸辊沿拉坯方向上只能呈楔形分布。以 5 对辊结构的重压下扇形段为例，扇形段入口位置的 1 号辊压下量可依靠入口扇形段灵活调节，而后续

2号至5号辊的总压下量为扇形段入口与出口辊缝开口度差值，且由于压下过程内弧各辊只能呈楔形分布，因此2号至5号辊的每辊位置压下量相同。根据扇形段的上述机械结构特点，在均匀压下模式基础上提出了"单点+连续"压下模式（SPUHR，Single Point and Uniform Heavy Reduction）。单点均匀压下模式中（对应表4-1中的方案2~方案5），扇形段1号辊位置对铸坯施加较大压下变形量，而其余压下变形量由后续2号至5号辊均匀施加。显然，新压下模式下，2号至5号辊的单辊施加压下量小于1号辊。

采用不同压下模式对铸坯凝固末端实施单段6%的压下变形后，缩孔演变规律如图4-24所示。与方案1均匀压下模式相比，采用"单点+连续"压下模式后，随着压下扇形段入口压下量增加，图4-24（a）中缩孔沿厚度方向变形度及图4-24（c）中缩孔沿铸坯宽度方向变形度随入口位置压下量增加而不断增大，而图4-24（b）中的缩孔沿拉坯方向变形度则减小。这说明，采用压下模式时，随着扇形段入口压下量增大，缩孔沿三个轴向的尺寸均减小。

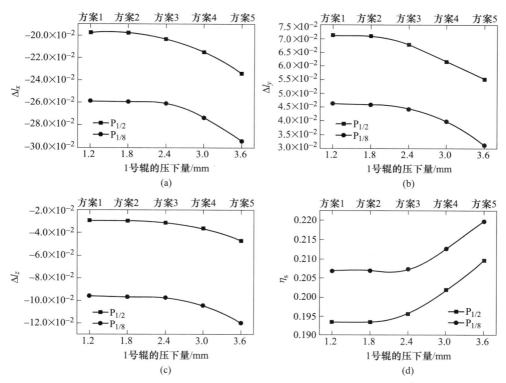

图4-24　不同压下模式下6%压下变形后的缩孔轴向变形度及闭合度
（a）Δl_x；（b）Δl_y；（c）Δl_z；（d）η_s

五个压下方案对应的缩孔闭合度如图4-24（d）所示。随着扇形段入口压下量增加，对应的缩孔闭合度不断增大。与均匀压下方案 1 相比，当"单点+连续"压下模式下扇形段入口位置压下量增大至方案 5 中的 3.6% 时，$P_{1/8}$ 及 $P_{1/2}$ 的缩孔闭合度分别增加了 6.2% 及 8.2%。这说明新提出的"单点+连续"压下模式可提升压下对缩孔改善效率，且随着扇形段入口位置压下量 1 号辊压下量不断增加，该模式对压下效率提升效果更加明显。

采用五个压下方案实施压下后，铸坯宽向 1/2 及 1/8 的厚度中心位置等效应变如图 4-25 所示。等效应变由方案 1 至方案 5 不断增大，表明随着扇形段入口 1 号辊位置压下量增加，压下变形由铸坯表面向心部的传递效率不断增大。因此，采用"单点+连续"压下模式时，随着 1 号辊位置压下量增加，可更高效地改善缩孔缺陷。这从机理上解释了图 4-24（d）中缩孔闭合度由方案 1 到方案 5 不断增大的变化趋势，证明了新提出的"单点+连续"压下模式可有效提高压下效率。

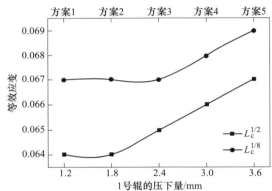

图 4-25　不同压下方案 6% 压下变形后铸坯宽向 1/8 及 1/2 的厚度中心位置等效应变

由 4.2.1.3 节相关分析可知，铸坯内外温差越大，压下变形向心部传递效率更高，相应的缩孔改善效果越明显。凝固末端压下过程中，扇形段内铸坯内外温差由 1 号辊至 5 号辊不断减小，压下效率也因此不断降低。"单点+连续"压下模式下，随着扇形段入口 1 号辊压下量不断增加，压下效率势必增大。然而，除铸坯内外温差外，压下模式的扇形段内压下量分布差异也可能是影响压下效率的另一个潜在因素。虽然五个压下方案的总压下量相同，即使忽略拉坯方向上铸坯温度变化，每个铸辊位置的铸坯压下变形行为也会因扇形段内压下量分布不同而有所变化，并影响铸坯最终变形特征及缩孔演变规律。

为单独研究扇形段内压下量分布对压下效率影响，在忽略扇形段内铸坯沿拉坯方向温度场变化条件下（即认为扇形段内的铸坯温度场固定，与扇形段入口位置相等），计算了方案 1 至方案 5 的缩孔闭合度，结果如图 4-26 所示。可以看出，虽然忽略了扇形段内的铸坯温度场变化，$P_{1/8}$ 及 $P_{1/2}$ 的缩孔闭合度由方案 1

至方案 5 仍分别增加了 5.9% 及 5.2%。这表明扇形段内的压下量分布是影响压下效率的重要因素，且随扇形段入口位置 1 号辊压下量增加，压下效率将不断增大。

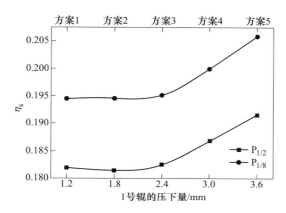

图 4-26 忽略拉坯方向温度变化时方案 1 至方案 5 的缩孔闭合度

4.2.1.5 拉速对缩孔演变规律影响

实际浇铸过程中，拉速显著影响铸机的生产节奏及铸坯冷却凝固进程。为研究拉速对宽厚板坯凝固末端压下的影响，计算并对比了不同拉速时，宽厚板坯凝固末端（$f_s = 1.0$）位置施加 6% 压下变形后的缩孔演变规律，计算结果如图 4-27 所示。

由图 4-27（a）~（c）可知，随着拉速增加，$P_{1/2}$ 及 $P_{1/8}$ 沿三个轴向的变形度变化趋势相反。其中，$P_{1/2}$ 的厚度方向（见图 4-27（a））及宽度方向（见图 4-27（c））变形度整体呈降低趋势，而拉坯方向的缩孔闭合度（见图 4-27（b））整体呈增加趋势。图 4-27（d）为压下变形后的缩孔闭合度，可以看出，虽然 $P_{1/2}$ 及 $P_{1/8}$ 的缩孔闭合度随拉速出现了一定的变化，但其变化幅度并不明显。其中，$P_{1/2}$ 及 $P_{1/8}$ 缩孔闭合度最大变化幅度分别约为 0.40% 及 1.08%。这说明，凝固末端施加压下时，拉速对压下改善缩孔的工艺效果影响并不明显。

由 4.2.1.3 节及 4.2.1.3 节相关分析可知，板坯厚度方向上的内外温差是影响压下变形由铸坯表面向其心部传递效率的关键性因素。为进一步说明拉速对凝固末端压下工艺效果的作用机制，提取了不同拉速时，铸坯凝固末端宽向 1/2 及 1/8 位置的厚度方向温度分布，如图 4-28 所示。可以看出，不同拉速条件下，宽厚板坯厚度方向的温度分布趋势基本相同。因此，铸坯凝固末端厚度方向上相似的内外温差使得图 4-27（d）中的缩孔闭合度随拉速变化并不明显。

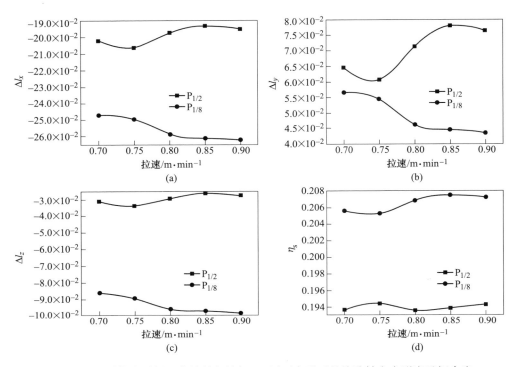

图 4-27 不同拉速时凝固末端单段施加 6% 压下变形后的缩孔轴向变形度及闭合度

（a）Δl_x；（b）Δl_y；（c）Δl_z；（d）η_s

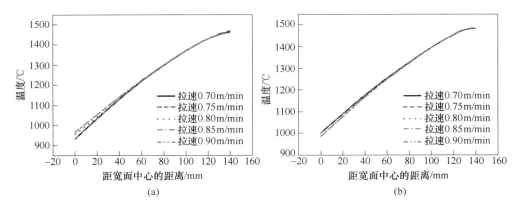

图 4-28 不同拉速时凝固末端铸坯宽向不同位置的厚度方向温度分布

（a）宽向 1/2 位置；（b）宽向 1/8 位置

　　图 4-29 为铸流凝固终位置随拉速变化趋势。可以看出，随着拉速增加，铸流凝固末端位置变化非常显著。当拉速由 0.70m/min 增加至 0.90m/min 时，宽厚板坯的凝固末端铸流位置沿拉坯方向移动了约 5.3m。

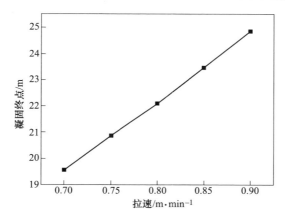

图 4-29 不同拉速时的铸流凝固末端位置

　　实际板坯连铸生产过程中，压下工艺可由单个或多个扇形段执行，且随着凝固末端后铸流位置增加，压下对中心缩孔的改善效率因铸坯不断减小的内外温差而明显降低，这意味着不合适的铸流凝固终点位置（不合理的拉速控制）会限制凝固末端压下工艺的高效实施。因此，需通过调整拉速优化铸流凝固末端位置，以充分利用铸流凝固末端附近较大温差优势，确保压下工艺有效施加；同时，结合第 3 章的裂纹限定原则，避免低固相率区间内施加大变形压下。

4.2.1.6 二冷区配水对缩孔演变规律影响

　　铸机二冷区配水会显著影响铸坯冷却凝固进程，且二冷区配水可在一定范围内灵活调整。为研究二冷区配水量对宽厚板坯凝固末端压下的影响，计算并对比分析了不同二冷区配水量时宽厚板坯凝固末端压下过程缩孔演变规律。

　　图 4-30(a)~(c)为不同冷却水条件下，宽厚板坯凝固末端施加 6% 压下变形后缩孔沿三个轴向的变形度。可以看出，随着二冷区配水量增加，缩孔沿厚度方向变形度（见图 4-30（a））及沿宽度方向的变形度（见图 4-30（c））呈渐增趋势，而缩孔沿拉坯方向上的变形度（见图 4-30（b））则整体呈逐渐减小趋势。图 4-30（d）为不同配水条件下的缩孔闭合度。可以看出，虽然缩孔闭合度随配水量增加出现了逐渐减小趋势，但其变化程度并不明显。二冷区配水量由 0.80L/kg 增加至 1.0L/kg 时，$P_{1/2}$ 及 $P_{1/8}$ 的缩孔闭合度分别仅减小了约 1.8% 及 2.1%。这说明，二冷区配水量对板坯凝固末端压下改善缩孔的工艺效果无明显影响。

　　不同二冷区配水条件下，铸流凝固末端宽向 1/2 及 1/8 位置铸坯厚度方向的温度分布，如图 4-31 所示。虽然二冷区冷却配水发生了较大变化，但铸流凝固末端厚度方向上的温度分布并无明显变化。因此，图 4-30（d）中的缩孔闭合度受二冷区水量影响并不显著。

　　图 4-32 为铸坯凝固末端铸流位置随二冷区配水量变化的趋势。可以看出，

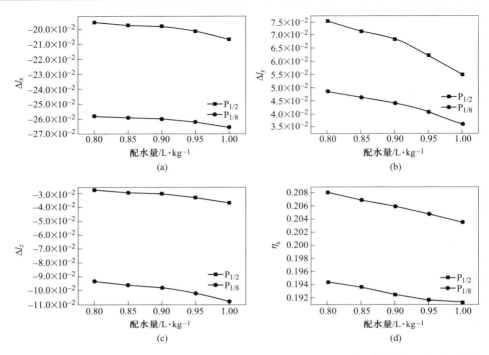

图 4-30 不同二冷区配水时凝固末端单段施加 6% 压下变形后的缩孔轴向变形度及闭合度

（a）Δl_x；（b）Δl_y；（c）Δl_z；（d）η_s

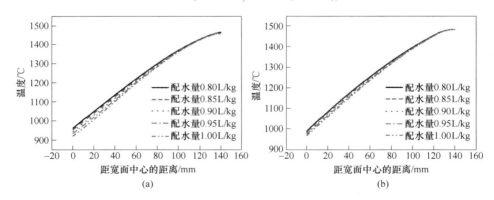

图 4-31 不同二冷区配水时凝固末端铸坯宽向不同位置的厚度方向温度分布

（a）宽向 1/2 位置；（b）宽向 1/8 位置

二冷区配水量对铸坯凝固末端铸流位置影响显著。随着二冷区配水量由 0.80L/kg 增加至 1.00L/kg，凝固末端铸流位置向前移动了约 1.3m。这意味着，可通过适当改变二冷区配水量调整铸坯凝固终点至合适铸流位置，以便于高效实施宽厚板坯凝固末端压下。

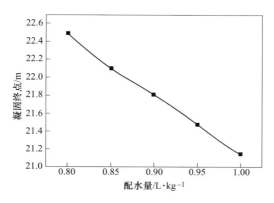

图 4-32　不同二冷区配水时的铸流凝固末端位置

4.2.1.7　宽厚板坯压下宏观缩孔闭合度预测方程

研究者们大多通过建立缩孔闭合度理论计算模型为定量评估热加工过程金属材料内部缩孔闭合程度[25~28]。一般情况下需建立带预置缩孔和无预置缩孔的两个相同工况的热/力耦合计算模型，将变形过程带缩孔模型的缩孔闭合规律与无缩孔模型（相应缩孔位置处的）应力应变等变形规律相关联，从而建立"缩孔闭合度-变形特征"关系。

加工变形过程，材料不同位置的变形程度可由对应位置的等效应变（ε_{eq}）定量表征。鉴于此，一些学者[29~35]采用加工变形后基体材料的各位置等效应变作为评价对应位置缩孔闭合行为的指标参数。此外，一些学者[36~38]还采用了由Tanaka提出的静水应力积分作为评估加工变形过程缩孔闭合行为的指标参数，静水应力积分计算式为：

$$Q = \int_0^{\varepsilon_f} (-\sigma_m / \sigma_{eq}) \, d\varepsilon_{eq} \tag{4-5}$$

式中　ε_{eq}——等效应变；

　　　ε_f——加工变形后的最终应变值；

σ_m，σ_{eq}——静水应力、等效应力，MPa。

式（4-5）中缩孔位置处的 ε_{eq}、ε_f、σ_m 及 σ_{eq} 可通过同步无缩孔模型较便捷的计算确定。

压下过程中，铸坯各位置应力、应变等基本变形结果，可通过建立相同变形过程的无缩孔热/力耦合模型计算确定。鉴于此，本节基于 4.2.1.2~4.2.1.6 节中不同压下工艺条件下的宏观缩孔演变规律，试图建立定量描述缩孔闭合行为与其对应位置等效应变（ε_{eq}）或静水应力积分（Q）的定量关系式。除式（4-3）基于缩孔厚度方向偏差比定义的缩孔闭合度 η_s 表征压下过程缩孔闭合程度外，还基于压下前后的缩孔体积变化定义了另一个缩孔闭合度 η_v：

$$\eta_v = (V_0 - V)/V_0 \tag{4-6}$$

式中　　η_v——基于缩孔体积变化定义的缩孔闭合度；

　　　　V_0，V——压下前后缩孔体积。

　　压下后，近似认为缩孔呈椭球形，则式（4-6）中压下后的缩孔体积可由三个轴向的变形度计算得到。此外，η_v变化范围为 0~1.0，η_v越大则表明压下后缩孔改善效果越好。

　　图 4-33（a）~（d）分别为不同压下条件 η_s-ε_{eq}、η_s-Q、η_v-ε_{eq} 及 η_v-Q 的散点关系图。为定量评估 η_s、η_v 与 ε_{eq}、Q 间的相关关系，采用式（4-6）分别计算了图 4-33（a）~（d）中散点数据的皮尔斯相关系数，并在每幅图中给出了对应的皮尔斯相关系数值（r）：

$$r = \frac{\sum (X_i - \overline{X})(Y_i - \overline{Y})}{\left[\sum (X_i - \overline{X})^2 \sum (Y_i - \overline{Y})^2\right]^{1/2}} \tag{4-7}$$

式中　　r——皮尔斯相关系数；

　　　　X_i——图 4-33 中的 ε_{eq} 或 Q；

　　　　Y_i——图 4-33 中的 η_s 或 η_v；

　　　　$\overline{X}$，$\overline{Y}$——散点数据 X_i 及 Y_i 的平均值。

　　r 的理论取值范围为-1.0~1.0，$r>0$ 时，表示 Y_i 与 X_i 存在正相关关系，而 $r<0$ 时，表示 Y_i 与 X_i 存在负相关关系。r 绝对值越大，表示 Y_i 与 X_i 间的相关度越高。

　　对比图 4-33 中的皮尔斯相关系数可知，图 4-33（a）、（d）的皮尔斯相关系数值明显高于相应的图 4-33（b）、（c）。这说明图 4-33（a）中的 η_s 与 ε_{eq} 及图 4-33（d）中的 η_v 与 Q 存在紧密正相关关系。鉴于此，分别选取图 4-33（a）中的 η_s-Q 及图 4-33（d）中的 η_v-ε_{eq} 尝试建立可定量描述缩孔闭合度（即 η_s 或 η_v）与压下铸坯基本变形规律（即 Q 或 ε_{eq}）间关系的数学方程，以实现快速定量的评估宽厚板坯压下对缩孔改善的工艺效果。

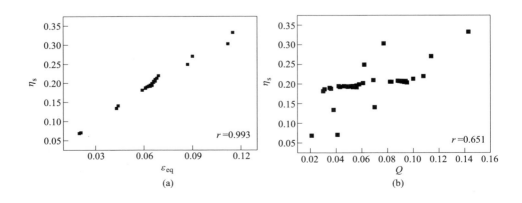

(a)　　　　　　　　　　　　　　　(b)

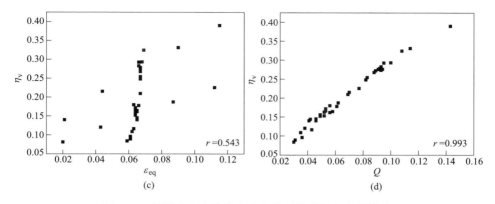

图 4-33　等效应变和静水应力积分对缩孔闭合度的影响

（a）η_s-ε_{eq}；（b）η_s-Q；（c）η_v-ε_{eq}；（d）η_v-Q

　　基于图 4-33（a）、（d）中散点数据变化趋势，选取了多项式形式对两个图中的数据进行拟合。图 4-34 对比了针对图 4-33（a）中 η_s-ε_{eq} 散点数据的一阶至四阶多项式拟合结果与三维热/力耦合模型计算结果。此外，图 4-34 还同时给出

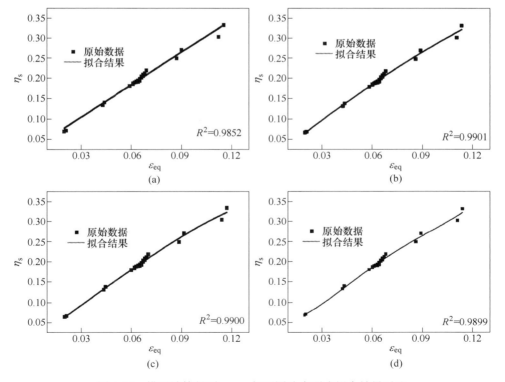

图 4-34　模型计算得到 η_s-ε_{eq} 与不同阶多项式拟合结果对比

（a）一次多项式拟合；（b）二次多项式拟合；（c）三次多项式拟合；（d）四次多项式拟合

了一阶至四阶多项式拟合时的校正决定系数（R^2）。R^2越大，说明对应的多项式拟合度越好。对比图 4-34 中不同阶多项式拟合时的 R^2 值可知，图 4-34（b）的 R^2 值较大，说明可采用二阶多项式比较准确的描述 η_s 与 ε_{eq} 间的定量关系。

基于图 4-34（b）中散点数据拟合得到的二阶多项式，即基于等效应变的宽厚板坯凝固末端压下过程缩孔闭合度预测方程为：

$$\eta_s = -3.08 \times \varepsilon_{eq}^2 + 2.90 \times \varepsilon_{eq} + 4.48 \times 10^{-2} \tag{4-8}$$

图 4-35 对比了针对图 4-34（d）中 η_v-Q 散点数据的一阶至四阶多项式拟合结果与原始三维热/力耦合模型计算结果，并给出了一阶至四阶多项式拟合时的校正决定系数（R^2）。对比图 4-35 中不同阶多项式拟合时的 R^2 值可知，图 4-35（d）的 R^2 值较大，说明可采用四阶多项式比较准确的描述 η_v 与 Q 间的定量关系。

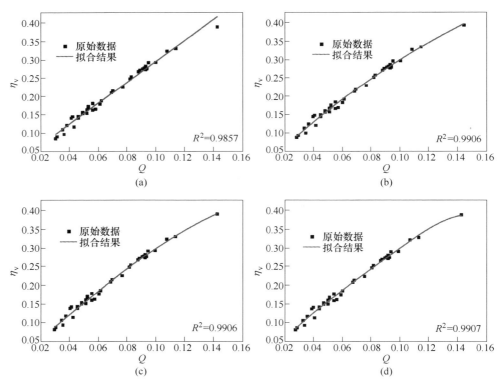

图 4-35　模型计算得到 η_v-Q 与不同阶多项式拟合结果对比

（a）一次多项式拟合；（b）二次多项式拟合；（c）三次多项式拟合；（d）四次多项式拟合

基于图 4-35（d）中散点数据拟合得到的四阶多项式，即基于静水应力积分的宽厚板坯凝固末端压下过程缩孔闭合度预测方程为：

$$\eta_v = -3.61 \times Q^2 + 2.30 \times Q + 5.77 \times 10^{-2} \tag{4-9}$$

4.2.2 微观缩孔演变规律研究

4.2.2.1 带微缩孔的压下热/力耦合仿真模型建立

通过 4.1 节的超声扫描以及三维重构，绝大多数尺寸为 $200 \sim 900 \mu m$ 的微观缩孔可以近似为椭球形。为了模拟连铸坯内的微缩孔在压下过程中的演化过程，在三维热/力耦合模型的板坯中预设了椭球形微孔，人工椭球形微孔的长轴长度定为 $300 \mu m$，短轴长度定为 $200 \mu m$，长轴与短轴的轴比为 1.5。如图 4-36 所示，每个微孔的长轴方向是不同的，为此，在三维热/力耦合模型中，以板坯横截面（xoz 平面）、中宽纵截面（xoy 平面）和中厚纵截面（yoz 平面）为特征平面，分别在特征平面上建立了不同长轴朝向的缩孔模型，如图 4-36(a)~(c)所示，模拟了不同长轴取向的椭球微孔在压下过程中的演化过程。图 4-36(a)~(c)中的微缩孔以 L_1（长轴）的方向来代表缩孔朝向、以 L_3 为旋转短轴、以 L_2 为固定短轴；因此以 L_3 为旋转轴，长轴 L_1 绕着旋转轴 L_3 旋转，获得微缩孔在 xoz 平面、xoy 平面、yoz 平面上的多种朝向模型；根据压下前后各方向缩孔尺寸变化，以式（4-4）计算微缩孔的闭合度。

图 4-36(a)~(c)中的每个平面包含四个不同朝向的微缩孔，微缩孔长轴与参考方向之间的夹角为 0°、30°、60°和 90°，其中图 4-36（a）中 xoz 平面、图 4-36（b）中 xoy 平面和图 4-36（c）中 yoz 平面的参考方向分别为 x 轴（受压方向）、y 轴（拉坯方向）和 z 轴（宽度方向）；微观孔的名字是根据其长轴朝向与参考方向之间的夹角命名的。例如，在图 4-36（a）中，X0~X90 分别代表的是长轴朝向和参考方向 x 轴的夹角为 0°~90°。图 4-36 所展示只是为了直观明了而绘制的缩孔朝向的示意图，实际上微缩孔中心位于有限元模型的心部。

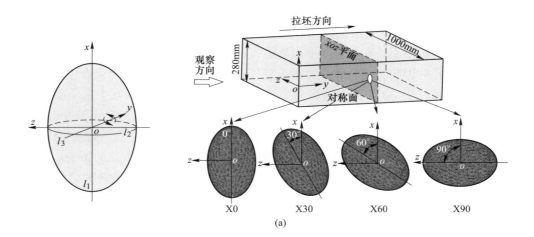

(a)

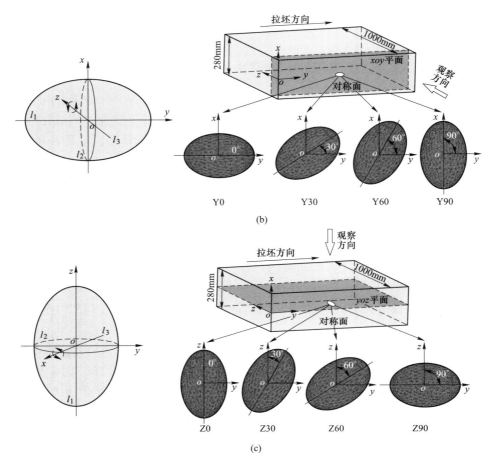

图 4-36　三维热/力耦合模型中不同平面上的微缩孔的朝向和位置

（a）xoz 平面；（b）xoy 平面；（c）yoz 平面

　　由 4.1 节中图 4-5 观察的结果表明，一些局部区域的微缩孔呈现聚集分布，它们之间的间距很小。在实施压下过程中，这些区域中一个微缩孔的演化可能受其周围微缩孔的影响。鉴于此，如图 4-37（a）所示，在三维热/力耦合模型中创建了几个长轴位于 xoz 平面上的聚集型椭球微缩孔。图 4-37（a）中聚集型缩孔模型中的单个微缩孔的尺寸与图 4-36 中单个微缩孔的尺寸相同，图 4-37（a）中的中心微孔（X90′）位于板坯中心线上。模拟了 X90′ 在压下过程中的演化过程，并与 X90 进行了比较，探讨了微孔聚集分布对压下过程中微孔演化的影响。

　　图 4-36 显示微缩孔的轴向比率显著不同，这可能对微孔的最终闭合演变有不同的影响。因此，如图 4-38 所示，在 xoz 平面上构建了五个具有长轴（相同体积且轴比不同）的椭球微孔。根据不同的轴比，分别命名为 1.1-X90～1.9-X90。

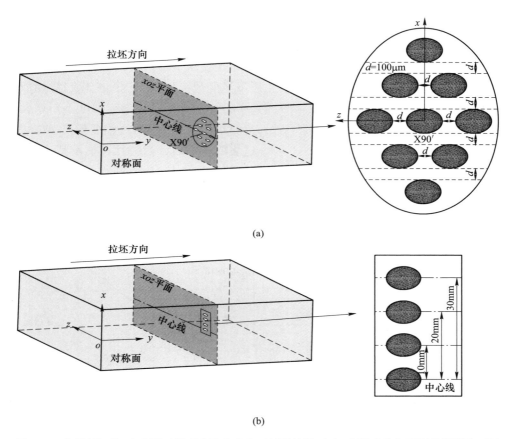

(a)

(b)

图 4-37 宽厚板坯热/力有限元模型中聚集分布区域微缩孔（a）和厚度分布不同的微缩孔（b）

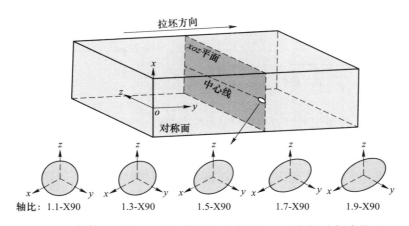

图 4-38 等体积且轴比不同的带微缩孔宽厚板坯三维热/力耦合模型

4.2.2.2 横断面（XOZ 面）内微缩孔演变规律

图 4-39 对比了基于单缩孔模型计算得到的图 4-36（a）中 X90 微缩孔及基于多孔模型得到的图 4-39 处于中心位置的微缩孔在压下后的演变规律，可以看出单缩孔与多缩孔模型计算得到的微缩孔压下演变规律随压下变形变化趋势相似。随着凝固末端压下变形增大，图 4-39（a）~（c）中的微缩孔轴向变形度不断增大。其中，图 4-39（a）中的长轴变形度 Δl_1 及图 4-39（c）中的短轴变形度 $\Delta l_3 < 0$，而图 4-39（b）中的短轴变形度 $\Delta l_2 > 0$。这表明压下后，微缩孔长轴及其一个短轴长度减小，而另一个短轴长度有所增大。图 4-39（d）为不同压下量后的微缩孔闭合度 η_v。随着压下量不断增加，η_v 随之增大，即微缩孔得以持续改善。

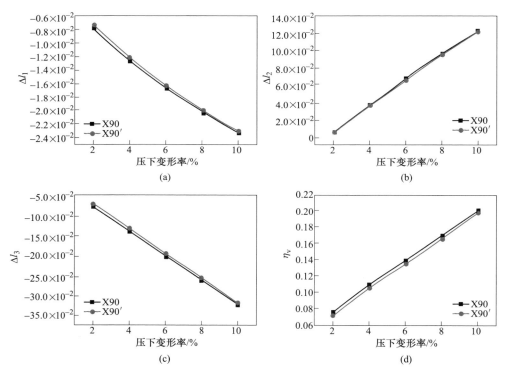

图 4-39　单缩孔及多缩孔模型计算得到的微缩孔不同压下量后的演变规律
（a）长轴变形度 Δl_1；（b）短轴变形度 Δl_2；（c）短轴变形度 Δl_3；（d）微缩孔闭合度 η_v

对比图 4-39 中的单缩孔及多缩孔模型计算结果可知，相同压下量条件下，两模型计算得到的微缩孔演变规律虽有一定不同，但差异并不明显，且差异程度随压下量增大而逐渐减小。这意味着，局部位置的多个微缩孔偏聚并不会显著影响其压下后的闭合行为。因此，可采用包含单个不同位置及朝向的椭球形微缩孔模型，系统揭示宽厚板坯压下后微缩孔分布带内的缩孔演变规律。

单扇形段施加 6% 压下变形后，图 4-36（a）中的 X0～X90 微缩孔闭合规律如图 4-40 所示。可以看到，横断面内不同朝向微缩孔变形不同，例如图 4-40（a）中的长轴变形度 Δl_1 及图 4-40（c）短轴变形度 $\Delta l_2 < 0$，而图 4-40（b）中的短轴变形度 $\Delta l_3 > 0$。这表明，压下后横断面内的椭球形微缩孔长轴及图 4-40（c）中的短轴尺寸发生缩减趋势，而图 4-40（b）中的短轴尺寸则有所增大。此外，随着横断面内微缩孔长轴与铸坯厚度方向（x 轴）夹角（α_1）增大，Δl_x 及 Δl_2 减小，而 Δl_3 增大。这表明随着 α_1 增大，压下后椭球形微缩孔长轴尺寸缩减趋势及图 4-40（b）中的短轴尺寸增大趋势减弱，而图 4-40（c）对应的短轴缩减趋势更加明显。图 4-40（d）为压下的缩孔闭合度 η_v。随着 α_1 增加，对应的缩孔闭合度不断增大，即压下对微缩孔改善效率随之增高。此外，当 $\alpha_1 < 30°$ 时（对应 X30 微缩孔），图 4-40（d）中的缩孔闭合度随 α_1 增大速度较慢。因此，压下对横断面内长轴与厚度方向夹角小于 30° 的微缩孔改善效果较差。

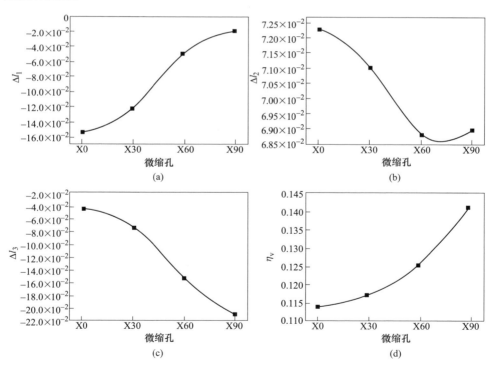

图 4-40　横断面内不同朝向微缩孔在 6% 压下后的演变规律

（a）长轴变形度 Δl_1；（b），（c）短轴变形度 Δl_2，Δl_3；（d）缩孔闭合度 η_v

由图 4-1 中的 SAM 扫描结果可知，宽厚板坯微缩孔主要分布于距铸坯厚度中心约 30mm 的带状区域内。为研究压下过程缩孔厚度方向分布位置对其演变规律的影响，通过将 4-36（a）中 X0~X90 微缩孔沿铸坯厚度（x 轴）方向移动不同距离，计算了压下过程微缩孔分布带内不同厚度位置的微缩孔闭合行为，结果如图 4-41 所示。可以看出，不同厚度位置的微缩孔轴向变形度 Δl_1、Δl_2、Δl_3 及闭合度 η_v 随其长轴朝向变化趋势基本相同。随着 α_1 增大，位于不同厚度位置的椭球形微缩孔 Δl_1 及 Δl_2 减小，而 Δl_3 及 η_v 不断增大。对相同长轴朝向的椭球形微缩孔而言，随其距铸坯厚度中心距离增加，Δl_1 及 Δl_3 有所减小，而 Δl_2 有所增大。进一步结合 Δl_1、Δl_2、Δl_3 正负特征可知，随着横断面内微缩孔与铸坯中心距离增加，压下后其长轴及两个短轴尺寸均有所增大。

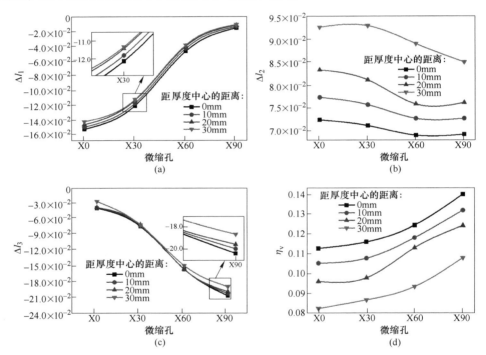

图 4-41　横断面内不同朝向及厚度位置的微缩孔在 6% 压下后的演变规律
（a）Δl_1；（b）Δl_2；（c）Δl_3；（d）η_v

　　由于压下后微缩孔轴向尺寸随其距铸坯厚度中心距离增加而增大，图 4-41（d）中相同长轴朝向的椭球形微缩孔闭合度随之不断减小。对于图 4-41（d）中长轴与铸坯厚度方向呈 0° 及 90° 的微缩孔（即 X0 与 X90 微缩孔）而言，当其分布位置由铸坯厚度中心偏离 30mm 时，对应的缩孔闭合度分别降低了约 27% 及 23%。这表明，宽厚板坯微缩孔分布区域内，随着微缩孔偏离铸坯厚度中心位置，凝固末端压下对其改善效率不断降低。

4.2.2.3　宽向中心纵断面（*XOY*面）内微缩孔演变规律

为揭示宽向中心纵断面内椭球形微缩孔压下后演变规律，针对图 4-36（b）中的Y0～Y90微缩孔分别建立对应三维热/力耦合模型，计算了其凝固末端单扇形段施加6%压下后的演变规律，结果如图 4-42所示。

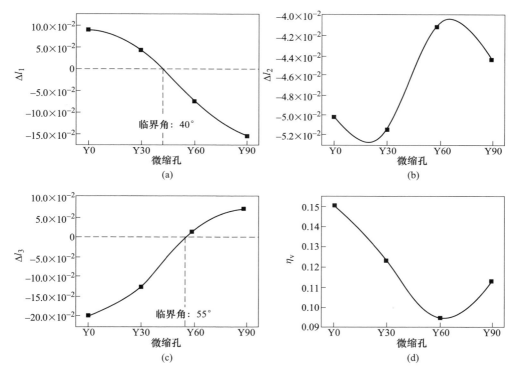

图 4-42　宽向中心断面内不同朝向微缩孔在6%压下后的演变规律
（a）长轴变形度 Δl_1；（b），（c）短轴变形度 Δl_2，Δl_3；（d）缩孔闭合度 η_v

随着宽向中心纵断面内椭球形微缩孔长轴与拉坯方向（*Y*轴）夹角（α_2）不断增加，压下后图 4-42（a）中的微缩孔长轴变形度 Δl_1 及图 4-42（b）中的短轴变形度 Δl_2 持续减小至0，随后两者变形度沿对应反方向不断增大。因此，随着 α_2 增加，压下后的宽向中心纵断面内微缩孔长轴增大趋势及图 4-42（b）中的短轴缩减趋势不断减弱，并在 α_2 大于一定临界值时（图 4-42（a）、（b）中的临界角分别约为40°及55°）。随着 α_2 进一步增大，压下后的微缩孔长轴不断减小，而图 4-42（b）对应的短轴不断增大。图 4-42（c）为压下后微缩孔的另一短轴变形度 Δl_3，可以看出，随着缩孔长轴与拉坯方向 α_2 增大，Δl_3 变化趋势并不固定，但其均小于0，且 $\alpha_2 < 45°$ 的微缩孔 Y0、Y30 对应的 Δl_3 明显更大。这表明，压下

后椭球形微缩孔的短轴尺寸减小，且 $\alpha_2 < 45°$ 微缩孔的短轴尺寸缩减程度更为明显。

图4-42（d）为纵断面内不同朝向微缩孔压下后的闭合度。随着 α_2 增大，对应的缩孔闭合度呈先减小后增大趋势。其中，α_2 为60°的微缩孔（即Y60）闭合度最小。因此，压下对纵断面内长轴与拉坯方向夹角约60°的微缩孔改善效率较低。

4.2.2.4 厚度中心纵断面（YOZ面）内微缩孔演变规律

为对比厚度中心纵断面内微缩孔朝向对其压下变形的影响规律，针对图4-36（c）中的Z0~Z90微缩孔分别建立了单微缩孔三维热/力耦合模型，计算了其凝固末端单段施加6%压下变形后的演变规律，结果如图4-43所示。

厚度中心纵断面内，随着微缩孔长轴与铸坯宽度方向（Z轴）夹角（α_3）增大至某一临界值（图4-43（a）、（c）对应的临界角分别为20°及50°），图4-43（a）长轴变形度 Δl_1 及图4-43（c）短轴变形度 Δl_3 持续减小至0。随着 α_3 进一步增大，Δl_1 及 Δl_3 沿各自反方向不断增大。因此，α_3 小于对应临界角度时，压下后微缩孔长轴及图4-43（c）短轴尺寸分别呈缩减及增大趋势，且随着 α_3 增

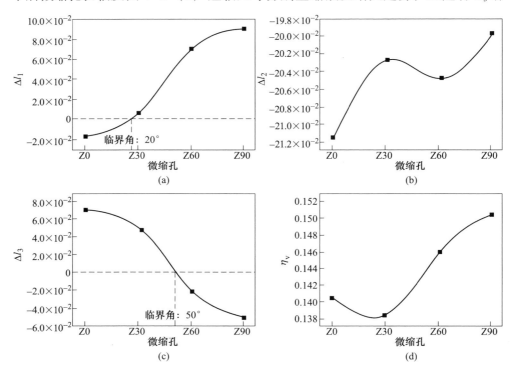

图4-43 厚度中心断面内不同朝向微缩孔在6%压下后的演变规律

（a）长轴变形度 Δl_1；（b），（c）短轴变形度 Δl_2，Δl_3；（d）缩孔闭合度 η_v

加，长轴增大趋势及图 4-43（c）短轴缩减趋势不断减弱。当 α_3 大于对应临界值时，长轴及图 4-43（c）短轴尺寸分别呈增大及缩减趋势，且随着 α_3 持续增加，长轴增大及图 4-43（c）短轴缩减趋势更加明显。图 4-43（b）为压下后微缩孔另一短轴变形度 Δl_2 变化趋势。厚度中心纵断面内，微缩孔压下后的 Δl_2 均小于 0，且 Δl_2 随着 α_3 增加呈整体增大趋势，即压下后图 4-43（b）中的短轴尺寸减小，且其缩减程度随 α_3 增加而更加明显。

由图 4-43（d）可知，压下后宽厚板坯厚度中心纵断面内的微缩孔闭合度 η_v 随 α_3 增加呈先减小后增大趋势。其中，α_3 为 30° 的微缩孔（即 Z30）闭合最小，即压下对厚度中心纵断面内长轴与铸坯宽度方向夹角约 30° 的微缩孔改善效率较低。

4.2.2.5　厚度中心纵断面（YOZ 面）内微缩孔演变规律

图 4-44 显示了 6% 压下变形后，对具有相同体积但轴比不同的微缩孔的演变规律。当轴比为 1.1～1.9 时，Δl_1 随轴比的变化呈现先减小后增大的趋势，Δl_2 通常随轴比的变化而减小，Δl_3 随轴比的变化趋势为先增大后减小再增大，η_v 则相

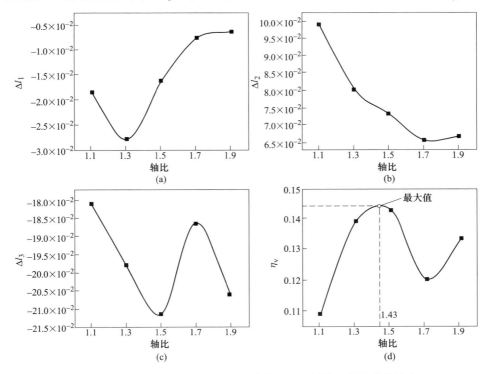

图 4-44　实施 6% 压下变形后板坯横截面上不同轴比微缩孔的演变

（a）Δl_1；（b）Δl_2；（c）Δl_3；（d）η_v

反。结果表明，孔隙度闭合度与轴比不呈正相关，在 1.1~1.9 的轴比范围内，根据孔隙闭合轴比拟合曲线，轴比为 1.43 时，微缩孔闭合最大，轴比越接近 1.1 和 1.7，微缩孔闭合度越小。

4.3　大方坯压下过程缩孔演变规律研究

4.3.1　大方坯凝固末端压下过程热/力耦合计算模型

以宽向一半且沿拉坯方向长度为 2200mm（拉坯方向相邻两架拉矫机间距 2200mm）的大方坯为计算域，建立如图 4-45 所示包含相邻两架拉矫机的大方坯压下三维热/力耦合模型。模型中的压下辊用于对铸坯施加较大的压下变形量，模拟大方坯凝固末端压下过程变形行为等。压下辊施加的压下变形以 R_r 表示，等于压下辊压下量与大方坯厚度比值。模型中的前辊位于压下辊铸流上游位置，用以对大方坯施加较小压下变形量，以夹紧大方坯，同时也可表示为改善大方坯中心偏析而在凝固末端前施加的轻压下工艺。前辊施加的较小压下变形以 r_f 表示，r_f 等于前辊对大方坯厚度方向施加的压下量。计算过程中，压下辊转速（以 v_r 表示）设置为现场生产过程的常用拉速 0.62m/min，而前辊则设置了不同转速（以 v_f 表示），以研究拉矫机差速驱动下模型中的预置球形缩孔经过压下辊施加的压下后缩孔演变规律。此外，定义前辊与压下辊间的差速比 $R_v = v_f/v_r$，定量描述前后两架拉矫机的铸辊转速差异程度。

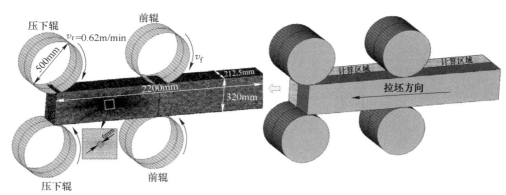

图 4-45　大方坯凝固末端压下过程三维热/力耦合模型

现场大方坯低倍（见图 4-46）检测结果表明，连铸大方坯的缩孔集中分布于铸坯中心附近区域，且缩孔尺寸通常小于 10mm。鉴于此，在 3.3.2.1 节大方坯凝固末端压下三维热/力耦合模型铸坯的中心位置预置了 3~9mm 的人为球形孔洞，模拟大方坯中心位置缩孔。图 4-46 以直径 6mm 的人为球形缩孔为例，给出了对应的大方坯凝固末端压下过程三维热/力耦合有限元模型。

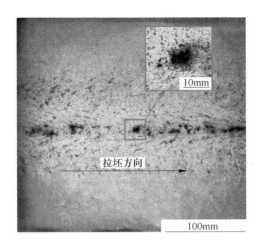

图 4-46 大方坯纵断面低倍

基于所建立的大方坯凝固末端压下过程三维热/力耦合模型，首先对不同工艺条件下单架拉矫机压下后的大方坯中心缩孔演变规律开展系统研究。为定量描述压下后大方坯中心缩孔不同方向及整体变形行为，采用了 4.2.1 节定义的缩孔轴向变形度（即式（4-3）定义的缩孔厚度方向变形度 Δl_x、拉坯方向变形度 Δl_y 及宽度方向变形度 Δl_z）、闭合度（即式（4-4）基于缩孔厚度方向偏差比定义的缩孔闭合度 η_s 及式（4-6）基于缩孔体积变化定义的缩孔闭合度 η_v）。

4.3.2 等速驱动下缩孔演变规律

4.3.2.1 缩孔尺寸对缩孔演变规律影响

大方坯凝固末端由 7 号拉矫机施加压下后，不同初始尺寸（3mm、6mm 及 9mm）的缩孔演变规律如图 4-47 所示。大方坯压下后，其中心缩孔沿铸坯厚度方向变形度 Δl_x（见图 4-47（a））小于 0，而沿拉坯方向变形度 Δl_y（见图 4-47（b））及宽度方向的缩孔变形度 Δl_z（见图 4-47（c））大于 0。这说明压下后的大方坯中心缩孔厚度方向尺寸减小，而沿拉坯方向及宽度方向尺寸有所增大。此外，由于 Δl_x 绝对值明显大于 Δl_y 及 Δl_z，表明压下后的大方坯中心缩孔主要变形方向为其厚度方向。

图 4-47（d）为压下后的大方坯缩孔闭合度 η_s。随着压下量增加（以铸坯厚度压下百分比表示），中心缩孔持续得以改善，对应的缩孔闭合度不断增大。然而，缩孔闭合度随压下量增加速率不断放缓。这可能是由于随着单架拉矫机施加的压下量增加，大方坯在辊/坯接触压下过程的变形速率相应增大，大方坯两侧温度较低区域抵抗变形能力增强，其对压下变形由铸坯表面向心部传递的阻碍作

用更加凸显，从而影响压下变形向铸坯心部传递效率，缩孔闭合度因此随压下量增大速率有所减缓。

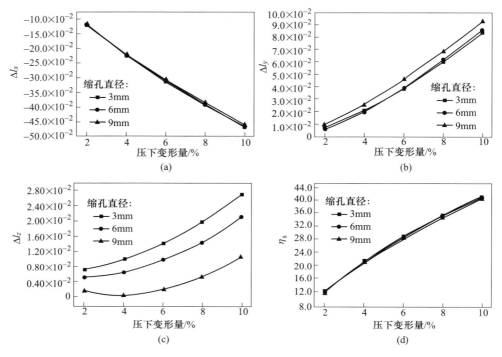

图 4-47　压下后的不同初始尺寸缩孔轴向变形度及闭合度
（a）厚度方向变形度 Δl_x；（b）拉坯方向变形度 Δl_y；（c）宽度方向变形度 Δl_z；（d）缩孔闭合度 η_s

对比图 4-47（a）~（c）中不同初始尺寸缩孔压下后的缩孔轴向变形度发现，不同尺寸的缩孔拉坯方向变形度 Δl_y 及宽度方向变形度 Δl_z 存在较明显差异。然而，不同尺寸的缩孔沿主变形方向（即厚度方向）变形度 Δl_x 基本相同。事实上，10%压下实施后，不同尺寸缩孔间的 Δl_y 及 Δl_z 差值分别仅为 Δl_x 的 2.6% 及 1.7%。这意味着不同初始尺寸缩孔在压下后的演变规律基本相同。因此，图 4-47 （d）中不同尺寸缩孔在相同压下变形后的缩孔闭合度近似相等。鉴于此，在后续研究中仅以直径 6mm 缩孔为对象，计算了其不同压下工艺条件下的缩孔演变规律，以研究各因素对大方坯中心缩孔的改善效果影响。

为从机理上阐明大方坯压下后的中心缩孔轴向变形度差异，基于同步无缩孔三维热/力耦合模型计算提取了压下后缩孔对应位置的轴向应力，结果如图 4-48 所示。可以看出，缩孔对应位置三个轴向应力均处于压缩状态（σ_x、σ_y 及 σ_z 小于 0），且三个轴向应力随压下量增加不断增大。其中，σ_x 明显大于 σ_y 及 σ_z。

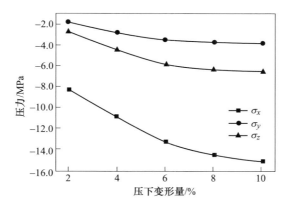

图 4-48 铸坯中心位置 x、y 及 z 轴方向应力

根据图 4-48 提取的轴向应力状态及大小，绘制了如图 4-49 所示的压下过程大方坯中心缩孔轴向应力状态。虽然三个轴向应力均为压缩应力，但厚度方向轴向应力（σ_x）大幅高于拉坯方向（σ_y）及宽度方向（σ_z）的两个轴向应力。结果是，在较大的轴向应力 σ_x 作用下，缩孔沿铸坯厚度方向尺寸在压下过程大幅减小。受缩孔厚度方向尺寸减小影响，缩孔拉坯方向及宽度方向尺寸将产生增大趋势。然而，由于 σ_y 及 σ_z 明显小于 σ_x，无法有效抑制缩孔拉坯及宽度方向的尺寸增大趋势，

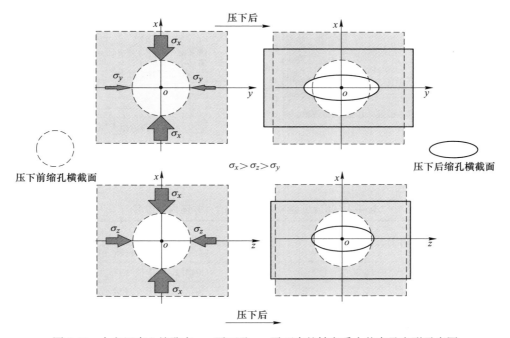

图 4-49 大方坯中心缩孔在 xoy 平面及 xoz 平面内的轴向受力状态及变形示意图

因此压下后缩孔拉坯方向及宽度方向尺寸有所增大。此外，σ_z 高于 σ_y，说明缩孔沿宽度方向尺寸增大过程受到的抑制作用高于沿拉坯方向。受此影响，图 4-49 所示的压下后的宽度方向缩孔变形度小于拉坯方向。

4.3.2.2　温差对缩孔演变规律的影响

大方坯凝固末端附近，其内弧宽面中心（对应图 4-50（a）中的 P_1 点）及铸坯中心（对应图 4-50（a）中的 O 点）温度变化如图 4-50（b）所示。由于凝固终点后大方坯心部区域缺乏钢液凝固过程释放的凝固潜热，图 4-50（b）中的 O 点在凝固终点后（即温度低于固相线温度后）温度快速下降。受此影响，图 4-50（b）中的大方坯表面与其中心位置温差在凝固终点后快速减小。为研究压下过程大方坯内外温差对缩孔演变规律的影响，计算了凝固末端后不同铸流位置单架拉矫机施加 6% 压下变形后的缩孔演变规律。表 4-2 给出了所研究铸流位置及对应铸流位置处的特征点温度与大方坯内外温差，表中位置 1 至位置 3 分别代表了 7 号至 9 号拉矫机铸流位置。在位置 4 处，大方坯处于 1100℃ 均温态，以此表示粗轧过程大方坯温度特征。

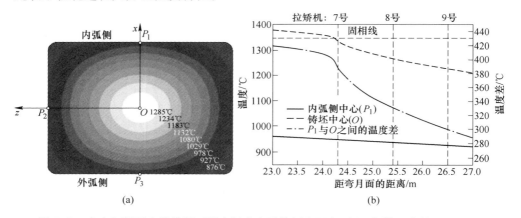

(a)　　　　　　　　　　(b)

图 4-50　大方坯凝固末端横断面温度场分布及特征点温度（a）与铸坯内外温差（b）

表 4-2　铸流位置及各位置处的大方坯内外温差

位置	距弯月面的距离/m	拉矫机	温度/℃		温度差/℃
			宽面中心	铸坯中心	
1	24.30	7 号	947.2	1335.1	387.9
2	25.40	8 号	936.7	1267.6	330.9
3	26.50	9 号	925.8	1226.4	300.6
4	—	—	1100.0	1100.0	0.0

4 个不同位置施加 6%压下变形后，大方坯中心缩孔演变规律如图 4-51 所示。随着铸坯内外温差由位置 1 至位置 4 不断降低，大方坯中心缩孔沿厚度方向变形度（Δl_x）不断减小，而沿拉坯方向变形度（Δl_y）及宽度方向变形度（Δl_z）有所增大。

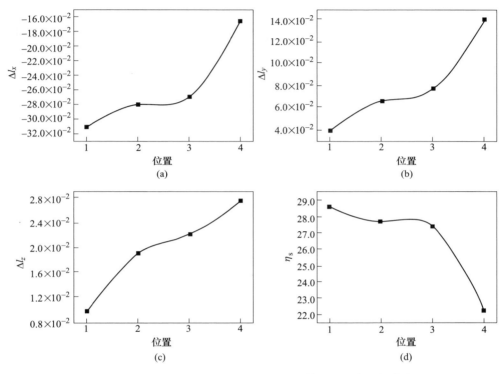

图 4-51　不同位置压下后大方坯中心缩孔轴向变形度及闭合度

（a）Δl_x；（b）Δl_y；（c）Δl_z；（d）η_s

图 4-51（d）为不同位置施加压下后的缩孔闭合度 η_s。随着位置 1 至位置 4 处的铸坯内外温差不断降低，η_s 明显减小。其中，η_s 由位置 1 至位置 2 减小速度快于由位置 2 至位置 3。这主要由图 4-48（b）中相似的铸坯内外温差减小趋势所致，也说明随着大方坯内外温差降低，压下对其中心缩孔改善效率也随之减小。此外，由于大方坯整体温度由位置 1 至位置 3 不断下降，铸坯抵抗压下变形能力随之增强。因此，模型计算确定的铸辊压坯力表明，单架拉矫机施加 6%压下变形量所需压下力由位置 1 处的 1860kN 明显增大 2142kN，增加了约 15%。这意味着随着凝固末端后铸流位置增加，拉矫机可执行最大压下量将不断减小。因此，生产过程中，应通过适当生产工艺，使铸流凝固终点位置靠近拉矫机，最大程度地利用凝固末端大方坯较大的内外温差以提高压下效率。

　　相比于位置 4 处于均温态的大方坯，位置 1 至位置 3 的大方坯存在一定的温差优势，对应的缩孔闭合度明显高于位置 4。其中，位置 1（内外温差约 390℃）对应的缩孔闭合度比位置 4 高出约 25%。

　　与宽厚板坯的分析方法相似，为进一步说明温差对压下后大方坯中心缩孔闭合的规律影响，采用同步无缩孔模型计算并提取了位置 1 至位置 4 施加 6% 压下变形后的大方坯厚度方向（即图 4-50（a）中由 P_1 点至 O 点）等效应变分布，结果如图 4-52 所示。由于位置 4 铸坯处于均温态，压下后其厚度方向由 P_1 点至 O 点的等效应变变化趋势明显小于其他三个位置。铸流位置 4 处，压下变形后大方坯外层区域（内弧面以下约 80mm 范围内）的等效应变整体高于其内部区域（内弧面以下 80~160mm 范围）。而位置 1 至位置 3 处，压下后大方坯厚度方向等效应变分布趋势正好与位置 4 相反，即大方坯外层区域等效应变小于其内部区域。基于上述分析可推断，相比于粗轧过程处于均温态的大方坯，大方坯浇铸过程，在其铸流凝固末端附近存在的较大内外温差可有效促进压下变形由铸坯表面向其心部区域传递，从而更加高效地改善中心缩孔缺陷。此外，压下后大方坯中心位置等效应变（即 O 点位置）由位置 1 至位置 3 不断减小，说明有效传递至铸坯中心位置的压下变形降低。因此，图 4-51（d）中缩孔闭合度由位置 1 至位置 3 逐渐降低。

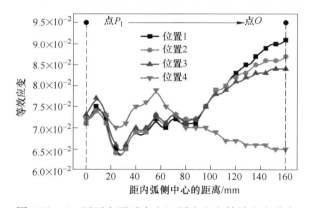

图 4-52　6% 压下变形后大方坯厚度方向等效应变分布

4.3.2.3　辊型对缩孔演变规律影响

　　由于大方坯靠近两侧窄面的区域温度较低，相应的抵抗变形能力较强。因此，如图 4-53（a）所示，常规平辊在压下过程受到的抵抗反力主要来自铸坯两侧窄面区域，极大限制了拉矫机压下能力，特别是重压下大变形能力。然而，大方坯中心缩孔主要集中分布于铸坯中心附近区域。这意味着，若压下辊仅对铸坯中心区域施加压下变形，避开大方坯两侧温度较低区域的强抵抗反力，则可有效增强拉矫机压下能力。基于该出发点，研究者们针对方坯压下工艺提出并应用了凸型辊[38]。我们团队也研究提出了一种连铸大方坯压下用渐变曲率凸型辊[39]，详见第7.3节。

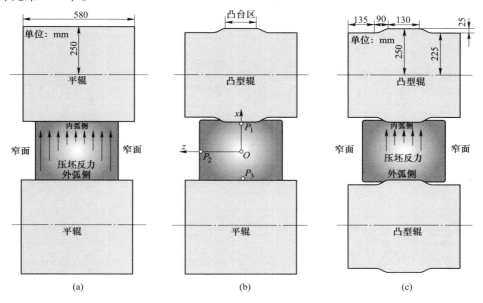

图 4-53　三种方案辊型示意图

（a）方案1（内外弧皆平辊）；（b）方案2（内弧侧凸型辊，外弧侧平辊）；（c）方案3（内外弧皆凸型辊）

　　为研究拉矫机辊型对大方坯压下工艺的影响，计算并对比分析了采用如图4-53所示的三种不同辊型方案实施压下后大方坯中心缩孔演变规律及系统压力。方案1及方案3分别代表拉矫机内外弧铸辊均采用常规平辊及凸型辊，而方案2则表示拉矫机内弧采用凸型辊而外弧采用常规平辊。平辊辊径及凸型辊最大辊径均为500mm，凸型辊为渐变曲率凸型辊，其凸台区长度（由大方坯横断面内缩孔疏松分布区域宽度决定）为130mm。

　　采用图4-53所示的三种辊型方案对大方坯凝固末端施加6%压下变形后，大方坯中心缩孔演变规律如图4-54所示。由图4-54(a)~(c)可见，与方案1所示的传统平辊相比，采用方案2及方案3所示的凸型辊方案压下后，大方坯中心缩孔轴向变形度变化较大。与方案1相比，随着在方案2及方案3中采用凸型辊，压下后的大方坯中心缩孔厚度方向变形度（Δl_x）及宽度方向变形度（Δl_z）均有明显增大。采用常规平辊方案时，压下后的大方坯中心缩孔拉坯方向变形度（Δl_y）大于0。然而，采用凸型辊压下后，方案2及方案3对应的Δl_y变为负值。这表明，采用凸型辊压下可大幅抑制大方坯中心缩孔沿拉坯方向的尺寸增大趋势。

　　由上述分析可知，方案2及方案3中采用凸型辊后，缩孔厚度方向变形度（Δl_x）及宽度方向变形度（Δl_z）均有明显增大，从而增大了图4-54（d）中

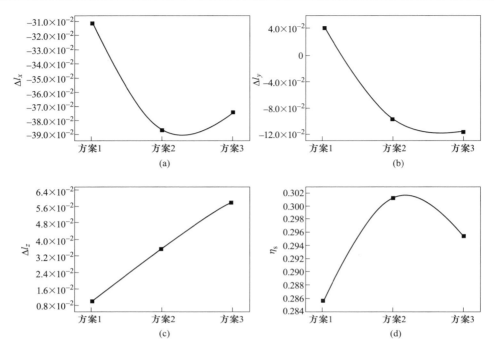

图 4-54　三种辊型方案压下后大方坯中心缩孔轴向变形度及缩孔闭合度

（a）Δl_x；（b）Δl_y；（c）Δl_z；（d）η_s

的缩孔闭合度 η_s。与此同时，采用凸型辊后，图 4-54（b）中的缩孔沿拉坯方向变形度减小，这将减小缩孔闭合度 η_s。受上述两方面因素综合作用影响，虽然方案 2 及方案 3 中的缩孔闭合度相比于方案 1 有所提升，但增加幅度并不明显。与方案 1 相比，方案 2 及方案 3 的缩孔闭合度分别增加大约 5.6% 及 3.5%。然而，需要指出的是，由于采用凸型辊压下后，大幅抑制了大方坯中心缩孔沿拉坯方向增大趋势。因此，如图 4-55 所示，凸型辊方案 2 及方案 3 对应的缩孔体积减小量比传统平辊方案 1 分别大幅增加了 51.8% 及 51.5%。由此可以认为，与常规平辊压下相比，凸型辊可有效提升大方坯凝固末端压下效率，有助于相同压下量条件

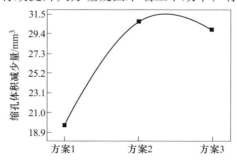

图 4-55　三种方案压下后大方坯中心缩孔体积缩减量

下获得更显著的大方坯中心缩孔缺陷改善效果。

采用三种辊型方案压下后，大方坯厚度方向由 P_1/P_3 点至 O 点（图 4-53 给出了大方坯横断面内 P_1、P_2、P_3 及 O 点位置），及宽度方向由 P_2 点至 O 点等效应变分布分别如图 4-56（a）、（b）所示。可以看出，三种方案的等效应变由大方坯表面向其心部方向整体呈现逐渐增大趋势。然而，方案 2 及方案 3 对应的等效应变宽向及厚度方向变化速率明显大于方案 1。因此，采用凸型辊后的方案 2 及方案 3 对应的大方坯内部区域等效应变高于方案 1。这说明，相比于常规平辊，采用凸型辊施加压下可有效促进压下变形由铸坯表面向其内部区域传递，从而更加高效地改善大方坯心部区域缩孔、疏松缺陷。

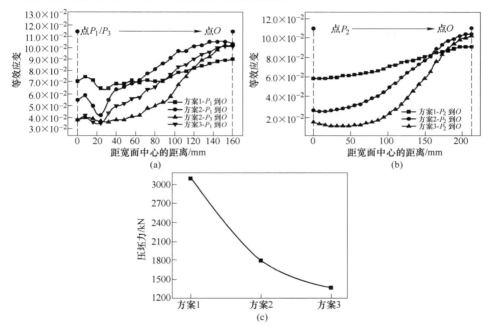

图 4-56 铸坯厚度及宽度方向等效应变分布及压下辊所需压坯力
（a）厚度方向；（b）宽度方向；（c）压坯力

由图 4-56（b）可知，方案 2 及方案 3 对应的大方坯宽向外部区域等效应变明显低于方案 1，而靠近铸坯心部区域内的等效应变高于方案 1。这表明，采用方案 2 或方案 3 中凸型辊压下，压下变形主要集中分布于大方坯宽向中心附近区域，有效避开靠近大方坯两侧窄面温度较低区域的压下变形抵抗力，实现在较小系统压力下对铸坯施加较大的压下变形。图 4-56（c）比较了大方坯凝固末端施加 6% 压下变形时三种辊型方案所需压坯力。可以看出，相比方案 1 常规平辊方案，采用方案 2 单凸型辊及方案 3 双凸型辊方案时所需压坯力分别降低约 41.9% 及 56.1%。可见，凸型辊可有效降低压坯力，从而大幅提升拉矫机压下能力。

对比图 4-56（a）、（b）中方案 2 与方案 3 对应的大方坯厚度及宽度方向等效应变分布可知，两种方案对应的等效应变分布存在较明显差异。图 4-56（a）中，方案 3 对应的厚度方向等效应变高于方案 2 铸坯外弧表面（P_3 点）至心部（O 点）区域的等效应变，同时小于方案 2 铸坯内弧表面（P_1 点）至心部（O 点）区域的等效应变。由图 4-56（b）可知，方案 3 对应的铸坯宽向等效应变（尤其是靠近铸坯窄面的温度较低域内的等效应变）小于方案 2。因此，相比于方案 2 内弧侧单凸型辊形式，当方案 3 内外弧均采用凸型辊压下时，拉矫机执行 6% 压下变形所需压坯力可进一步降低 24.3%。由上述分析可知，相比于传统平辊模式，当采用凸型辊压下时，可有效降低拉矫机执行压下所需系统压力，从而提高拉矫机压下能力。此外，相比于拉矫机内弧侧采用单凸型辊形式，当其内外弧采用双凸型辊时，拉矫机的压下能力可进一步提升。若综合考虑传送引锭杆、设备维护及连铸生产安全性等因素，一般只考虑采用单凸型辊，即方案 2 所示仅在铸机内弧侧安装凸型辊。

4.3.2.4　拉速对缩孔演变规律影响

为研究拉速对大方坯凝固末端压下影响，计算了不同拉速时单架拉矫机在大方坯凝固末端施加 6% 压下变形后的缩孔演变规律，结果如图 4-57 所示。随着拉

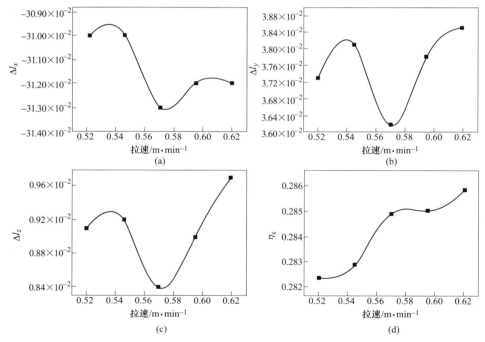

图 4-57　不同拉速大方坯凝固末端压下后的中心缩孔轴向变形度及闭合度

（a）Δl_x；（b）Δl_y；（c）Δl_z；（d）η_s

速由 0.52m/min 增大至 0.62m/min 过程中，拉速对图 4-57（a）~（c）所示的压下后缩孔沿三个轴向变形度并无固定影响趋势，缩孔沿三个方向的轴向变形度随拉速变化发生较小程度波动。图 4-57（d）为不同拉速时大方坯凝固末端压下后的缩孔闭合度。可以看到，缩孔闭合度随着拉速增加而呈现出逐渐增大趋势，但其整体增大幅度较小。拉速由 0.52m/min 增大 19.2% 至 0.62m/min 时，对应的缩孔闭合度仅增加约 0.7%。上述分析表明，拉速对大方坯凝固末端压下后的中心缩孔演变规律并无显著影响。

图 4-58 为不同拉速时由二维凝固传热模型计算得到的大方坯温度及凝固终点铸流位置。随着拉速增大，大方坯在各冷却区内的有效冷却时间减少，在空冷区相同铸流位置，图 4-58（a）中大方坯宽面中心温度不断升高。此外，图 4-58（b）所示的大方坯凝固末端铸流位置也随拉速增加而发生明显变化。拉速由 0.52m/min 提高至 0.62m/min 的过程中，拉速每增加 0.1m/min，则凝固末端铸流位置可沿拉坯方向大幅移动约 4m 距离。然而，如图 4-58（c）所示，不同拉速下大方坯凝固末端厚度方向温度分布基本相同，意味着其内外温差也基本相

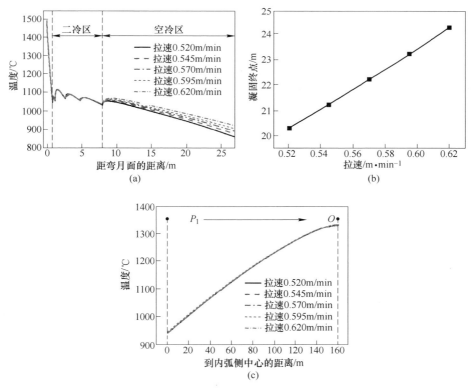

图 4-58 不同拉速时大方坯温度及凝固终点铸流位置

（a）宽面中心温度；（b）凝固终点铸流位置；（c）厚度方向温度分布

（扫书前二维码看彩图）

等。因此，如图 4-57 所示，拉速对大方坯压下后的中心缩孔轴向变形度及闭合度并无显著影响。这意味着其与宽厚板坯相似，在实际生产过程中可通过调整拉速适当调整凝固末端铸流位置，以充分利用连铸坯凝固末端的温差优势实现压下变形量向铸坯心部的高效传递。

4.3.2.5　二冷配水对缩孔演变规律影响

大方坯温度场分布特征可显著影响其凝固末端压下过程中心缩孔演变规律，而二冷区内冷却配水是影响大方坯冷却凝固进程的主要因素之一。鉴于此，计算并对比分析了不同二冷水量时，大方坯凝固末端施加 6% 压下变形后的缩孔演变规律，以揭示二冷配水对大方坯凝固末端压下的影响。

图 4-59 为不同冷却配水时的大方坯温度及凝固终点铸流位置。随着二冷比水量由 0.22L/kg 增加至 0.34L/kg，图 4-59（a）所示的二冷区内相同铸流位置大方坯表面温度不断降低，图 4-59（b）中的凝固终点铸流位置也随之沿拉坯反

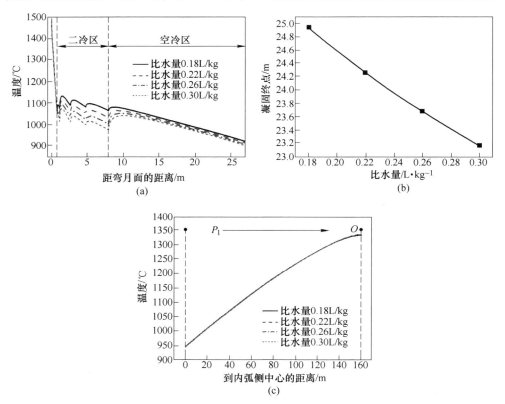

图 4-59　不同配水时大方坯温度及凝固终点铸流位置

（a）宽面中心温度；（b）凝固终点铸流位置；（c）厚度方向温度分布

（扫书前二维码看彩图）

方向向前移动了约 1.8m。然而，图 4-59（c）所示的凝固末端位置大方坯厚度方向温度分布并未随二冷比水量发生明显变化。因此，二冷配水对图 4-60 中的大方坯凝固末端压下后中心轴向变形度及闭合度并无明显影响。例如，图 4-60（d）中不同二冷配水时的缩孔闭合度最大差值仅为缩孔最大闭合度的约 0.2%。

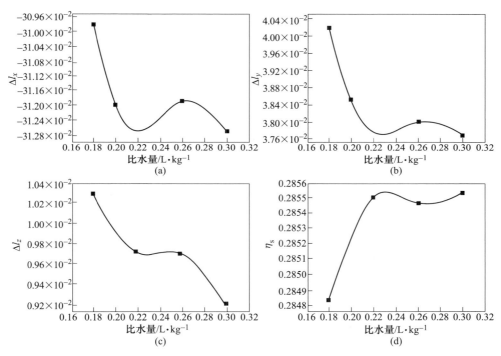

图 4-60 不同二冷配水时大方坯凝固末端压下后的中心缩孔轴向变形度
（a）X 轴；（b）Y 轴；（c）Z 轴；（d）缩孔闭合度

由上述分析可知，大方坯连铸过程中，除拉速外还可通过二冷水量适当调整大方坯凝固末端铸流位置，以充分利用大方坯凝固末端较大温差优势确保压下工艺的高效实施。

4.3.3 差速驱动下缩孔演变规律

4.3.3.1 差速驱动对缩孔演变规律影响

连铸坯凝固末端压下过程中，除压下变形外，铸坯还存在显著的延展变形与宽展变形，其也影响着变形量向铸坯心部的传递效率。因此，除控制压下量外，还可通过控制各拉矫机转速，调控铸坯拉坯方向受力，从而抑制铸坯延展变形，使铸坯受拉坯与压坯两个方向的压下变形，提高压下效果。

　　鉴于此，以连铸大方坯为例，通过设置前后两个压下辊（如图 4-45 所示）的转速，探索不同转速比下铸坯中心缩孔变形规律。具体而言，将压下辊转速（$v_r = 0.62\text{m/min}$）及压下量（6%）设为固定条件，通过对前辊转速（v_f）设置不同值，计算不同差速比（$R_v = v_f/v_r$）条件下的大方坯凝固末端压下后的缩孔演变规律，结果如图 4-61 所示。

　　随着差速比由 0.8 增大至 1.2，压下后中心缩孔拉坯方向变形度 Δl_y（图 4-61（b）所示）及宽度方向变形度 Δl_z 不断减小（图 4-61（c）所示）。这表明，随着压下过程的前后辊差速比增大，压下后的大方坯中心缩孔沿拉坯方向及宽度方向的延展变形得到有效抑制。与此同时，由于缩孔拉坯方向及宽度方向变形得到抑制，其意味着延展变形与宽展变形对压下量的耗散作用得到了抑制，从而促进了压下变形向铸坯心部的传递效率。因此，缩孔厚度方向闭合度 Δl_x（图 4-61（a）所示）也随差速比增加而不断增大，即压下的缩孔厚度方向尺寸也不断减小。由于提高前后辊转速差可显著减小大方坯压下后中心缩孔尺寸，如图 4-61（d）所示的缩孔闭合度 η_v 随差速比增加而持续增大；当差速比由 0.8 增加至 1.2 时，对应的缩孔闭合度 η_v 增大了 47%。

　　基于上述分析可以推断，大方坯凝固末端压下过程中，通过适当增大压下辊前的其他拉矫机铸辊转速（v_f），使其大于压下辊转速（v_r），可有效提升压下工艺对大方坯中心缩孔的工艺效果。从受力角度分析，前辊转速大于压下辊时，倾向于使压下辊前大方坯拉坯方向的整体变形处于挤压状态。这与 Wu 等[38] 在研究轻压下对板坯中心偏析改善机制时得到的结果相似，即轻压下扇形段内，若板坯处于轻微挤压状态，则有助于提高相同压下量条件下轻压下对板坯中心偏析的改善工艺效果。

　　由 Tanaka[20] 提出的静水应力积分（见式（4-3））可定量反映金属加工变形对材料内部缩孔改善情况。为进一步说明拉矫机差速驱动对大方坯凝固末端压下后缩孔闭合影响，基于同步无缩孔模型确定的压下过程等效应变（ε_{eq}）、静水应力（σ_m）及等效应力（σ_{eq}），计算了不同差速比时缩孔对应位置静水应力积分值，结果如图 4-62 所示。可以看到静水应力积分值（Q）随差速比（R_v）增加而不断增大，且其随 R_v 增大趋势与图 4-61（d）中的缩孔闭合度增加趋势相似。这说明，差速比 R_v 越大，越可以有效提升大方坯凝固末端压下对缩孔改善效率。

　　为进一步揭示差速比对压下过程缩孔闭合规律影响，基于同步无缩孔模型提取了压下过程如图 4-63（a）所示，压下辊处于缩孔位置正上方时缩孔位置处的轴向应力，提取结果如图 4-63（b）所示。图 4-63（b）中的 σ_x、σ_y 及 σ_z 分别代表沿铸坯厚度方向、拉坯方向及宽度方向的轴向应力。

　　由图 4-63（b）可知，缩孔对应位置处的三个轴向应力均处于挤压状态（σ_x、σ_y 及 σ_z 均小于 0），且 σ_x 明显大于 σ_y 及 σ_z。基于三个轴向应力特征，

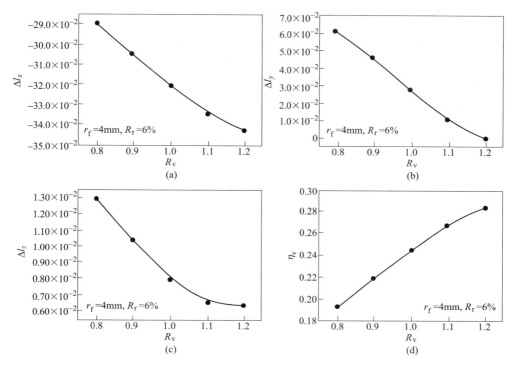

图 4-61 不同差速比大方坯凝固末端压下后的缩孔轴向变形度与闭合度

（a）Δl_x；（b）Δl_y；（c）Δl_z；（d）η_v

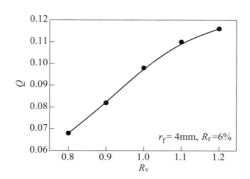

图 4-62 静水应力积分（Q）随差速比变化趋势

绘制了如图 4-64 所示的大方坯凝固末端压下过程缩孔位置轴向应力及缩孔演变示意图。压下过程中，在较大的厚度方向轴向压应力 σ_x 作用下，缩孔厚度方向尺寸显著减小。缩孔厚度方向尺寸减小的同时，倾向于增大缩孔拉坯方向及宽度方向尺寸，而较小的轴向应力 σ_y 及 σ_z 可分别在一定程度上抑制缩孔沿拉坯方向

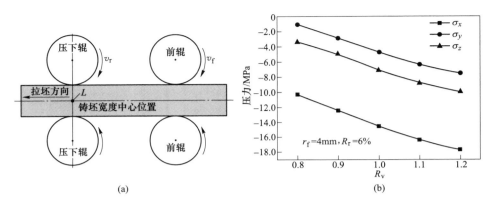

图 4-63　不同差速比压下过程的铸坯轴向应力位置示意图（a）及提取结果（b）

及宽度方向尺寸增大趋势。随着图 4-63（b）中的差速比 R_v 增加，快速增大的 σ_x 可进一步促进压下过程中心缩孔厚度方向尺寸减小，而逐渐增大的 σ_y 及 σ_z 则对缩孔拉坯方向及宽度方向的尺寸增大趋势抑制作用更加显著。综上，压下后大方坯中心缩孔轴向尺寸随差速比 R_v 增加而不断减小，即增大 R_v 可显著提高大方坯凝固末端压下工艺对缩孔的闭合效率。

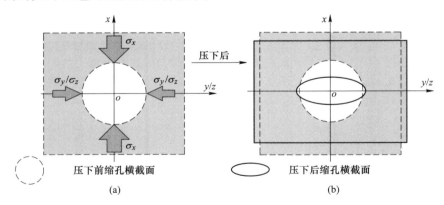

图 4-64　xoy 及 xoz 平面内大方坯凝固末端压下过程缩孔位置
轴向应力（a）及缩孔形状（b）演变示意图

4.3.3.2　差速驱动对压下改善缩孔效率影响

由 4.3.3.1 节相关讨论分析可知，大方坯凝固末端压下过程中，通过增大前辊转速，使其大于压下辊转速（即 R_v>1.0），有助于提高大方坯凝固末端的压下对缩孔改善效率。本节进一步研究了 R_v>1.0 时，拉矫机铸辊差速驱动对大方坯凝固末端压下效率的提升作用。为定量评估差速驱动对大方坯凝固末端压下效率提升效果，基于不同差速比时的缩孔闭合度定义了提升指数：

$$In = (\eta_v - \eta_v^0)/\eta_v^0 \tag{4-10}$$

式中 In——差速驱动对大方坯凝固末端压下效率提升指数，In 值越大，则表明差速驱动对大方坯凝固末端压下效率提升更加明显；

η_v——差速比 $R_v > 1.0$ 时，基于缩孔体积变化由式（4-6）定义的缩孔闭合度；

η_v^0——差速比 $R_v = 1.0$ 时，基于缩孔体积变化由式（4-6）定义的缩孔闭合度。

图 4-65（a）及（b）分别为不同差速比时的缩孔闭合度及大方坯凝固末端压下效率提升指数。随着 R_v 由 1.0 增大至 2.0，图 4-65（a）中缩孔闭合度 η_v 及图 4-65（b）中大方坯凝固末端压下效率提升指数 In 持续增大。其中，当 R_v 由 1.0 增大至 2.0 时，In 增大至 21.8%。这意味着相比于传统等速驱动（即 $R_v =$ 1.0）模式，若采用差速比 $R_v = 2.0$ 的差速驱动模式实施大方坯凝固末端压下时，压下对大方坯中心缩孔改善效率可大幅提升约 21.8%。然而，值得注意的是图 4-65（b）中 In 随 R_v 增加而增大的速度不断减慢，说明随着前辊与压下辊间转速差持续增大，差速驱动对大方坯凝固末端压下的提升效率有所降低。为解释 In 随 R_v 的上述变化趋势，提取了不同差速比 R_v 时的前辊转速与铸坯前进速度间相对误差，结果如图 4-66 所示。随着差速比 R_v 增加，前辊转速与铸坯前进速度间相对误差不断增大，表明前辊与铸坯间的相对滑动更加明显。受此影响，差速驱动对压下的提升效率随 R_v 增加而不断降低，表现为图 4-65（b）中 In 随 R_v 增加而增大的速度不断减慢。

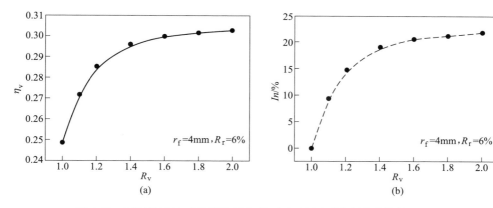

图 4-65 不同差速比时的缩孔闭合度（a）及压下效率提升指数（b）

通过改变模型中的压下辊压下量 R_r，研究了不同 R_r 时差速驱动对大方坯凝固末端压下效率提升作用。图 4-67（a）及（b）分别为不同 R_r 时，压下后缩孔闭合度 η_v 及压下效率提升指数 In 随差速比 R_v 变化趋势。由图 4-67（a）可知，不同 R_r 的压下效率均可在差速驱动模式下进一步提升。然而，由图 4-67（b）可

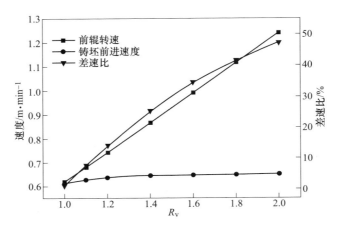

图 4-66 不同差速比时前辊转速与铸坯前进速度及两者间相对误差

知，差速驱动对不同 R_r 的压下效率提升效果存在较明显差异，且相同差速比 R_v 条件下，差速驱动对压下效率提升效果随压下辊压下量 R_r 减小而更加明显。例如，R_v = 2.0 及 R_r = 6% 时对应的压下效率提升指数 In 约为 21.8%。然而，相同差速比（即 R_v = 2.0）条件下随着压下辊压下量 R_r 减小至 2%，对应的 In 值大幅增大至约 70%。

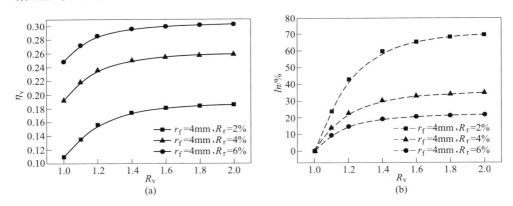

图 4-67 不同压下辊压下量时缩孔闭合度（a）及提升指数（b）随差速比变化趋势

通过改变前辊的压下量 r_f，研究了不同 r_f 时差速驱动对大方坯凝固末端压下效率提升作用。图 4-68（a）及（b）分别为不同 r_f 时，大方坯凝固末端压下后缩孔闭合度 η_v 及压下效率提升指数 In 随差速比 R_v 变化趋势。由图 4-68（a）可知，R_v = 1.0 时，不同前辊压下量对应的缩孔闭合度 η_v 基本相同，说明常规等速驱动模式下，前辊压下量不会显著影响压下对中心缩孔改善效果。随着前辊及压下辊间的差速比 R_v 增大，图 4-68（a）中的缩孔闭合度 η_v 及图 4-68（b）中对应的压下效率提升指数 In 不断增大，且不同 r_f 对应的 η_v 及 In 差异更加明显。相同差速比 R_v 条件下，图 4-68（a）中的缩孔闭合度 η_v 及图 4-68（b）中的压下效率提升指数 In 随 r_f 增加呈现增大趋势。这说明，随着前辊的压下量 r_f 增加，可进一步增强差速驱动对压下效率的提升效果。然而，需要指出的是，随前辊的压下量由 2mm 增加至 4mm 时，图 4-68（b）中 $R_v=2.0$ 时的压下效率提升指数 In 仅由 18.1% 小幅增加至 21.8%，而相同差速比条件下，随着图 4-67（b）中的压下辊压下量 R_r 由 6% 减小至 2% 时，In 值由 21.8% 大幅增加至 70%。这说明，相比于前辊压下量 r_f，压下辊压下量 R_r 将更显著影响差速驱动模式对压下效率的提升效果。

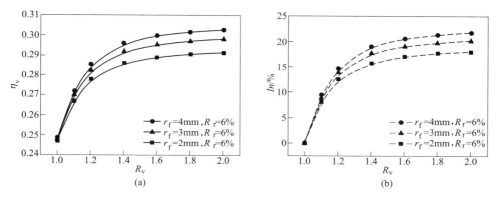

图 4-68　不同前辊压下量时缩孔闭合度（a）及提升指数（b）随差速比变化趋势

4.3.4　大方坯压下缩孔闭合度预测方程

与宽厚板连铸坯研究方法相似，为定量评估大方坯凝固末端压下工艺对缩孔改善的工艺效果，为制定大方坯凝固末端压下工艺提供理论指导，本节基于前述不同工艺条件下计算得到的大方坯凝固末端压下后的缩孔演变规律，建立了大方坯压下缩孔闭合度预测方程。图 4-69 给出了不同工艺条件下的 η_s-ε_{eq}、η_s-Q、η_v-ε_{eq} 及 η_v-Q 关系散点图。其中，η_s 及 η_v 分别为基于缩孔厚度方向偏差比定义的缩孔闭合度（见式（4-3））及基于缩孔体积变化定义的闭合度（见式（4-5）），而 ε_{eq} 及 Q 则分别代表了由同步无缩孔模型计算确定的缩孔对应位置处的等效应变及静水应力积分（见式（4-4））。此外，采用式（4-6）计算了图 4-69（a）~（d）各图中散点数据的皮尔斯相关系数（r），并将 r 值标注于对应各图。通过比较各图中的散点数据 r 值可知，图 4-69（a）中的 η_s-ε_{eq} 及图 4-69（d）中的 η_v-Q 存在密切正相关关系。

鉴于图 4-69（a）及（d）中数据存在密切正相关关系，选取了两图中的散点数据建立大方坯凝固末端压下缩孔闭合度预测方程，并根据图 4-69（a）

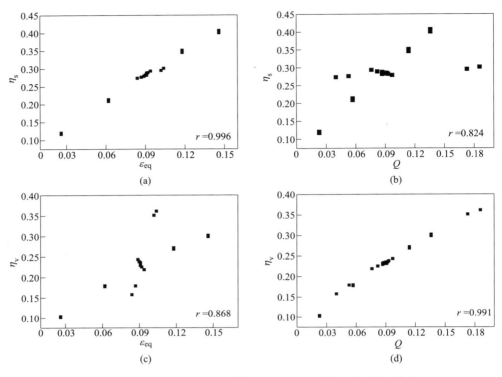

图 4-69　η_s-ε_{eq}（a）、η_s-Q（b）、η_v-ε_{eq}（c）及 η_v-Q（d）关系

及（d）中的散点数据分布特征，在推导建立闭合度预测方程时采用了多项式形式。图 4-70（a）~（d）对比了针对图 4-69（a）中 η_s-ε_{eq} 散点数据一阶至四阶多项式拟合结果与三维热/力耦合模型计算结果。此外，图 4-70（a）~（d）还同时给出了一阶至四阶多项式拟合时的校正决定系数（R^2）。显然，图 4-70（b）的 R^2 值较大，说明可采用二阶多项式比较准确地描述 η_s 与 ε_{eq} 间的定量关系。

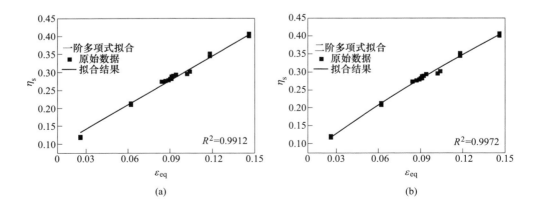

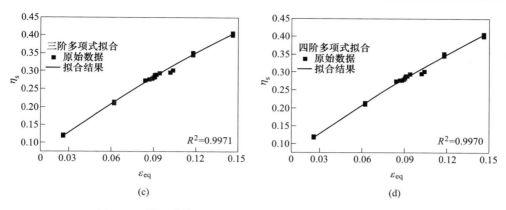

图 4-70　模型计算得到 η_s-ε_{eq} 与不同阶多项式拟合结果对比

（a）一阶多项式；（b）二阶多项式；（c）三阶多项式；（d）四阶多项式

基于图 4-69（a）中散点数据拟合得到的二阶多项式，即基于等效应变的大方坯凝固末端压下过程缩孔闭合度预测方程为：

$$\eta_s = -3.08\varepsilon_{eq}^2 + 2.90\varepsilon_{eq} + 4.48 \times 10^{-2} \tag{4-11}$$

图 4-71（a）~（d）对比了针对图 4-69（d）中 η_v-Q 散点数据一阶至四阶多项

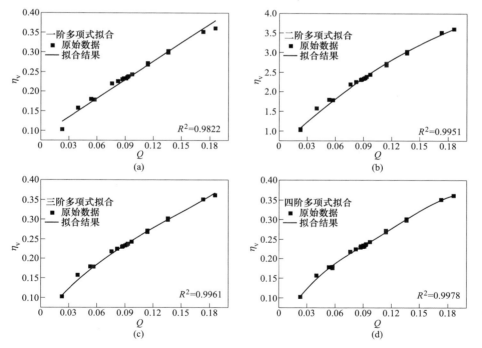

图 4-71　模型计算得到 η_v-Q 与不同阶多项式拟合结果对比

（a）一阶多项式；（b）二阶多项式；（c）三阶多项式；（d）四阶多项式

式拟合结果与原始三维热/力耦合模型计算结果，并给出了一阶至四阶多项式拟合时的校正决定系数（R^2）。显然，图4-71（d）的R^2值较大，说明可采用四阶多项式比较准确地描述η_v与Q间的定量关系。

　　基于图4-71（d）中散点数据拟合得到的四阶多项式，即基于静水应力积分的大方坯凝固末端压下过程缩孔闭合度预测方程为：

$$\eta_v = -3.61Q^2 + 2.30Q + 5.77 \times 10^{-2} \qquad (4-12)$$

参 考 文 献

［1］Cáceres C H, Djurdjevic M B, Stockwell T J, et al. The effect of Cu content on the level of microporosity in Al-Si-Cu-Mg casting alloys［J］. Scripta Materialia, 1999, 40（5）：631~637.

［2］Murakami Y. Analysis of stress intensity factors of modes Ⅰ, Ⅱ and Ⅲ for inclined surface cracks of arbitrary shape［J］. Engineering Fracture Mechanics, 1985, 22（1）：101~114.

［3］Zhang X X, Cui Z S, Wen C, et al. A criterion for void closure in large ingots during hot forging［J］. Journal of Materials Processing Technology, 2009, 209（4）：1950~1959.

［4］Chen J, Chandrashekhara K, Mahimkar C, et al. Void closure prediction in cold rolling using finite element analysis and neural network［J］. Journal of Materials Processing Technology, 2011, 211（2）：245~255.

［5］Dong Q P, Zhang J M, Wang B, et al. Shrinkage porosity and its alleviation by heavy reduction in continuously cast strand［J］. Journal of Materials Processing Technology, 2016, 238：81~88.

［6］Cheng R, Zhang J, Zhang L, et al. Comparison of porosity alleviation with the multi-roll and single-roll reduction modes during continuous casting［J］. Journal of Materials Processing Technology, 2018, 266：96~104.

［7］Wu C, Ji C, Zhu M. Influence of Differential Roll Rotation Speed on Evolution of Internal Porosity in Continuous Casting Bloom during Heavy Reduction［J］. Journal of Materials Processing Technology, 2019, 271：651~659.

［8］Wu C, Ji C, Zhu M. Closure of Internal Porosity in Continuous Casting Bloom During Heavy Reduction Process［J］. Metallurgical and Materials Transactions B, 2019, 50（6）：2867~2883.

［9］Dahle A K, John D, Thevik H J, et al. Modeling the fluid-flow-induced stress and collapse in a dendritic network［J］. Metallurgical & Materials Transactions B, 1999, 30（2）：287~293.

［10］Boileau J M, Allison J E. The effect of solidification time and heat treatment on the fatigue properties of a cast 319 aluminum alloy［J］. Metallurgical and Materials Transactions A, 2003, 34（9）：1807~1820.

［11］Roy N, Samuel A M, Samuel F H, et al. Porosity formation in Al-9 Wt pct Si-3 Wt pct Cu alloy systems：Metallographic observations［J］. Metallurgical and Materials transactions A, 1996, 27（2）：415-429.

［12］ Lee Y W, Chang E, Chieu C F. Modeling of feeding behavior of solidifying Al-7Si-0. 3Mg alloy plate casting ［J］. Metallurgical Transactions B, 1990, 21 (4): 715~722.

［13］ Pang D. Modeling of casting solidification stochastic or deterministic? ［J］. Canadian Metallurgical Quarterly, 1998: 229~239.

［14］ Stefanescu D M. Computer simulation of shrinkage related defects in metal castings—a review ［J］. International Journal of Cast Metals Research, 2005, 18 (3): 129~143.

［15］ Lee P D, Hunt J D. Hydrogen porosity in directionally solidified aluminium-copper alloys: A mathematical model ［J］. Acta Materialia, 2001, 49 (8): 1383~1398.

［16］ Carlson K D, Beckermann C. Prediction of Shrinkage Pore Volume Fraction Using a Dimensionless Niyama Criterion ［J］. Metallurgical and Materials Transactions A. , 2009, 40 (1): 163~175.

［17］ Honghao G, Fengli R, Jun L, et al. Four-Phase Dendritic Model for the Prediction of Macrosegregation, Shrinkage Cavity, and Porosity in a 55-Ton Ingot ［J］. Metallurgical & Materials Transactions A Physical Metallurgy & Materials Science, 2017, 48 (3): 1139~1150.

［18］ Ji C, Luo S, Zhu M, et al. Uneven Solidification during Wide-thick Slab Continuous Casting Process and its Influence on Soft Reduction Zone ［J］. ISIJ International, 2014, 54 (1): 103~111.

［19］ Plancher E, Gravier P, Chauvet E, et al. Tracking pores during solidification of a Ni-based superalloy using 4D synchrotron microtomography ［J］. Acta Materialia, 2019, 181: 1~9.

［20］ Takahashi T, Kudoh M, Iohikawa K. Fluidity of the Liquid in the Solid-Liquid Coexisting Zone ［J］. Materials Transactions Jim, 1980, 21 (8): 531~538.

［21］ Kakimoto H, Arikawa T, Takahashi Y, et al. Development of forging process design to close internal voids ［J］. J. Mater. Process. Technol, 2010, 210 (3): 415~422.

［22］ Chen M S, Lin Y C. Numerical simulation and experimental verification of void evolution inside large forgings during hot working ［J］. Int. J. Plast, 2013, 49: 53~70.

［23］ Zhao X, Zhang J, Lei S, et al. Finite-Element analysis of porosity closure by heavy reduction process combined with ultra-heavy plates rolling ［J］. Steel Res. Int, 2014, 85 (11): 1533~1543.

［24］ Chen D C. Rigid-plastic finite element analysis of plastic deformation of porous metal sheets containing internal void defects ［J］. J. Mater. Process. Technol, 2006, 180 (1-3): 193~200.

［25］ Chen M S, Lin Y C. Numerical simulation and experimental verification of void evolution inside large forgings during hot working ［J］. Int. J. Plast, 2013, 49: 53~70.

［26］ Park J J. Effect of shear deformation on closure of a central void in thin-strip rolling ［J］. Metall. Mater. Trans. A, 2016, 47 (1): 479~487.

［27］ Ståhlberg U, Keife H. A study of hole closure in hot rolling as influenced by forced cooling ［J］. J. Mech. Work. Technol, 1992, 30 (1): 131~135.

［28］ Wang B, Zhang J, Xiao C, et al. Analysis of the evolution behavior of voids during the hot rolling process of medium plates ［J］. J. Mater. Process. Technol, 2015, 221: 121~127.

［29］ Dudra S P, Im Y T. Analysis of void closure in open-die forging ［J］. INT J MACH TOOL

MANU, 1990, 30 (1): 65~75.

[30] Park J J. Finite-Element analysis of cylindrical-void closure by flat-die forging [J]. ISIJ Int, 2013, 53 (8): 1420~1426.

[31] Park J J. Prediction of void closure in steel slabs by finite element analysis [J]. Met. Mater. Int, 2013, 19 (2): 259~265.

[32] Lee Y S, Lee S U, Tyne C J V, et al. Internal void closure during the forging of large cast ingots using a simulation approach [J]. J. Mater. Process. Technol, 2011, 211 (6): 1136~1145.

[33] Nakasaki M, Takasu I, Utsunomiya H. Application of hydrostatic integration parameter for free-forging and rolling [J]. J. Mater. Process. Technol, 2006, 177 (1-3): 521~524.

[34] Tanaka M, Ono S, Tsuneno M. A numerical analysis on void crushing during side compression of round bar by flat dies [J]. J. Jpn. Soc. Technol. Plast, 1987, 28: 238~244.

[35] Rodgers J L, Nicewander W A. Thirteen ways to look at the correlation coefficient [J]. AM STAT, 1988, 42 (1): 59~66.

[36] Ji C, Wu C H, Zhu M Y. Influence of heavy reduction (HR) on the internal quality of the bearing steel GCr15 bloom [C]//CFD Model. Simul. Mater. Process., Proc. Symp, 2016: 247~254.

[37] Moon C H, Oh K S, Lee J D, et al. Effect of the roll surface profile on centerline segregation in soft reduction process [J]. ISIJ Int, 2012, 52 (7): 1266~1272.

[38] Wu M, Domitner J, Ludwig A. Using a two-phase columnar solidification model to study the principle of mechanical soft reduction in slab casting [J]. Metall. Mater. Trans. A, 2012, 43 (3): 945~964.

[39] Ji C, Li G, Wu C, et al. Design and Application of CSC-Roll for Heavy Reduction of the Bloom Continuous Casting Process [J]. Metallurgical and Materials Transactions B, 2019, 50 (1): 110~122.

5　压下过程连铸坯溶质传输规律

在连铸过程中,电磁搅拌[1]与凝固末端压下[2]等外场作用下的凝固传热、熔体流动、组织演变与溶质传输行为复杂多变,同时热浮力、溶质浮力、热收缩与凝固收缩等因素也将显著影响连铸坯内部溶质传输行为[3],最终在连铸坯内部形成严重的宏观偏析缺陷[4],其难以在后续装送、轧制工序中予以有效消除[5],从而影响轧材的成材率和力学性能[6]。由于难以直接观测到铸坯凝固过程内部的宏微观现象,目前广泛采用的传统模铸锭实验[7]和连铸工业试验[8]无法准确揭示连铸坯溶质传输行为规律。因此,大多依赖数值模拟与物理实验相结合的手段研究连铸过程的溶质传输行为。近几十年,连续介质模型[9]、CA-FE 模型[10]及多相凝固模型[11~13]相继成为凝固过程溶质传输数值模拟方向的主要研究方法。然而模型受限于计算过程的离散化处理方式,连续介质不能有效跟踪凝固界面前沿,而无法准确模拟两相区的溶质传输行为。CA-FE 模型能够准确描述微观尺度范围上的凝固枝晶演变行为,但是受限于计算资源需求巨大而很难实现宏观尺度范围上溶质传输行为的有效模拟。多相凝固模型能够有效考虑凝固过程微观组织演变并可以描述固液相界面间质量、动量、能量及溶质等微观传输现象,是目前最常用的研究方法。

为深入揭示连铸坯凝固末端的凝固传热、溶质微观偏析与溶质宏观偏析间的相互作用规律,本章建立了连铸过程多相凝固模型,实现了宏观、微观下质量、动量、能量及溶质传输行为的耦合计算,并系统揭示电磁搅拌与凝固末端压下等多外场下的连铸坯内部液相流动、凝固组织演变和溶质传输等行为规律。在此基础上,进一步研究了溶质偏析在连铸后续热装送工艺中的遗传演变规律研究,揭示了连铸坯溶质偏析与缩孔缺陷间的伴生机制及不同加热条件下的溶质偏析改善规律,为从源头上解决连铸坯溶质偏析缺陷提供理论基础。

5.1　多外场调控下大方坯溶质传输规律研究

多相凝固模型的概念最早由美国爱荷华大学 Beckermann 教授[14,15]提出,将凝固过程中的固液两相分别计算,并严格定义了微观晶粒生长条件下两相间的质量、动量、能量及溶质传输行为。奥地利莱奥本矿业大学的 Ludwig 教授和吴孟怀教授[16,17]同样在该领域做了大量的工作,将固相柱状晶、柱状晶间液相、固相等轴晶、等轴晶间液相和晶外液相分开处理，对不同相间质量、能量传输、相间拖曳力行为及微观组织演变行为进行了系统的研究。此外，Rappaz[18]、Combeau[19]、Ciobanas[20]等学者均针对柱状晶、等轴晶生长及 CET 转变行为对溶质扩散行为的影响进行了科学的分析。国内清华大学的沈厚发和柳百成教授[21]、中科院金属研究所的李殿中教授[22]等也在钢锭铸造领域通过多相模型各自阐述了溶质偏析缺陷的形成原因。近年来，我们团队[23,24]结合连铸过程的多外场特点，采用多相凝固模型耦合了宏观熔体流动传热与微观晶粒形核生长等行为，系统阐明了电磁搅拌与凝固末端机械压下等多外场因素对连铸坯微观组织演变和溶质偏析行为的影响。

5.1.1　多外场下连铸大方坯多相凝固模型

为实现压下、变形、冷却等多外场协同调控下连铸坯凝固传热、熔体流动、枝晶形核生长与溶质传输的准确描述，建立多相凝固耦合模型（如图 5-1 所示），其考虑的相有五种，分别是液相、等轴晶间液相、等轴晶固相、柱状晶间液相、柱状晶固相，可充分考虑柱状枝晶尖端动态跟踪与等轴晶形核生长等凝固组织特征。

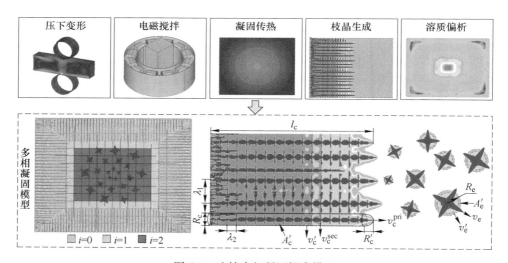

图 5-1　连铸多相凝固耦合模型

五相模型中充分考虑各相之间的微观变化过程，耦合计算量巨大。因此作出了相应的假设，将凝固组织演变过程中五种相之间的关系表述如下：

$$f_l + f_e + f_c = 1 \tag{5-1}$$

$$f_e = f_e^i + f_e^s, \; f_c = f_c^i + f_c^s \tag{5-2}$$

$$f_e c_e = f_e^i c_e^i + f_e^s c_e^s, \ f_c c_c = f_c^i c_c^i + f_c^s c_c^s \tag{5-3}$$

式中　f_1——液相体积分数；

　　　f_e——等轴晶相体积分数；

　　　f_c——柱状晶相体积分数；

　　　c_e——等轴晶相溶质质量浓度,%；

　　　c_c——柱状晶相溶质质量浓度,%；

　　　f_e^i——等轴晶枝晶间液相体积分数；

　　　c_e^i——等轴晶枝晶间液相溶质质量浓度,%；

　　　f_c^i——柱状晶枝晶间液相体积分数；

　　　c_c^i——柱状晶枝晶间液相溶质质量浓度,%。

根据连铸过程中的凝固组织演变特性，首先对于铸流区域进行网格划分，以便后续计算机对不同相的区域进行相应的识别。对于柱状枝晶相，不同的识别标识代表不同的枝晶形貌，当识别标识（i）为 0 时，此处的网格单元代表柱状枝晶干；当识别标识（i）为 1 时，此处的网格单元代表柱状枝晶尖端；识别标识（i）为 2 时，此处的网格单元代表等轴晶相与液相。微观凝固组织演变计算过程中，对于等轴晶相与液相，模型中将设定等轴晶相与液相具有相同的速度，即等轴晶相是游离于液相之中的。

如图 5-2 所示，对于本节所述基于体积平均方法的多相凝固耦合模型，其主体构成主要包括熔体流动、质量传输、溶质传输和能量传输守恒方程 4 部分，其中动量传输方程主要包含混合 k-ε 湍流模型与 Kozeny-Carman 模型；构成凝固组织演变模型的柱状枝晶动态生长模型与等轴晶形核与高斯分布模型以源项的方式参与了质量传输方程的计算，以修正 Won-Thomas 模型为基础的固相逆扩散模型

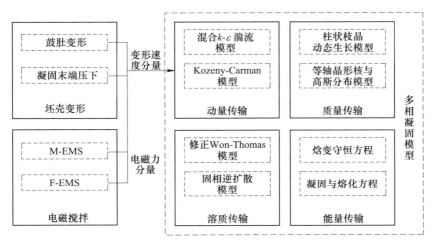

图 5-2　连铸过程多相凝固耦合模型结构

提高了溶质传输方程的计算精确度；同时考虑了凝固与熔化模型的焓变守恒方程计算了能量传输。此外，采用改变流体域源项的方法施加变形速度分量与电磁力分量，实现了坯壳变形（鼓肚变形、凝固末端压下）与电磁搅拌（M-EMS、F-EMS）等外场作用与动量传输的耦合。

5.1.1.1 质量传输模型

根据方程式（5-1）~ 式（5-3），连铸凝固过程中的质量传输模型可以表述如下：

$$\frac{\partial(\rho_1 f_1)}{\partial t} + \nabla(f_1 \rho_1 \boldsymbol{v}_1) = -S_{1e} - S_{1c} \tag{5-4}$$

$$\frac{\partial(\rho_c f_c)}{\partial t} + \nabla(f_c \rho_c \boldsymbol{v}_c) = S_{1c} + S_{ce} \tag{5-5}$$

$$\frac{\partial(\rho_e f_e)}{\partial t} + \nabla(f_e \rho_e \boldsymbol{v}_e) = S_{1e} - S_{ce} \tag{5-6}$$

$$\frac{\partial(\rho_c f_c^s)}{\partial t} + \nabla(f_c^s \rho_c \boldsymbol{v}_c) = S_c^s \tag{5-7}$$

$$\frac{\partial(\rho_e f_e^s)}{\partial t} + \nabla(f_e^s \rho_e \boldsymbol{v}_e) = S_e^s \tag{5-8}$$

式中　ρ_1——液相密度，kg/m^3；

ρ_e——等轴晶相密度，kg/m^3；

ρ_c——柱状晶相密度，kg/m^3；

$\boldsymbol{v}_1$——液相速度矢量，m/s；

$\boldsymbol{v}_e$——等轴晶相速度矢量，m/s；

$\boldsymbol{v}_c$——柱状晶相速度矢量，m/s；

S_{1e}——液相与等轴晶相之间净质量传输率，$kg/(s \cdot m^3)$；

S_{1c}——液相与柱状晶相之间净质量传输率，$kg/(s \cdot m^3)$；

S_{ce}——等轴晶相与柱状晶相之间净质量传输率，$kg/(s \cdot m^3)$；

S_c^s——柱状晶相中枝晶间净质量传输率，$kg/(s \cdot m^3)$；

S_e^s——等轴晶相中枝晶间净质量传输率，$kg/(s \cdot m^3)$。

在多相模型的计算过程中，为了实现模型的计算简化，分别将等轴晶与柱状枝晶假设为球形与圆柱形，如图5-3所示。

各相之间的净质量传输率将极大地影响多相凝固模型的计算，其中净质量传输率方程表述如下：

$$S_{1e} = v_e' A_e' \rho_e = (I_s^e v_e)(n_e 4\pi R_e^2 f_1)\rho_e \tag{5-9}$$

式中　v_e'——等轴晶界面生长速度，m/s；

v_e——等轴晶枝晶尖端生长速度，利用 Lipton-Glicksman-Kurz（LGK）[25] 模型对 v'_e 和 v_e 实施计算，m/s；

A'_e——界面区域质量浓度，%；

ρ_e——等轴晶密度，kg/m³；

I^e_s——晶粒轮廓影响因子，设定为 0.68[26]；

n_e——等轴晶形核密度，m⁻³；

R_e——等轴晶粒半径，m。

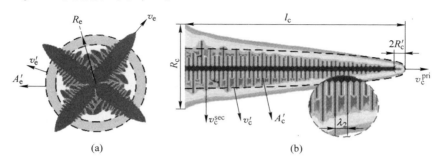

图 5-3　等轴晶（a）与柱状枝晶（b）的生长形貌示意图

$$S_{lc} = v'_c A'_c \rho_c + i S'_c = (I^c_s v^{sec}_c)(2\pi R_c f_1/\lambda^2_1)\rho_c + i v^{pri}_c n_c \pi R'_c \rho_c f_1 \qquad (5\text{-}10)$$

式中　v^{pri}_c——一次枝晶尖端生长速度，m/s；

v^{sec}_c——二次枝晶尖端生长速度[27,28]，m/s；

ρ_c——柱状枝晶密度，kg/m³；

R_c——柱状枝晶干半径，m；

R'_c——柱状枝晶尖端位置半径，m；

λ_1—— 一次枝晶臂间距[29]，m。

伴随着柱状枝晶尖端所处单元的变化，单元格识别标识（i）从 0 变化为 1。I^c_s 与 I^e_s 相似，都设定为 0.7979[26]。

$$S^s_e = v^s_e A^s_e \rho_e = \frac{2D_1\Omega}{\beta\lambda_2 f^s_e} \times \frac{2f^s_e f_e}{\lambda_2}\rho_e \qquad (5\text{-}11)$$

式中　v^s_e——等轴晶枝晶间熔体与固相之间界面生长速度，m/s；

A^s_e——界面区域质量浓度，%；

D_1——液相扩散系数，m²/s；

β——常数；

Ω——溶质过饱和度，表示为 $(c^*_1 - c^e_s)/(c^*_1 - c^*_s)$。

二次枝晶臂间距通过我们的前期研究工作予以计算[30]。

$$S_c^s = v_c^s A_c^s \rho_c + iS_c' = \frac{2D_1(c_1^* - c_s^c)}{\beta \lambda_2 f_s^s(c_1^* - c_s^*)} \times \frac{2f_c^s f_c}{\lambda_2} \rho_c + iv_c' n_c \pi R_c' \rho_c f_1 \qquad (5\text{-}12)$$

式中　v_c^s——柱状枝晶枝晶间熔体与固相之间界面生长速度，m/s；

$\quad\quad$ A_c^s——柱状枝晶界面区域质量浓度，%；

$\quad\quad$ n_c——柱状枝晶密度，m^{-3}。

5.1.1.2　动量传输模型

由于等轴晶在液相中可以自由移动，所以在动量方程中，需要同时考虑液相与等轴晶相。根据动量守恒原理，上述两相的 Navier-Stokes 方程可以表述如下：

$$\frac{\partial}{\partial t}(f_1 \rho_1 \boldsymbol{v}_1) + \nabla \cdot (f_1 \rho_1 \boldsymbol{v}_1 \boldsymbol{v}_1) =$$
$$-f_1 \nabla P + \nabla \cdot (f_1(\mu_1 + \mu_{t,k})(\nabla \boldsymbol{v}_1 + (\nabla \boldsymbol{v}_1)^T)) + \boldsymbol{F}_T^1 + \boldsymbol{F}_C^1 + \boldsymbol{V}_{cl} + \boldsymbol{V}_{el}$$
$$(5\text{-}13)$$

$$\frac{\partial}{\partial t}(f_e \rho_e \boldsymbol{v}_e) + \nabla \cdot (f_e \rho_e \boldsymbol{v}_e \boldsymbol{v}_e) =$$
$$-f_e \nabla P + \nabla \cdot (f_e(\mu_e + \mu_{t,k})(\nabla \boldsymbol{v}_e + (\nabla \boldsymbol{v}_e)^T)) + \boldsymbol{F}_T^e + \boldsymbol{F}_C^e + \boldsymbol{F}_u + \boldsymbol{V}_{le} + \boldsymbol{V}_{ce}$$
$$(5\text{-}14)$$

式中　　　　　　P——压力，Pa；

$\quad\quad\quad\quad$ μ_1——液相黏度，设置为 0.006Pa·s；

$\quad\quad\quad\quad$ μ_e——等轴晶相黏度[31]，Pa·s；

$\quad\quad\quad\quad$ $\mu_{t,k}$——湍流黏度，由混合 k-ε 湍流模型进行计算[30]，Pa·s；

$\boldsymbol{F}_T^1, \boldsymbol{F}_C^1, \boldsymbol{F}_T^e, \boldsymbol{F}_C^e$——决定液相和等轴晶相中的热浮力与溶质浮力[30]，kg/(m·s^2)；

$\quad\quad\quad\quad$ $\boldsymbol{F}_u$——转换方程，用于决定糊状区的计算方法[5]。

各相中的动量传输方程的源项 $\boldsymbol{V}_{cl}$、$\boldsymbol{V}_{ce}$ 和 $\boldsymbol{V}_{el}$ 被用于糊状区的处理，其具体计算方程表示如下：

$$\boldsymbol{V}_{cl} = K_{cl}(\boldsymbol{v}_1 - \boldsymbol{v}_c) + v_{cl}^* S_{cl} \qquad (5\text{-}15)$$

$$\boldsymbol{V}_{ce} = K_{ce}(\boldsymbol{v}_c - \boldsymbol{v}_e) + v_{ce}^* S_{ce} \qquad (5\text{-}16)$$

$$\boldsymbol{V}_{el} = K_{el}(\boldsymbol{v}_e - \boldsymbol{v}_1) + v_{el}^* S_{el} \qquad (5\text{-}17)$$

式中　K_{cl}——液相与柱状枝晶相的动量转换系数[32]；

$\quad\quad$ K_{ce}——柱状枝晶相与等轴晶相的动量转换系数[33]；

$\quad\quad$ K_{el}——根据 Kozeny-Carman 模型得出的液相与等轴晶相的动量转换系数[34]；

v_{cl}^*——柱状晶相与液相相界面间动量源项，$kg/(m^2 \cdot s^2)$；

v_{el}^*——等轴晶相与液相相界面间动量源项，$kg/(m^2 \cdot s^2)$；

v_{ce}^*——柱状晶相与等轴晶相相界面间动量源项，$kg/(m^2 \cdot s^2)$。

5.1.1.3 热量传输模型

与动量传输守恒方程相似，热量传输模型得以简化以研究液相、等轴晶相和柱状枝晶相之间的能量传输。能量守恒方程如下：

$$\frac{\partial}{\partial t}(f_1\rho_1 H_1) + \nabla(f_1\rho_1 \boldsymbol{v}_1 H_1) = \nabla(f_1 k^*(\nabla T_1)) - H(S_{le} + S_{lc}) - H^*(2T_1 - T_e - T_c)$$

$$\tag{5-18}$$

$$\frac{\partial}{\partial t}(f_e\rho_e H_e) + \nabla(f_e\rho_e \boldsymbol{v}_e H_e) = \nabla(f_e k^*(\nabla T_e)) + HS_{le} + H^*(T_1 - T_e) \tag{5-19}$$

$$\frac{\partial}{\partial t}(f_c\rho_c H_c) + \nabla(f_c\rho_c \boldsymbol{v}_c H_c) = \nabla(f_c k^*(\nabla T_c)) + HS_{lc} + H^*(T_1 - T_c) \tag{5-20}$$

式中 k^*——考虑湍流影响的等效热导率，$W/(m \cdot K)$；

T_1——液相温度，K；

T_e——等轴晶相温度，K；

T_c——柱状晶相温度，K；

H_1——液相焓，J/kg；

H_e——等轴晶相焓，J/kg；

H_c——柱状晶相焓，J/kg；

H——相变焓，J/kg。

上述计算参数与传热边界条件已在第3章中描述[35]。在考虑凝固过程中枝晶的凝固和重熔的前提下，H 与 H_1 相等。

为了满足局部热平衡（低雷诺数流体、各相之间充分热交换）的假设，本节设置了一个较大的热扩散交换系数（$H^* = 10^8$），用于平衡各相之间的温度差[36]。因此，等效热导率的计算方程被简化如下[37,38]：

$$k^* = \begin{cases} k_1 + \mu_{t,k}c_{p(1)}/P_r & T \geqslant T_1 \\ k_1 f_1 + k_e f_e + k_c f_c & T_e = T_c = T_s < T < T_1 \\ k_e \text{ 或 } k_c & T < T_s = T_e = T_c \end{cases} \tag{5-21}$$

式中 k_1——液相随温度变化的热导率，$W/(m \cdot K)$；

k_e——等轴晶随温度变化的热导率，$W/(m \cdot K)$；

k_c——柱状枝晶相随温度变化的热导率，$W/(m \cdot K)$；

P_r——湍流普朗特数，0.9。

在式（5-18）~式（5-20）中，各相的焓 H_1、H_e 和 H_c 的计算公式如下[39]：

$$H_1 = h_1^{\mathrm{ref}} + \int_{T_{\mathrm{ref}}}^{T_1} c_{p(1)} \mathrm{d}T + f_1 L \tag{5-22}$$

$$H_e = H_c = h_s^{\mathrm{ref}} + \int_{T_{\mathrm{ref}}}^{T_e} c_{p(s)} \mathrm{d}T + f_1 L \tag{5-23}$$

式中　h_1^{ref}——液相参考焓，J/kg；

　　　h_s^{ref}——固相（等轴晶相和柱状枝晶相）参考焓，J/kg；

　　　$c_{p(1)}$——液相比热；

　　　$c_{p(s)}$——固相（等轴晶相和柱状枝晶相）比热，J/(kg·K)；

　　　T_{ref}——焓的参考温度，K；

　　　L——融化潜热，W/(m³·K)。

在此，液相分数 f_1 被定义如下[40]：

$$f_1 = \begin{cases} 1 & T \geqslant T_1 \\ (T - T_s)/(T_1 - T_s) & T_e = T_c = T_s < T < T_1 \\ 0 & T < T_s = T_e = T_c \end{cases} \tag{5-24}$$

式中　T_s——固相温度，K。

考虑固相逆扩散模型[30]，各相的温度（T_1，T_e 和 T_c）被计算如下：

$$T_1 = T_f + mc_0 \left[1 - (1 - \gamma k)(1 - f_1) \right]^{(k-1)/(1-\gamma k)} \tag{5-25}$$

$$T_e = T_c = T_s = T_f + \frac{1}{k}mc_0 \left[1 - (1 - \gamma k)(1 - f_1) \right]^{(k-1)/(1-\gamma k)} \tag{5-26}$$

式中　T_f——纯铁熔化热，等于 1808K；

　　　m——液相线斜率，K⁻¹；

　　　c_0——初始碳质量浓度，%；

　　　γ——固相逆扩散模型中的无量纲扩散参数，处于 0~1 之间，当扩散以 Scheil 定律形式进行时 γ 的值为 0，当扩散以杠杆定律的形式进行时 γ 的值则为 1；

　　　k——固液相界面处溶质分配系数。

5.1.1.4　溶质传输模型

同时考虑相变及扩散对溶质传输的影响，多相凝固模型中的溶质守恒方程表示如下[41,42]：

$$\frac{\partial(\rho_1 f_1 c_1)}{\partial t} + \nabla \cdot (f_1 \rho_1 \boldsymbol{v}_1 c_1) = -C_{le}^{P} - C_{le}^{D} - C_{lc}^{P} - C_{lc}^{D} \tag{5-27}$$

$$\frac{\partial(\rho_e f_e c_e)}{\partial t} + \nabla \cdot (f_e \rho_e \boldsymbol{v}_e c_e) = C_{le}^{P} + C_{le}^{D} - C_{ec}^{P} - C_{ec}^{D} \tag{5-28}$$

$$\frac{\partial(\rho_c f_c c_c)}{\partial t} + \nabla \cdot (f_c \rho_c \boldsymbol{v}_c c_c) = C_{lc}^{P} + C_{lc}^{D} + C_{le}^{P} + C_{le}^{D} \tag{5-29}$$

$$\frac{\partial(\rho_e f_e^s c_e^s)}{\partial t} + \nabla \cdot (f_e^s \rho_e \boldsymbol{v}_e c_e^s) = C_e^{sP} + C_e^{sD} \tag{5-30}$$

$$\frac{\partial(\rho_c f_c^s c_c^s)}{\partial t} + \nabla \cdot (f_c^s \rho_c \boldsymbol{v}_c c_c^s) = C_c^{sP} + C_c^{sD} \tag{5-31}$$

式中　C_{le}^P，C_{lc}^P，C_{ec}^P，C_c^{sP}，C_e^{sP}——与相变相关的溶质传输方程源项，kg/(s·m³)；

C_{le}^D，C_{lc}^D，C_{ec}^D，C_c^{sD}，C_e^{sD}——与扩散有关的溶质传输方程源项，kg/(s·m³)。

同时，$C_{ce}^P = -C_{ec}^P$ 和 $C_{ce}^D = -C_{ec}^D$ 在该多相凝固模型中不予进行考虑。另外，通过采用元胞自动机模型（Cellular Automaton）去修正 Won-Thomas 模型[43]，同时考虑溶质分布和逆扩散的影响。经过修正的溶质守恒方程中的溶质传输方程源项表述如下：

$$C_{le}^P + C_{le}^D = S_{le} c_{le}^* - S_h \rho_e A_e' D_1 (c_{le}^* - c_1)/l_1^e - \gamma \rho_e k f_e \partial(S_{le})/\partial t \tag{5-32}$$

$$C_{lc}^P + C_{lc}^D = S_{lc} c_{lc}^* - S_h \rho_c A_c' D_1 (c_{lc}^* - c_1)/l_1^c - \gamma \rho_c k f_c \partial(S_{lc})/\partial t \tag{5-33}$$

$$C_e^{sP} + C_e^{sD} = S_e^s c_e^{i*} - \gamma \rho_e k f_e^s \partial(S_e^s)/\partial t \tag{5-34}$$

$$C_c^{sP} + C_c^{sD} = S_c^s c_c^{i*} - \gamma \rho_c k f_c^s \partial(S_c^s)/\partial t \tag{5-35}$$

式中　c_{le}^*——液相与等轴晶相界面处平衡质量浓度，%；

c_{lc}^*——液相与柱状晶相界面处平衡质量浓度，%；

c_e^{i*}——等轴晶相平衡质量浓度，%；

c_c^{i*}——柱状晶相平衡质量浓度，%；

S_h——舍伍德数；

l_{le}——溶质从液相到等轴晶相扩散长度，m；

l_{lc}——溶质从液相到柱状枝晶相扩散长度，m。

由于硅、锰、磷和硫等元素的宏观偏析行为与碳相类似[44,45]，所以在计算过程中仅仅考虑碳元素的偏析行为。其中，碳偏析度（c_{mix}/c_0）是一项重要的质量评估指标，具体计算公式如下：

$$\frac{c_{mix}}{c_0} = \frac{\rho_1 f_1 c_1 + \rho_e f_e c_e + \rho_c f_c c_c}{(\rho_1 f_1 + \rho_e f_e + \rho_c f_c) c_0} \tag{5-36}$$

5.1.1.5　等轴晶率形核模型

在结晶器铜板冷却作用下，柱状晶从铸坯表面向心部垂直生长，液相穴中熔体温度逐渐降低。当达到一定过冷度时，晶粒在液相中形核，并随着液相流动而迁移，其中，等轴晶粒的形核通过式（5-37）获得：

$$\frac{\partial n_e}{\partial t} + \nabla(\boldsymbol{u}_e n_e) = N \tag{5-37}$$

式中　$\boldsymbol{u}_e$——等轴晶相移动速度，m/s；

　　　n_e——晶粒密度，m^{-3}；

　　　N——等轴晶形核速率，m^{-3}/s。

N 通过关系式 $N = (dn_e/d(\Delta T))d(\Delta T)/dt$ 确定，$dn_e/d(\Delta T)$ 为描述形核晶粒的分布情况，采用连续形核模型，认为形核密度服从高斯分布，通过式（5-38）表述：

$$\frac{dn}{d(\Delta T)} = \frac{n_{max}}{\sqrt{2\pi}\,\Delta T_\sigma}e^{-\frac{1}{2}\left(\frac{\Delta T - \Delta T_N}{\Delta T_\sigma}\right)^2} \tag{5-38}$$

式中　n_{max}——等轴晶粒形核过程中的最大形核密度，m^{-3}；

　　　ΔT_N——平均形核过冷度，K；

　　　ΔT_σ——晶粒分布标准偏差，K；

　　　ΔT——熔体过冷度，$K^{[46]}$。

晶粒形核过程中，需要获得过冷度随时间变化关系 $d(\Delta T)/dt$，进而计算晶粒的形核速率。在传统铸锭凝固过程中，过冷度可以根据当前体积单元的溶质浓度和温度，采用关系式 $\Delta T = T_f + mc_1 - T_1$ 直接获得。然而，在连铸凝固过程中，高温钢液不断从浸入式水口进入结晶器中，表面凝固的铸坯逐渐拉出，进入二次冷却区中。当连铸凝固过程进入稳定状态时，模型中的体积单元温度和溶质浓度不再随时间发生变化，因此采用传统方法 $d(\Delta T)/dt$ 获得等轴晶粒形核将不再适用。因此，对于稳态浇铸而言，流体微元从位置 P_1 移动到位置 P_2 和 P_3 过程中，流体微元的液相温度 T_1 和溶质浓度 c_1 随液相流动而连续地发生变化，如图 5-4 所示。

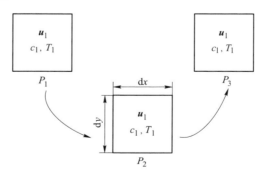

图 5-4　流体控制微元体

因此，本节基于单元体温度梯度和溶质浓度而提出了适用于连铸凝固过程的等轴晶粒形核模型。

$$\frac{d(\Delta T)}{dt} = m\boldsymbol{G}_{c,1}\boldsymbol{u}_1 - \boldsymbol{G}_{T,1}\boldsymbol{u}_1 \tag{5-39}$$

式中 $G_{c,1}$——液相溶质浓度梯度，m^{-1}；

$G_{T,1}$——液相温度梯度，K/m。

当晶粒密度达到最大的形核密度时，熔体停止形核。当等轴晶相体积分数小于 0.001 时，晶粒随熔体温度的升高而熔化。

5.1.1.6 柱状晶尖端动态跟踪模型

高温钢液在结晶器铜板冷却作用下，表面温度快速降低，柱状晶以垂直于铸坯表面的方式向液相穴中推进。随着熔体温度的降低逐渐达到过冷状态，等轴晶粒在液相穴中形核并生长。由于等轴晶区和柱状晶区对熔体的流动影响完全不同，有必要对柱状晶尖端进行跟踪，以划分柱状晶区、等轴晶区和液相区。

在多相凝固模型中，给每个体积单元分配状态参数（i_c），以标记当前体积单元所处的状态。认为整个模型初始为液态（$i_c=0$），在结晶器冷却的作用下，柱状晶垂直于铸坯表面生长，因此弯月面附近，铸坯表面状态参数为柱状晶尖端（$i_c=1$）。随着铸坯温度的降低，柱状晶尖端以一定的速度（v_{tip}^c）向液相穴中推进，如图 5-5 所示。在铸锭凝固过程中，枝晶间的相对位置固定，柱状晶仅为单向地向液相的推移过程。但是，在连铸凝固过程中，铸坯不断从结晶器中拉出进入二次冷却区，柱状晶生长长度和柱状晶尖端位置需要沿着拉坯方向传递。因此，本研究提出了基于枝晶尖端的生长速率和拉坯速度的柱状晶尖端动态跟踪模型，即：

$$l_{y+\Delta y} = l_y + \int_{\tau}^{\tau+\Delta\tau} v_{tip}^c d\tau \tag{5-40}$$

式中 l_y——y 位置处的枝晶尖端生长长度，m；

$l_{y+\Delta y}$——$y+\Delta y$ 位置处的枝晶尖端生长长度，m；

$\Delta\tau$——基于特征长度和铸坯移动速度的时间间隔，采用关系式 $\Delta\tau = \Delta y/u_{c,y}$ 获得；

Δy——拉坯方向的特征长度。

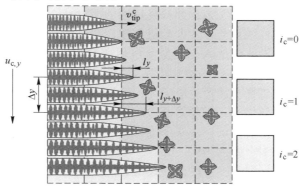

图 5-5 柱状晶尖端的动态跟踪示意图

当柱状晶尖端的生长长度 l_y 达到特征长度 l_{ref} 时，说明柱状晶尖端穿过此生长单元，此单元转为柱状晶主干，同时状态参数 (i_c) 从 1 变为 2。同时，与柱状晶尖端相邻的液相单元状态参数由 0 转变为 1，成为新的柱状晶尖端生长位置。当前，柱状晶生长长度为 $l_{y,new} = l_y - l_{ref}$，在新的时间步长内进行积分运算。当柱状晶尖端生长时间达到 $\Delta\tau$ 时，柱状晶尖端位置和生长长度沿着拉坯方向传递，随后进入新的计算周期。

柱状晶生长过程中，热量从铸坯表面散失，熔体温度逐渐降低。当过冷度达到临界值时，等轴晶晶粒在熔体中形核并逐渐长大。当柱状晶尖端的等轴体积分数达到临界分数 $(f_{scr} = 0.49)$ 时，柱状晶尖端停止向液相中推进，然而等轴晶在后续的凝固过程继续形核并生长。

5.1.1.7 连铸电磁搅拌计算模型

连铸电磁搅拌技术（Electromagnetic Stirring，EMS）是指在连铸过程中，通过在连铸机的不同位置处安装不同类型的电磁搅拌装置，利用所产生的电磁力强化铸坯内金属液的流动，改变凝固过程的流动、传热及传质条件，从而改善铸坯质量的一项电磁冶金技术。

由于连铸不同位置、不同工艺下所需控制的钢液流动状态不同，因此电磁搅拌工艺也不尽相同。例如在结晶器内，连铸过程中高温钢液从中间包通过浸入式水口进入结晶器中，在电磁搅拌的作用下，钢液被驱动旋转流动，因此合理的电磁搅拌工艺可有利夹杂物上浮去除、增加等轴晶晶核、均匀钢液温度、促进坯壳的均匀生长等，但过大的电磁搅拌则会过度洗刷初凝坯壳前沿，导致白亮带增加。而在凝固末端，由于随凝固铸坯凝固末端钢液流动速度显著降低，此位置施加电磁搅拌可显著增加铸坯凝固末端的钢液流动速度，从而利于偏析钢液的混匀，但同样过大的电磁搅拌也会增加钢液的漩流效应，致使偏析钢液向铸坯中心汇聚，加剧偏析。鉴于此，本章以大方坯连铸过程为例，采用数值模拟方法建立连铸结晶器电磁搅拌与凝固末端电磁搅拌三维电磁场模型，分析了不同电磁参数下电磁场分布，为制定合理工艺参数提供理论依据。

电磁搅拌器的工作原理与异步电动机相似，线圈相当于定子，结晶器内部的钢液相当于转子。线圈绕组通入三相交流电后在搅拌器内产生一个旋转的磁场，结晶器内的钢液被旋转磁场的磁力线切割，就像导体切割磁力线一样，在钢液中感应出电流。电流与磁场作用产生电磁力，电磁力作用在钢液上，在距离中心不同位置就产生一个旋转力矩，推动钢液做旋转运动。

电磁搅拌钢液中电磁力的产生主要遵循两个定律：

（1）电磁感应定律。线圈中通入的三相交流电激发出旋转磁场，该磁场在结晶器内部分布不均同时有一定的旋转速度，磁力线被钢液切割产生感应电流：

$$j = \sigma v \times B \tag{5-41}$$

式中 j——感应电流密度，A/m^2；

σ——钢液电导率，S/m；

v——磁场旋转速度，m/s；

B——磁感应强度，T。

钢在常温下为导磁体，居里点为 760℃，超过居里点时失去磁性，结晶器中钢液温度达到了 1500℃ 左右，此时钢液导电而不导磁，即转变为顺磁体，从而可随电磁场旋转而运动。

（2）电磁相互作用。钢液中感应产生的电流与变化的磁场相互作用产生电磁力：

$$F = j \times B \tag{5-42}$$

式中　F——电磁力，N/m^3。

感应产生的电磁力是体积力，作用在钢液上，产生绕铸坯中心轴线的电磁转矩，推动钢液做旋转运动，这就是电磁搅拌的原理。电磁搅拌就是利用在钢液中产生的电磁力改变结晶器内钢液的流动状态，并通过力的效果和热的效果从而改变钢液的传热和凝固过程。

以大方坯连铸结晶器电磁搅拌器与凝固末端电磁搅拌器为例，根据现场设备实际数据，建立有限元模型。在建立模型时，根据实际需要做如下简化：

1）为节省计算资源，只对搅拌器部分的铸坯建模。

2）忽略结晶器内初始凝固坯壳的生成，认为铸坯全部为流动的高温钢液。

3）结晶器铜板上有冷却水槽，在模型建立时，忽略冷却水的影响。

4）电磁搅拌器内通有冷却水，水与空气的电磁特性基本相同，因此将这部分当作空气处理。

5）为了保证计算精度和准确性，电磁场的模拟需要对无限远处空气建模，这对计算模型来说显然是不可能的。另外，由于磁轭和铁心的作用，一定范围外的磁场几乎为零，因此对有限体积空气建模即可。根据经验，一般对相当于磁体 3~5 倍体积的空气建模。

6）搅拌器绕组线圈是由多根密排的铜质导线缠绕而成，将线圈简化成具有相同导电面积的导电区域。表 5-1 为结晶器电磁搅拌器模型尺寸参数。

表 5-1　结晶器与凝固末端电磁搅拌器模型尺寸参数

	参数	数值		参数	数值
结晶器电磁搅拌器（集中式）	铸坯断面尺寸/mm×mm	320×410	凝固末端电磁搅拌器（克莱姆）	铸坯断面尺寸/mm×mm	320×410
	结晶器长度/mm	850			
	搅拌器内径/mm	780		搅拌器内径/mm	790
	搅拌器外径/mm	1300		搅拌器外径/mm	1450
	搅拌器高度/mm	480		搅拌器高度/mm	700

在以上假设的基础上建立的模型如图 5-6 所示（未显示空气部分）。其中拉坯方向为 Y 轴，铸坯横截面为 X-Z 面。在模型的网格划分中，空气部分采用四面体单元，其他部分采用六面体单元，单元数为 50 万左右。

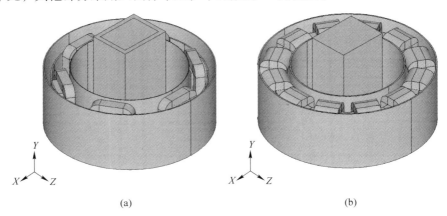

（a）　　　　　　　　　　　　　　（b）

图 5-6　电磁搅拌器有限元模型

（a）结晶器电磁搅拌器；（b）凝固末端电磁搅拌器

模型中认为钢液、铜板和磁轭均为各向同性材料，且其相对磁导率为常数，不同材料物性参数见表 5-2。

表 5-2　计算中使用的材料物性参数

参　　　数	数　　值
铜板相对磁导率/H · m⁻¹	1.0
钢液相对磁导率/H · m⁻¹	1.0
空气相对磁导率/H · m⁻¹	1.0
磁轭相对磁导率/H · m⁻¹	1000
结晶器铜板电导率/S · m⁻¹	$1.78×10^7$
钢液电导率/S · m⁻¹	$7.14×10^5$

模型载荷为三相交流电，各相电流的相位差为 120°。相对的两个线圈通入电流的相位相同，各相电流密度值计算公式如下：

$$J_{ax} = J_0 \sin(\omega t) \tag{5-43}$$

$$J_{by} = J_0 \sin(\omega t - 2\pi/3) \tag{5-44}$$

$$J_{cz} = J_0 \sin(\omega t + 2\pi/3) \tag{5-45}$$

式中　ω——角速度，$\omega = 2\pi f$；

　　　t——时间，s；

　　　f——电流频率，Hz；

　　　J_0——线圈电流密度的幅值，由电流值、线圈匝数及线圈的截面积决定。

5.1.1.8　连铸凝固末端压下模型

为系统分析凝固末端压下对两相区液相流动和溶质偏析的影响作用，在多相凝固模型中进一步考虑了坯壳变形因素，即将压下过程坯壳变形作为边界条件加入多相凝固模型中。以连铸大方坯为例，图5-7是针对压下区间的数学建模示意图。由于凝固末端压下后铸坯沿厚度方向（x轴）具有对称性，因此模型计算区域只考虑铸坯厚度方向1/2区域内的变形行为。此外，为了更为清晰描述连铸凝固末端压下过程，不考虑铸机弯曲段的影响。

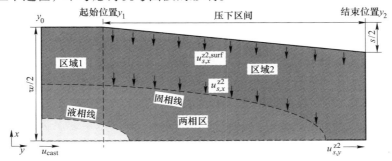

图5-7　计算区域的数学简化示意图

在区域1中（$y_0 \leqslant y < y_1$），铸坯从结晶器区拉出进入二次冷却区中，认为铸坯厚度尺寸（w）不变。在此区域中，固相横向速度设定为零（$u_{s,x}^{z1} = 0$），纵向速度设定为拉坯速度（$u_{s,y}^{z1} = u_{cast}$）。

在区域2中（$y_1 \leqslant y < y_2$），铸坯逐渐进入大方坯凝固末端压下区间的拉矫机内，在液压缸驱动作用下，压下辊强迫凝固坯壳向铸坯中心挤压，可认为铸坯厚度呈线性减小趋势，通过关系式（5-46）表述。

整个大方坯凝固末端压下区间内的数学简化公式如下：

$$x^{z2,\mathrm{suf}} = w - \frac{s(y - y_1)}{2(y_2 - y_1)} \qquad (y_1 < y \leqslant y_2) \tag{5-46}$$

$$u_{s,y}^{z2} = \frac{u_{cast}w}{w - \int\limits_{y_1}^{Y}\left(\frac{s}{2(y_2 - y_1)}\eta\right)\mathrm{d}y} \tag{5-47}$$

$$u_{s,x}^{z2} = u_{s,x}^{z2,\mathrm{suf}} + \frac{\partial u_{s,y}^{z2}}{\partial y}(x^{\mathrm{suf}} - x)$$

$$= \frac{s}{2(y_2 - y_1)}u_{s,y}^{z2} + \frac{u_{cast}w\,\dfrac{s}{2(y_2 - y_1)}\eta}{\left[w - \int\limits_{y_1}^{Y}\left(\dfrac{s}{2(y_2 - y_1)}\eta\right)\mathrm{d}y\right]^2}(x^{\mathrm{suf}} - x) \tag{5-48}$$

式中　$x^{z2,suf}$——铸坯表面位置，m；

　　　s——扇形段的压下量，mm；

　　　η——铸坯中心固相率；

　　　y_1——机械压下的起始位置，m；

　　　y_2——机械压下终点位置，m。

5.1.2　多相凝固模型边界条件

　　根据现场提供的铸机参数，以大方坯为例建立几何模型，并进行网格划分。在数学模型中，施加不同的边界条件，计算凝固过程的熔体流动、凝固传热、晶粒形核和溶质传输等现象，分析凝固组织的演变和溶质偏析现象。

　　对于多相凝固模型而言，需要设置合理的速度边界条件。首先，对连铸过程整体计算区域和边界条件进行划分。如图 5-8 所示，连铸过程计算区域可划分为入口（结晶器水口）、结晶器液面、铸坯表面、出口（铸机出口）四个区域，其中铸坯表面又可细分为结晶器、二冷区与空冷区。针对入口速度边界条件，多相凝固模型中将钢液考虑为不可压缩流体，因此可根据拉速计算恒定的入口速度。对于结晶器液面，不考虑结晶器液面保护渣及其弯月面的液渣流动行为，因此结晶器液面假设流动沿切向无速度梯度。铸坯表面各区域表面速度边界条件设定为

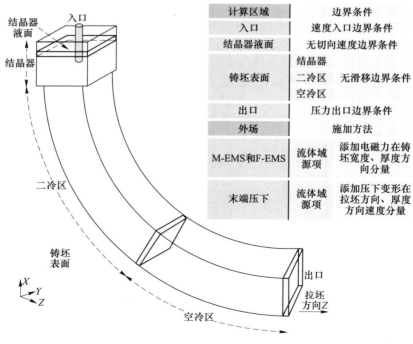

图 5-8　连铸全流程计算区域划分示意图

"wall"，即各区域内均施加无滑移边界条件，适用于连铸过程的大尺度多相传输模拟研究。铸机出口采用压力出口边界条件。对于多相凝固模型中的柱状晶相、等轴晶相及液相，各相在上述各区域内速度边界条件保持一致。此外，对于电磁搅拌与凝固末端压下等外场，均采用添加流体域源项方式实现对电磁力和变形速度的综合考虑。

此外，多相凝固模型中涉及的结晶器、二冷区等传热边界条件已在第3章中予以介绍。

5.1.3 多相凝固模型验证

虽然模拟分析中凝固结束时的大方坯是高温状态，但冷态（25℃）和热态（<900℃）的碳元素宏观偏析差异很小。采用碳硫分析仪和金属原位统计分析仪（OPA-200）对连铸坯不同部位的碳偏析进行了分析。同时，将凝固组织分析与元素分析、原位统计分布分析相结合，系统地研究了连铸坯凝固末端碳元素分布和宏观结构的模拟结果。

为了获得铸坯凝固缺陷的宏观形貌，如图 5-9（a）所示，从断面 320mm×410mm 重轨钢大方坯（碳质量分数 0.78%）上取 300mm 长纵向样进行热酸腐蚀，低倍结果如图 5-10（b）所示。进一步的，沿铸坯厚度方向对纵剖样进行钻屑取样（碳硫分析）和原位分析检测，取样位置如图 5-9（b）所示，选用的钻屑取样钻头直径 5mm，碳硫分析仪型号 Eltra CS-i，分析结果如图 5-11 所示；原位分析样品尺寸 45mm×75mm，原位分析仪型号 OPA-200，分析结果如图 5-12 所示。

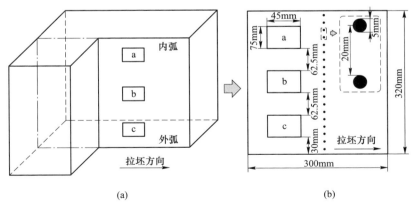

图 5-9　大方坯纵剖取样示意图

（a）铸坯取样示意图；（b）钻屑取样与原位分析取样位置

在图 5-10 中比较了大方坯纵断面碳元素溶质分布模拟结果和纵断面低倍腐蚀形貌，可以看出二者吻合较好。图 5-11 比较了大方坯纵断面上的横向偏析行为计算值与实测值的对比结果，虽然计算结果与实测结果在横向上存在一定偏差，但两种结果的趋势是一致的。结果表明，由于等轴晶向外弧侧下沉，因此内弧侧中心正偏析略高于外弧侧。如图 5-12 所示，使用 OPA-200 原位分析仪获得不同位置的碳元素分布测量结果。在大方坯的中心同时观察到正碳偏析和负碳偏析，同时在大方坯的边部区域观察到负碳偏析存在。样品 1、2、3 的平均碳浓度（质量分数）分别为 0.788%、0.813% 和 0.782%。图 5-11 和图 5-12 的实验结果表明，原位分析仪的测量结果与数值模拟结果一致，表明数学模型的计算求解是正确可行的。

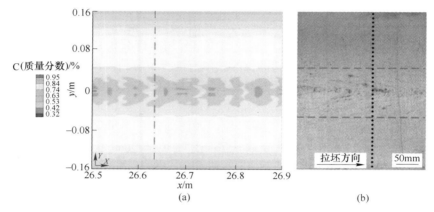

图 5-10　重轨钢连铸大方坯纵剖面宏观偏析
（a）模拟计算结果；（b）热酸腐蚀低倍照片
（扫书前二维码看彩图）

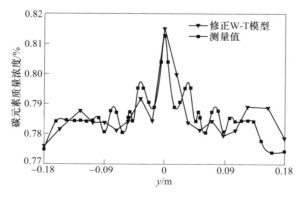

图 5-11　重轨钢大方坯厚度方向溶质偏析模拟计算结果与实测结果的对比

　　为了验证建立的模型的合理性和准确性，需要将现场实测数据和模型计算值进行比较。现在实际应用中有两种方法来对电磁场模型进行验证，其中通用

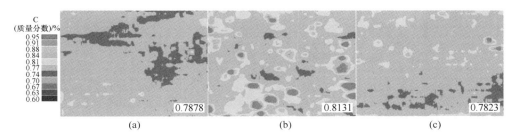

图 5-12　重轨钢大方坯纵断面不同位置的碳元素原位分析结果（取样位置如图 5-9 所示）

（a）位置 a，内弧侧；（b）位置 b，中心；（c）位置 c，外弧侧

（扫书前二维码看彩图）

的做法是测量磁感应强度，但是有学者认为磁感应强度值只是联系电磁力或电磁力矩与激磁电流的中间参数，并不能科学合理的代表搅拌强度的大小，推荐将电磁力矩作为电磁搅拌器的性能指标。然而，目前电磁力矩测量仪器标准尚未统一，不同测量仪器结果误差较大，因此本文仍根据磁感强度对数值模型进行验证。

对现场磁感应强度的测试使用的仪器是 CT3 型特斯拉计，其工作原理为利用霍尔效应将磁感应强度转化为电动势进行测量。霍尔效应的作用原理为：置于磁场中的载流体，如果电流方向与磁场垂直，则在垂直于电流和磁场的方向会产生一个附加的横向电场，在载流体两端会出现微弱的电动势，通过测量电动势就可以实验对磁场的测量。

把一载流导体薄板放在磁场中时，薄板上下端面上的霍尔电势差的大小和电流强度 I 及磁感应强度 B 呈正比，而与薄板沿 B 方向的厚度 d 呈反比，即：

$$U = R_H \frac{I_H B}{d} \tag{5-49}$$

式中　R_H——霍尔系数，仅与导体的材料有关，为一常量；

　　　I_H——霍尔工作电流，A；

　　　B——磁感应强度，Gs；

　　　d——导体沿 B 的厚度，m。

以结晶器电磁搅拌器为例，利用特斯拉计测量不同电磁参数下的搅拌器中心位置的磁感应强度，与模型计算值比较，验证模型磁感应强度计算结果的准确性。测量是在空载条件下进行的，结晶器内无钢液，部分学者已经提出空载时测量值是可以代表正常值的。图 5-13 为搅拌器内铸坯中心线上磁感应强度计算值与测量值的比较。从图中可以看出，铸坯中心线上磁感应分布规律为"中间大，两头小"，磁感应强度最大值出现在搅拌器中间位置，距离结晶器上口约 0.6m 处。在结晶器顶端和底端有一定的偏差，但两者吻合较好，说明所建立的模型是合理准确的。

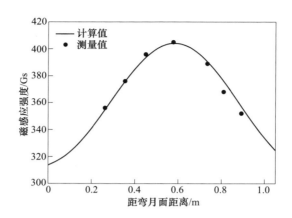

图 5-13　铸坯中心线上磁感应强度计算值与实测值对比

5.1.4　大方坯溶质传输行为研究

电流强度与频率是电磁搅拌最重要的两个工艺控制参数，但一般电磁搅拌频率对磁感应强度的影响较小，特别是结晶器内坯壳厚度较薄，电磁搅拌渗透效果好，搅拌频率引起的磁感应强度差异可忽略不计。根据实践，结晶器电磁搅拌一般常采用低频电流，取值 2.0~3.5Hz。因此本节只对结晶器电磁搅拌的电流强度进行比对分析。

5.1.4.1　结晶器电磁搅拌对大方坯溶质传输行为的影响

模拟具体对象为连铸大方坯重轨钢（碳质量分数为 0.78%），铸坯断面 320mm×410mm。利用建立的多相凝固模型，计算电流参数为 350A 和 2.4Hz 时铸坯内的电磁场分布特征。从图 5-14 中可以看出结晶器内的磁场分布并不均匀，尤其在铸坯轴向方向上的分布很不均匀，电磁搅拌器中心部分磁感应较大，远离搅拌器位置磁场强度较小。在铸坯边缘靠近结晶器壁面处的磁感应强度略微高于表面中心处。

图 5-15 是铸坯中电磁力的分布云图，从图中可以看出，铸坯中电磁力分布与磁感应强度分布趋势大致相同；搅拌器位置电磁力较大，结晶器下口出现电磁力另一个峰值，其主要原因为结晶器铜板对磁场有很强的屏蔽作用，出结晶器后少了结晶器铜板的屏蔽作用，电磁力出现峰值。

图 5-16 为电磁搅拌器中间位置沿铸坯厚度方向的电磁力分布，可以看出电磁力在铸坯边缘最大，向中心不断衰减。随着径向距离的增加而连续增大，图中的负值表示方向与正值相反，这种分布规律使电磁搅拌作用下形成力矩，钢液在铸坯边部的流速较大，这也体现了电磁搅拌的工艺特点。

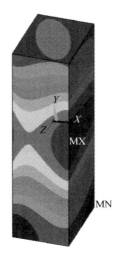

图 5-14　铸坯中磁感应
强度分布
（扫书前二维码看彩图）

图 5-15　铸坯中的
电磁力分布云图
（扫书前二维码看彩图）

图 5-17 为搅拌器中间位置横截面的切向电磁力分布，可以看出电磁力在截面上为周向分布，总体上产生一个旋转力矩。在这个力矩的作用下，结晶器内的钢液做水平旋转运动，即加速了钢液流动。这正是使用结晶器电磁搅拌技术实现改善结晶器内部钢液流动、提升等轴晶率、促进溶质元素与温度场均匀分布的目的。

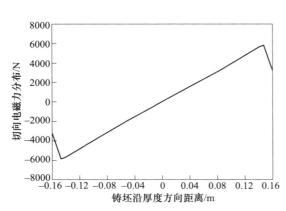

图 5-16　搅拌器中间位置切向电磁力
沿铸坯厚度方向的分布

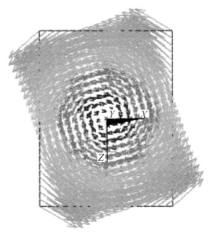

图 5-17　搅拌器中间位置横截面
切向电磁力分布

　　图 5-18 为结晶器搅拌电流频率为 2.4Hz 时，不同搅拌电流强度下轴向磁感应强度分布。可以看出，搅拌器中心磁感应强度沿铸坯中心线呈"抛物线"分布，即距搅拌器越近，铸坯中心线磁感强度越大。另一方面，随着搅拌电流强度的增加中心磁感强度明显增大，电流从 200A 增大至 500A，搅拌器中心磁感应强度从 178.44Gs 增加至 446.10Gs。

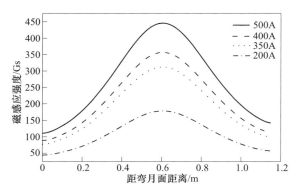

图 5-18　电流强度对磁感应强度的影响

　　图 5-19 为不同电流强度下沿铸坯厚度方向的切向电磁力分布。由图可见，电流强度越大，磁感应强度越大，产生的感应电流越大，电磁力也越大。另外，由于钢液的趋肤效应，离铸坯中心越近，磁场越弱，感应电流越小，电磁力也越小。

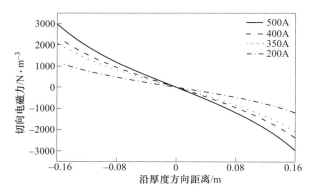

图 5-19　不同电流强度下沿铸坯厚度方向的切向电磁力分布

　　图 5-20 是不同电流强度对等轴晶粒密度的影响。可以看出，随着结晶器搅拌电流强度的增加，铸坯心部的等轴晶率明显增大，然而在电流强度达到 400A 后，继续增加搅拌电流强度，铸坯心部等轴晶率增加程度有限。

　　由图 5-21 可以看出，增加电流强度，可以促进凝固界面液相富集溶质元素

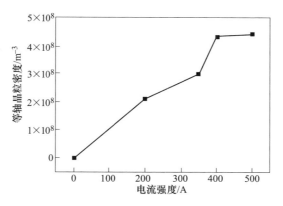

图 5-20 不同电流强度对等轴晶粒密度的影响

的长距离传输，造成铸坯边缘附近负偏析的形成。电流强度越大，铸坯边缘负偏析程度越明显，但电流强度对于液相穴中心钢液的溶质浓度影响有限。另一方面，增加电流强度可以有效促进中心晶粒密度的增加，特别是达到400A时等轴晶比例显著增加，这对于最终凝固铸坯的中心偏析改善是有益的。

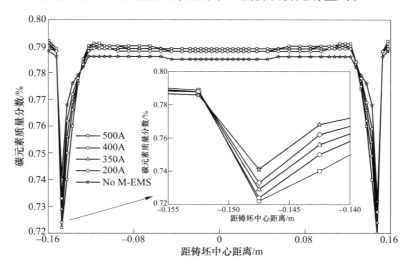

图 5-21 不同电流强度下距弯月面1.2m位置处铸坯厚度方向碳元素分布

因此，对于结晶器电磁搅拌而言，最佳电流强度应大于350A，电流大于400A对铸坯等轴晶粒密度较小，反而导致铸坯边部负偏析增加。

5.1.4.2 凝固末端电磁搅拌对大方坯溶质传输行为的影响

与结晶器电磁搅拌相比，凝固末端铸坯心部钢液流动速度显著降低，需要更强的电磁力才能调控钢液运动,即凝固末端电磁搅拌强度高于结晶器电磁搅拌强度。与此同时,由于凝固坯壳加厚,电磁力穿透效果减弱,因此首先分析了不同搅拌频率对搅拌器磁感应强度的影响作用。凝固末端电磁搅拌的模拟对象为断面320mm×410mm的重轨钢连铸大方坯(碳质量分数为0.78%)。图5-22为凝固末端电磁搅拌电流强度为300A时,不同搅拌频率条件下(7.5Hz、8.0Hz、8.5Hz),搅拌器中心的铸坯磁感应强度沿中心轴向分布规律。

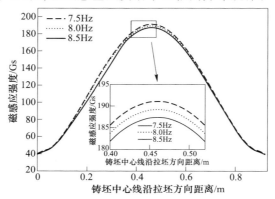

图5-22 凝固末端电磁搅拌电流频率对磁感应强度的影响

凝固末端电磁搅拌中心轴向磁感应强度分布规律同结晶器电磁搅拌结果相类似,二者均沿铸坯中心线呈抛物线型分布(如图5-18与图5-22)。另一方面,当电流频率从8.5Hz降低到7.5Hz时,搅拌器中心(轴向距离0.5m处)的磁感应强度从18.75mT增加到19.13mT,变化幅度并不大。可以看出,调整凝固末端电磁搅拌器的电流强度同样是调整其磁感应强度的主要手段,以下模拟实验内容也将针对电流强度的调整展开。

图5-23为凝固末端电磁搅拌器中部沿铸坯窄面方向的切向电磁力。F-EMS

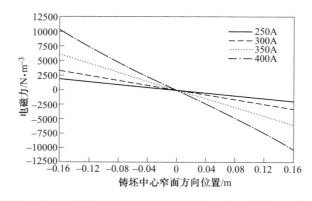

图5-23 凝固末端电磁搅拌下电流强度对铸坯中心窄面方向切向电磁力的影响

的电流频率为 8.0Hz, 拉坯速度为 0.68m/min, 凝固末端电磁搅拌器位于距弯月面 14.0m 处。当 F-EMS 电流强度从 250A 增加到 400A 时, 大方坯 z 向最大切向电磁力由 1938.33N/m³ 增加到 10272.72N/m³。在趋肤效应的影响下, 电磁力沿铸坯窄面方向由铸坯边部向其中心线性减小。

图 5-24 为凝固末端电磁搅拌器中部沿铸坯窄面方向的切向搅拌速度分布。因为此位置已形成 62.16mm 的凝固坯壳, 铸坯边缘的搅拌速度为 0m/s。钢液切向搅拌速度在距齿轮钢铸坯中心 72.32mm 处达到最大值, 并在趋肤效应作用下向钢坯中心逐渐减小。与 M-EMS 相似, F-EMS 作用下的铸坯内部钢水的搅拌速度随电流强度的增加而增大。由于溶质冲刷效应的存在, 并不是搅拌速度越大越好, 即仍然存在着一个可降低中心偏析的最优 F-EMS 电流强度。

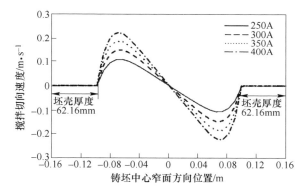

图 5-24 凝固末端电磁搅拌下电流强度对铸坯中心
窄面方向切向搅拌速度的影响

图 5-25 显示了不同 F-EMS 电流强度下距结晶器弯月面 14.0m 处大方坯中心沿窄面方向的相分数。随着 F-EMS 电流强度从 250A 增大到 400A, 柱状晶相的分布范围逐渐减小, 等轴晶相的分布范围不断增大, 液相在大方坯中心的分布范围不断减小。

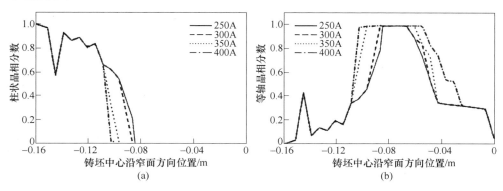

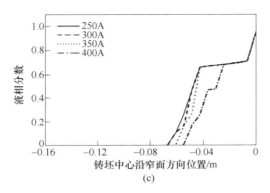

图 5-25　不同 F-EMS 电流强度下距结晶器弯月面 14.0m 处大方坯中心
沿窄面方向的相分数结果

（a）柱状晶相；（b）等轴晶相；（c）液相

　　图 5-26 给出了 F-EMS 作用下的熔体流动、溶质传输和等轴晶粒运动的示意图。随着 F-EMS 电流强度的增加，电磁力不断加速铸坯内部钢液的旋转流动，位于凝固界面前沿的柱状枝晶尖端不断被溶质冲刷机制破坏或重熔，减少了柱状枝晶区域，相应地增大了等轴晶区域。此外，由于 F-EMS 的旋转搅拌作用，钢液温度随电流强度的增加而迅速下降，导致凝固速度加快，形成更多的游离等轴枝晶。在旋转离心力的作用下，游离等轴晶远离大方坯内部中心位置，在凝固界面前沿沉积，使等轴晶区域变大，液相区域变小。

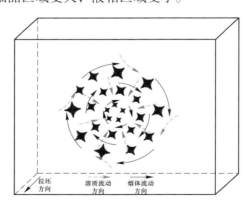

图 5-26　F-EMS 作用下的熔体流动、溶质传输和等轴晶粒运动的示意图

　　图 5-27（a）显示了不同 F-EMS 电流强度的大方坯在距弯月面 14.0m 处铸坯厚度方向上的碳偏析程度。随着 F-EMS 电流强度从 250A 增加到 400A，大方坯中心正偏析度从 1.100 下降到 1.074。当 F-EMS 电流强度从 250A 增加到 400A 时，沿 z 方向靠近大方坯中心的负偏析度从 0.988 减小到 0.976。

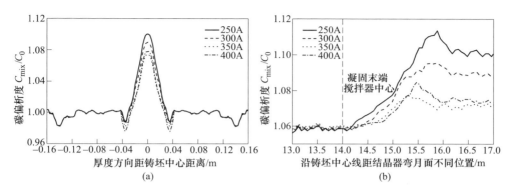

图 5-27 不同 F-EMS 电流强度下大方坯不同位置处的碳偏析度
（a）距结晶器弯月面 14.0m 处铸坯厚度方向；（b）铸坯中心线

结合图 5-26，钢水的旋转流动是由电磁力驱动的，这导致凝固速度的增加和形成更多贫溶质等轴晶。在旋转离心力的作用下，大量贫溶质等轴晶在凝固界面前沉积，形成局部负偏析区，即为白亮带。因此，较大的 F-EMS 电流强度会增强凝固界面前沿的溶质冲刷作用，加剧铸坯中心附近的负偏析缺陷。

图 5-27（b）显示了在不同 F-EMS 电流强度下，铸坯中心线沿拉坯方向的碳偏析程度。随着电流强度的增加，钢水进入凝固末端电磁搅拌器后，大方坯中心的碳浓度显著增加，钢水流出电磁搅拌器后，碳浓度进一步增加。其原因是等轴晶在旋转离心力的作用下沉积在凝固界面前沿，迫使凝固界面前沿富集溶质钢液向大方坯中心位置转移，导致大方坯中心碳浓度增加。当铸坯从凝固末端电磁搅拌器中拉出时，在高温扩散作用下，铸坯中心的碳浓度达到最大值后会有一定程度的降低。

但是，对比电流强度为 400A 时大方坯中心处的碳浓度，电流强度为 350A 时大方坯中心处的碳浓度最低。结果表明，较高的凝固末端电磁搅拌电流强度并不一定能较好地控制铸坯宏观偏析。这是因为凝固末端电磁搅拌对偏析的双重作用，一方面，在 F-EMS 的影响下，大方坯中心处钢液温度迅速下降，凝固速率不断提高，枝晶臂间距明显减小，有效地控制了大方坯中心处的宏观偏析；另一方面，当 F-EMS 电流强度过大时，钢液的旋转速度增加，使柱状枝晶中富含溶质的枝晶间熔体流向大方坯中心位置，从而增加了大方坯中心处的偏析程度。因此，对于此具体生产条件而言，F-EMS 电流强度设置为 350A，可以较好地降低重轨钢连铸大方坯中心正偏析和中心附近负偏析缺陷。

5.1.4.3 过热度对大方坯溶质传输行为的影响

当拉坯速度为 0.70m/min 时，采用多相凝固模型对横断面 320mm×410mm 的重轨钢大方坯（$C_0 = 0.78\%$）在不同过热度下的凝固末端偏析情况进行模拟。过热度为 10℃、20℃、30℃ 下的凝固末端偏析模拟结果如图 5-28 所示。

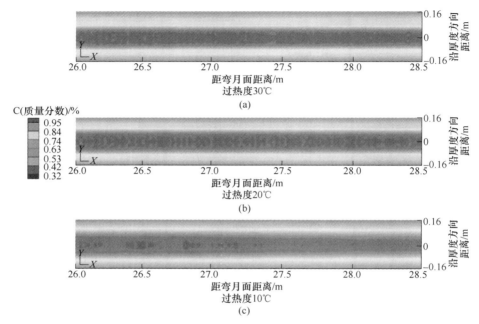

图 5-28　不同过热度下的连铸坯凝固末端偏析形貌

（扫书前二维码看彩图）

由图 5-27 可以看出，连铸大方坯纵断面内溶质偏析呈非连续"V"形分布，且随着浇铸过热度的增加，连铸坯凝固末端的中心宏观偏析缺陷愈加严重。图 5-28 为不同浇铸过热度下凝固末端断面碳偏析沿铸坯厚度方向分布规律。从图中可以看出，当浇铸过热度从 30℃ 降低到 10℃ 时，连铸坯中心处的碳质量分数从 0.95% 降低到 0.85%。伴随中心正偏析的出现，在临近中心的区域出现了正偏析和负偏析共存的现象，在靠近表面的区域，存在着微弱的负偏析。此外，由于偏析缺陷在纵断面内呈"V"形分布，因此图 5-29 所示碳质量分数分布曲线在铸坯中心未得到峰值，这点与常规溶质偏析分布曲线略有差异。

5.1.4.4　凝固末端压下对大方坯溶质传输行为的影响

根据第 3 章建立的连铸坯凝固末端压下过程热-力耦合模型，可得出压下过程坯壳变形规律，并将其作为边界条件耦合至多相凝固模型。利用此模型，研究分析坯壳变形作用下两相区的液相流动和溶质偏析行为，揭示了不同压下量对铸坯中心偏析的影响规律。

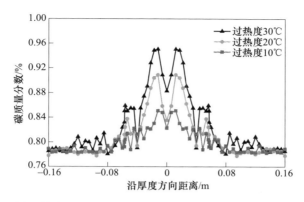

图 5-29 不同过热度下的重轨钢连铸坯凝固末端沿厚度方向碳偏析分布规律

图 5-30 对比了总压下量 9mm 与总压下量 11mm 的铸坯溶质传输行为。可以看出，在固相收缩和机械压下的作用下，显著影响两相区的固相变形行为，从而改变了铸坯中心溶质富集液相的相对流动。

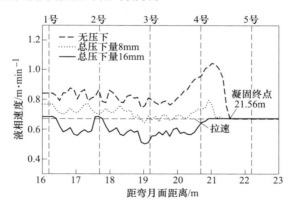

图 5-30 铸坯中心线上的液相速度

在凝固终点附近，在热收缩和凝固收缩共同作用下铸坯中心区域体积迅速收缩，促进铸坯中心液相向凝固终点加速抽吸流动。如图 5-30 所示，随着压下量的逐渐增加，溶质富集液相向凝固终点（21.56m）的流动速度逐渐减小，这是铸坯中心偏析逐渐减轻的主要原因。具体而言，如图 5-30 所示，无压下时，在铸坯中心区域的收缩作用下，压下区间内（1~5 号拉矫机）铸坯中心液相速度不断增加，且因为越靠近凝固末端收缩作用越强烈，在凝固终点前区域（4~5 号拉矫机）出现了液相加速流动现象；当压下量 8mm 时，压下区间内（1~5 号拉矫机）铸坯中心液相速度整体降低，特别是凝固终点前的液相加速流动行为得到一定程度的抑制，其表明压下作用补偿了铸坯中心区域的收缩，但由于压下量不足，溶质富集液相仍然会向铸坯凝固终点流动。当压下量增加至16mm时，压下区间内（1~5号拉矫机）铸坯中心液相速度小于拉速，说明16mm的压下量可充分补偿铸坯中心区域的收缩需求，且促进了中心液相的反向流动，特别是凝固终点前的液相加速流动行为消失，这正是解决铸坯中心偏析的关键所在。

图5-31为不同压下量条件下，大方坯中心偏析沿拉坯方向的变化。从图中可以看出，铸坯中心偏析呈现出先降低后升高的趋势。随着压下量的增加，初始凝固阶段的负偏析程度明显增加，这是由于压下起始段中心液相呈现反向流动的趋势，导致局部溶质浓度降低。随着铸坯凝固的继续进行，在凝固末期热收缩和凝固收缩共同作用下，溶质富集液相向凝固终点抽吸流动，促进铸坯中心偏析形成。因此从整体来看，随着凝固末端压下量的增大，热收缩与凝固收缩得到补偿，向凝固终点流动的液相明显减少，因此铸坯中心偏析增加幅度显著减缓。此外，随着凝固末端压下量的增加，铸坯不断减薄且凝固终点明显向前推移。

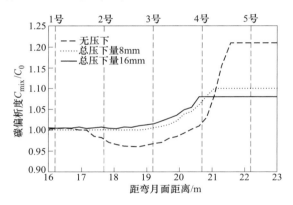

图 5-31　不同压下量条件下连铸坯中心线的碳偏析演变规律

5.2　多外场调控下宽厚板坯溶质传输规律研究

5.2.1　基于多相凝固模型的坯壳变形模型

本节在第3章压下过程宽厚板坯变形规律的基础上，建立了压下过程的多相（液相-柱状晶相-等轴晶相）凝固模型，研究坯壳变形作用下宽厚板坯两相区的液相流动和溶质偏析行为，以及不同压下量对铸坯中心偏析的影响规律。图5-32为宽厚板坯凝固末端压下对偏析行为的改善示意图。

如图5-33（a）所示，根据第3章压下过程热力学规律分析发现，板坯鼓肚的最大挠度点位置并不处于相邻两支撑辊间距的中间位置，而是沿着拉速方向偏向铸流下游，这将极大影响板坯内部的钢液流动与宏观偏析行为。

如图5-33（b）所示，对厚板坯凝固末端压下过程的非对称鼓肚形貌用分段

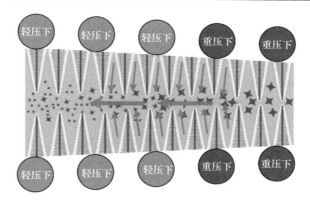

图 5-32　宽厚板坯凝固末端压下对偏析的改善示意图

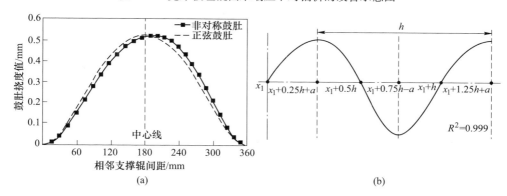

图 5-33　根据三维鼓肚模型计算的板坯鼓肚形貌（a）和非对称鼓肚形貌拟合曲线（b）

正弦函数曲线进行拟合。由于正弦与余弦函数曲线只是相位差不同，为了保证坐标起始点鼓肚，高度为 0mm，因此本节基于正弦函数曲线构成非对称鼓肚形貌非对称鼓肚形貌拟合计算公式如下：

$$
y_{\text{bul}}^i(x) =
\begin{cases}
\dfrac{Y_i}{2} - \dfrac{d_i}{2}\left(1 - \dfrac{x}{n_i h_i}\right)\sin\left(\dfrac{2\pi}{h_i + 4a_i}x\right), \\
\qquad x = x_i \sim x_i + 0.25 h_i + a_i; \\[2mm]
\dfrac{Y_i}{2} - \dfrac{d_i}{2}\left(1 - \dfrac{x}{n_i h_i}\right)\sin\left\{\dfrac{2\pi}{h_i - 4a_i}\left[x - 2(k_n^i + 1)a_i\right]\right\}, \\
x = x_i + 0.25 h_i + a_i + k_n^i h_i \sim x_i + 0.75 h_i - a_i + k_n^i h_i, k_n^i \in [0, n_i]; \\[2mm]
\dfrac{Y_i}{2} - \dfrac{d_i}{2}\left(1 - \dfrac{x}{n_i h_i}\right)\sin\left\{\dfrac{2\pi}{h_i + 4a_i}\left[x + 4(k_n^i + 1)a_i\right]\right\}, \\
x = x_i + 0.75 h_i - a_i + k_n^i h_i \sim x_i + 1.25 h_i + a_i + k_n^i h_i, k_n^i \in [0, n_i]
\end{cases}
\quad , x = x_i \sim x_{i+1}
$$

$$(5\text{-}50)$$

式中　$y_{bul}^i(x)$——仅在非对称鼓肚影响下的板坯厚度，mm；

　　　　k_n^i——每个计算区域内非对称鼓肚形貌曲线的周期数。

对于连铸厚板坯，基于厚板坯连铸过程中非对称鼓肚形貌和凝固末端压下工艺，忽略铸坯坯壳的宽展行为，对厚板坯的坯壳变形行为进行计算。图 5-34 中，选取厚板坯纵剖面的一半厚度建立二维计算模型，连铸厚板坯沿铸流长度划分为 5 个计算区域，分别为区域 0、区域 1、区域 2、区域 3 和区域 4；其中，区域 0 为结晶器段，区域 1 为非对称鼓肚段，区域 2 和区域 3 为非对称鼓肚与机械压下段，区域 4 为水平段。

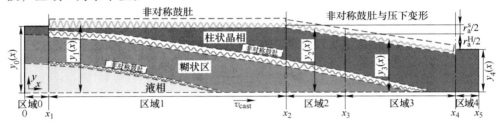

图 5-34　宽厚板坯纵断面不同计算区域划分示意图

其他用于描述非对称鼓肚形貌的计算参数见表 5-3。

表 5-3　用于描述非对称鼓肚形貌的计算参数

项　目	区域 i		
	$i=1$	$i=2$	$i=3$
每个区域入口的板坯厚度		Y_i/mm	
每个区域入口的鼓肚高度		d_i/mm	
每个区域内支撑辊的总数		n_i	
每个区域内相邻支撑辊间距		h_i/mm	
非对称鼓肚挠度最高点的偏移量		a_i/mm	

结合非对称鼓肚和凝固末端压下的综合影响，连铸厚板坯的坯壳表面形貌公式如下：

$$y_0(x) = \frac{T}{2}, x = 0 \sim x_1 \tag{5-51}$$

$$y_1(x) = y_{bul}^1(x), x = x_1 \sim x_2 \tag{5-52}$$

$$y_2(x) = y_{bul}^2(x) - \frac{r_a^S}{2}\left(\frac{x - x_2}{x_3 - x_2}\right), x = x_2 \sim x_3 \tag{5-53}$$

$$y_3(x) = y_{bul}^3(x) - \frac{r_a^S}{2} - \frac{r_a^H}{2}\left(\frac{x - x_3}{x_4 - x_3}\right), x = x_3 \sim x_4 \tag{5-54}$$

$$y_4(x) = \frac{T}{2} - \frac{r_a^S + r_a^H}{2}, x = x_4 \sim x_5 \tag{5-55}$$

式中 $y_0(x)$ ——区域 0 内的板坯厚度，mm；

$y_1(x)$ ——区域 1 内的板坯厚度，mm；

$y_2(x)$ ——区域 2 内的板坯厚度，mm；

$y_3(x)$ ——区域 3 内的板坯厚度，mm；

$y_4(x)$ ——区域 4 内的板坯厚度，mm；

T ——厚板坯初始厚度，mm；

r_a^S ——区域 2 内的轻压下工艺压下量，mm；

r_a^H ——区域 3 内的重压下工艺压下量，mm。

位于区域 0、区域 1、区域 2 内由非对称鼓肚形貌导致的平行于拉速方向的板坯坯壳表面速度公式如下：

$$\boldsymbol{v}_{bul}^{i,x}(x) = v_{cast}$$

$$\boldsymbol{v}_{bul}^{i,y}(x) = \begin{cases} \boldsymbol{v}_{bul}^{i,x}(x)\left[\dfrac{d_i}{2n_ih_i}\sin\left(\dfrac{2\pi}{h_i+4a_i}x\right) - \dfrac{\pi d_i}{h_i+4a_i}\left(1-\dfrac{x}{n_ih_i}\right)\cos\left(\dfrac{2\pi}{h_i+4a_i}x\right)\right] \\[3mm] \boldsymbol{v}_{bul}^{i,x}(x)\left\{\dfrac{d_i}{2n_ih_i}\sin\left[\dfrac{2\pi}{h_i-4a_i}(x-2(k_n^i+1)a_i)\right] - \dfrac{\pi d_i}{h_i-4a_i}\left(1-\dfrac{x}{n_ih_i}\right)\cos\left[\dfrac{2\pi}{h_i-4a_i}(x-2(k_n^i+1)a_i)\right]\right\} \\[3mm] \boldsymbol{v}_{bul}^{i,x}(x)\left\{\dfrac{d_i}{2n_ih_i}\sin\left[\dfrac{2\pi}{h_i+4a_i}(x+4(k_n^i+1)a_i)\right] - \dfrac{\pi d_i}{h_i+4a_i}\left(1-\dfrac{x}{n_ih_i}\right)\cos\left[\dfrac{2\pi}{h_i+4a_i}(x+4(k_n^i+1)a_i)\right]\right\} \end{cases}$$

$$(5-56)$$

式中 $\boldsymbol{v}_{bul}^{i,x}(x)$ ——区域 0、区域 1、区域 2 内由非对称鼓肚形貌导致的平行于拉速方向的板坯坯壳表面速度，m/s；

$\boldsymbol{v}_{bul}^{i,y}(x)$ ——区域 0、区域 1、区域 2 内由非对称鼓肚形貌导致的垂直于拉速方向的板坯坯壳表面速度，m/s；

v_{cast} ——拉速，m/s。

考虑凝固末端压下的影响，整个铸流的坯壳表面速度公式表示如下：

$$\boldsymbol{v}_0^x(x) = v_{cast}, \boldsymbol{v}_0^y(x) = 0 \tag{5-57}$$

$$\boldsymbol{v}_1^x(x) = \boldsymbol{v}_{bul}^{1,x}(x), \boldsymbol{v}_1^y(x) = \boldsymbol{v}_{bul}^{1,y}(x) \tag{5-58}$$

$$\boldsymbol{v}_2^x(x) = \boldsymbol{v}_{bul}^{2,x}(x) + \frac{x-x_2}{x_3-x_2} \times \frac{v_{cast}r_a^S}{y_1(x_2)-r_a^S}, \boldsymbol{v}_2^y(x) = \boldsymbol{v}_2^x(x)\left[\boldsymbol{v}_{bul}^{2,y}(x) - \frac{r_a^S}{2(x_3-x_2)}\right] \tag{5-59}$$

$$\boldsymbol{v}_3^x(x) = \boldsymbol{v}_{bul}^{3,x}(x) + \frac{v_{cast}y_1(x_2)}{[y_1(x_2)-r_a^S]} + \frac{x-x_3}{x_4-x_3} \times \frac{v_{cast}(r_a^Sy_2(x_3)+r_a^Hy_1(x_2)+r_a^Sr_a^H)}{[y_2(x_3)-r_a^H][y_1(x_2)-r_a^S]} \tag{5-60}$$

$$\boldsymbol{v}_3^y(x) = \boldsymbol{v}_3^x(x)\left[\boldsymbol{v}_{bul}^{3,y}(x) - \frac{r_a^H}{2(x_4-x_3)}\right] \tag{5-61}$$

$$\boldsymbol{v}_4^x(x) = \frac{y_2(x_3)y_1(x_2)v_{cast}}{[y_1(x_2)-r_a^S][y_2(x_3)-r_a^H]}, \boldsymbol{v}_4^y(x) = 0 \tag{5-62}$$

式中　　$\boldsymbol{v}_0^x(x)$，$\boldsymbol{v}_1^x(x)$，$\boldsymbol{v}_2^x(x)$，$\boldsymbol{v}_3^x(x)$，$\boldsymbol{v}_4^x(x)$——平行于拉速方向的厚板坯坯
　　　　　　　　　　　　　　　　　　　　　　壳表面速度，m/s；

　　　　　$\boldsymbol{v}_0^y(x)$，$\boldsymbol{v}_1^y(x)$，$\boldsymbol{v}_2^y(x)$，$\boldsymbol{v}_3^y(x)$，$\boldsymbol{v}_4^y(x)$——垂直于拉速方向的厚板坯坯
　　　　　　　　　　　　　　　　　　　　　　壳表面速度，m/s。

为了精准描绘厚板坯内部的速度变化，整个铸流内部的速度公式表示如下：

$$\boldsymbol{v}_0^{x,in}(x) = \boldsymbol{v}_0^x(x)，\boldsymbol{v}_1^{x,in}(x) = \boldsymbol{v}_1^x(x)，\boldsymbol{v}_2^{x,in}(x) = \boldsymbol{v}_2^x(x)，$$
$$\boldsymbol{v}_3^{x,in}(x) = \boldsymbol{v}_3^x(x)，\boldsymbol{v}_4^{x,in}(x) = \boldsymbol{v}_4^x(x) \tag{5-63}$$

$$\boldsymbol{v}_0^{y,in}(x) = \boldsymbol{v}_0^y(x)，\boldsymbol{v}_1^{y,in}(x) = \boldsymbol{v}_1^y(x)，\boldsymbol{v}_4^{y,in}(x) = \boldsymbol{v}_4^y(x) \tag{5-64}$$

$$\boldsymbol{v}_2^{y,in}(x) = \boldsymbol{v}_2^y(x) + \frac{v_{cast}r_a^S[y_2(x) - y_2^{in}(x)]}{[y_1(x_2) - r_a^S](x_3 - x_2)} \tag{5-65}$$

$$\boldsymbol{v}_3^{y,in}(x) = \boldsymbol{v}_3^y(x) + \frac{v_{cast}[r_a^S y_2(x_3) + r_a^H y_1(x_2) + r_a^S r_a^H][y_3(x) - y_3^{in}(x)]}{[y_2(x_3) - r_a^H][y_1(x_2) - r_a^S](x_4 - x_3)}$$
$$\tag{5-66}$$

式中　　$\boldsymbol{v}_0^{x,in}(x)$，$\boldsymbol{v}_1^{x,in}(x)$，$\boldsymbol{v}_2^{x,in}(x)$，$\boldsymbol{v}_3^{x,in}(x)$，$\boldsymbol{v}_4^{x,in}(x)$——平行于拉速方向厚
　　　　　　　　　　　　　　　　　　　　　　板坯内部速度，
　　　　　　　　　　　　　　　　　　　　　　m/s；

　　　　　$\boldsymbol{v}_0^{y,in}(x)$，$\boldsymbol{v}_1^{y,in}(x)$，$\boldsymbol{v}_2^{y,in}(x)$，$\boldsymbol{v}_3^{y,in}(x)$，$\boldsymbol{v}_4^{y,in}(x)$——垂直于拉速方向
　　　　　　　　　　　　　　　　　　　　　　厚板坯内部速度，
　　　　　　　　　　　　　　　　　　　　　　m/s；

　　　　　　　　　　　　　　　　$y_2^{in}(x)$，$y_3^{in}(x)$——板坯内部糊状区
　　　　　　　　　　　　　　　　　　　　　　的边界形貌。

5.2.2　模型参数及计算流程

与 5.1.1 节建立的大方坯连铸过程多相凝固耦合模型相类似，在体积平均-欧拉法框架下，建立了宽厚板坯多相凝固耦合模型。由于宽厚板坯压下过程的坯壳变形更加复杂，因此宽厚板坯模型与大方坯模型的主要区别在于坯壳变形边界条件的不同，即如第 5.2.1 节所述，需根据宽厚板连铸过程鼓肚变形与凝固末端压下过程坯壳变形实际，建立坯壳变形数学模型并求得变形速度分量，通过流体域源项方式将其添加进动量传输方程；此外，结合宽厚板坯连铸生产实际，不考虑电磁搅拌的作用。该模型的计算流程如图 5-35 所示。

本节所述宽厚板坯多相凝固模型模拟过程所用工艺参数与材料热物性参数如表 5-4 所示。选用厚度为 280mm 的宽厚板坯连铸生产线作为研究对象，铸机如图 3-11 所示，利用预处理软件 GAMBIT（Ansys，Inc.，Canonsburg，PA）建立了纵断面尺寸为 280mm×30430mm 的二维对称模型，整个计算域被划分为大约 340 万个单元，网格大小为 5mm×5mm。其结晶器长度为 800mm，拉速为 0.90m/min，钢种为含碳量 0.16 的低合金钢 Q420M，其余模拟计算参数与 5.1.1 节建立的大方坯连铸过程多相凝固耦合模型相类似。

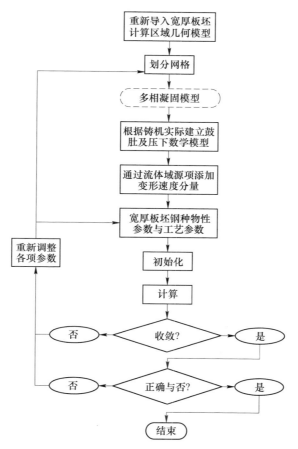

图 5-35 体积平均-欧拉法框架下的宽厚板坯多相凝固耦合模型计算流程图

表 5-4 模拟用工艺参数与材料热物性参数

项 目	单位	值
结晶器长度	x_1/mm	800
连铸拉速	$v_{\text{cast}}/\text{m} \cdot \text{min}^{-1}$	0.90
宽厚板坯初始厚度	W/mm	280
初始碳浓度	c_0	0.0016
密度（液相/等轴晶/柱状晶相）	ρ_1, ρ_e, $\rho_c/\text{kg} \cdot \text{m}^{-3}$	7109/7109/7384
热导率（液相/等轴晶相/柱状晶相）	k_1, k_e, $k_c/\text{W} \cdot (\text{m} \cdot \text{K})^{-1}$	39/33/33
比热（液相/固相）	$c_{\text{p}(1)}, c_{\text{p}(s)}/\text{J} \cdot (\text{kg} \cdot \text{K})^{-1}$	824.62/660.87

对于图 5-34 中宽厚板坯计算区域 1 入口的初始鼓肚形貌，本节结合图 3-11 所示铸机具体参数与相关文献介绍[3]，确定计算区域 1 初始铸坯厚度为 280mm，

初始鼓肚高度为 0.8mm，区域内辊间距 268mm，其余相关参数如表 5-5 所示。此外，为进一步明确图 5-34 中凝固末端压下计算区域（区域 2、区域 3）内的初始鼓肚形貌，基于第 3 章所述热/力学模型，图 5-36 给出了区域 2、区域 3 入口扇形段坯壳沿宽向及厚度方向的鼓肚变形。其中采用 δ_x 与 δ_z 分别表征铸坯宽面坯壳沿 X 轴方向的鼓肚变形量（即垂直于宽面方向）与窄面坯壳沿 Z 轴方向（垂直于窄面方向）的鼓肚变形量。如图所示，在钢水静压力作用下，坯壳沿铸坯厚度方向及宽度方向均发生了明显的鼓肚变形；其中，由于无法得到铸辊的有效支撑作用，坯壳沿铸坯厚度方向的鼓肚变形（δ_x）主要集中于辊间距的中间位置附近区域，而沿铸坯宽度方向的最大鼓肚变形则位于坯壳窄面。

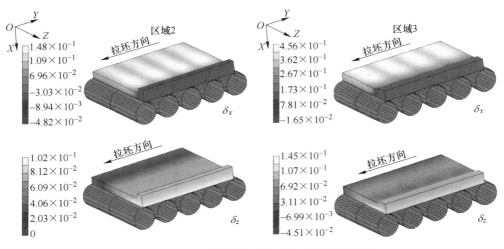

图 5-36　宽厚板坯坯壳沿宽向及厚度方向的鼓肚变形（mm）

　　图 5-37 对比了区域 2、区域 3 入口位置坯壳宽面沿厚度方向鼓肚变形特征。从计算区域 2 到区域 3，凝固坯壳厚度的不断增加，其表明坯壳抗变形能力不断

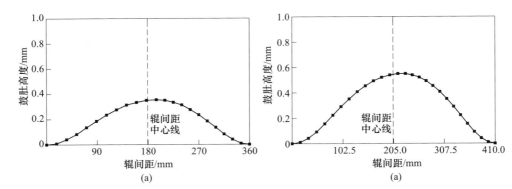

图 5-37　计算区域 2（a）与区域 3（b）入口位置坯壳宽面及窄面的鼓肚变形规律

增强；但随着与结晶器液面高度落差的增加，同时钢水静压力与辊间距也在不断增大，在二者综合作用下，宽面坯壳鼓肚变形不断增大，且增大速度愈发明显，表明钢水静压力与辊间距因素对鼓肚变形的影响更加明显。此外，受蠕变变形影响，鼓肚变形最大值并未出现于两辊中间位置，而是沿拉坯方向向后偏移。

根据图 5-37 的计算结果，可以最终得出 5.2.1 节坯壳变形模型中用于描述非对称鼓肚形貌的详细计算参数（鼓肚高度、支撑辊数量、辊间距等），如表 5-5 所示。

表 5-5 非对称鼓肚形貌详细计算参数

项目	区域		
	$i=1$	$i=2$	$i=3$
每个区域入口的板坯厚度 Y_i/mm	280	$y_{\mathrm{bul}}^{1}(x_2)$	$y_{\mathrm{bul}}^{2}(x_3)$
每个区域入口的鼓肚高度 d_i/mm	0.80	0.35	0.54
每个区域内支撑辊的总数 n_i	58	18	15
每个区域内相邻支撑辊间距 h_i/mm	268	360	410
非对称鼓肚挠度最高点的偏移量 a_i/mm	11.17	14.40	16.45

5.2.3 耦合计算模型验证

采用宏观低倍腐蚀分析和红外碳硫分析方法，研究了总压下量为 25mm 的板坯纵断面上的宏观偏析行为。为了分析宏观低倍形貌，从厚板坯中心沿纵断面方向取 200mm 长低倍样，如图 5-38 所示。其中，因压下后铸坯减薄，纵剖样高度 255mm。同样的，在低倍样上钻屑取碳硫分析样，位置如图 5-38（b）所示。

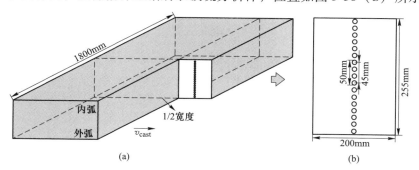

图 5-38 厚板坯纵断面不同取样位置（a）示意图和不同试样的具体尺寸（b）

图 5-39 对比了数值模拟计算结果和腐蚀得到的厚板坯凝固末端纵断面低倍照片。结果表明，图 5-39（a）中连铸坯的中心宏观偏析计算结果与图 5-39（b）中的厚板坯宏观偏析低倍腐蚀形貌非常相似，表明模拟结果和实验结果吻合良好。基于多相凝固模型，计算了距弯月面 29.2m 处的纵断面横向的碳偏析程度，如图 5-40 所示。按图 5-38 所示位置，用直径为 5mm 的钻头钻屑并用红外碳硫分

析仪测定元素偏析度，碳偏析指数的计算值与实测值结果对比如图 5-40 所示。

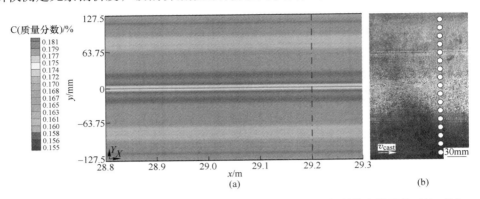

(a)　　　　　　　　　　　　　　　　(b)

图 5-39　厚板坯凝固末端纵断面的宏观偏析计算结果（a）与低倍腐蚀形貌对比（b）

（扫书前二维码看彩图）

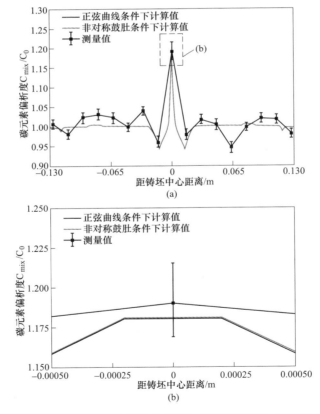

图 5-40　不同鼓肚形貌下的碳偏析度实测与模型计算结果（a）和中心位置

偏析度局部放大图（b）

实验结果表明，非对称鼓肚形貌比正弦曲线鼓肚形貌的计算结果更符合实际测量值，实验数据与理论计算基本吻合，表明理论模型和数值模拟是正确可行的。由于本研究未考虑电磁搅拌模型，因此在图 5-39（a）和（b）所示的厚板坯厚度 1/4 处未发现负偏析带（"白亮带"）的计算结果。

5.2.4　宽厚板坯溶质传输行为规律

5.2.4.1　模拟方案

在宽厚板坯的连铸过程中，鼓肚变形和机械压下均会显著影响宏观偏析的形成。因此，基于宽厚板坯凝固多相耦合模型，设计了两个模拟实验，其中实验一主要模拟了压下区间前（距弯月面 15.2~15.8m）鼓肚变形，特别是比对分析了正弦鼓肚与非正弦鼓肚，对铸坯溶质偏析的影响规律；实验二主要模拟了压下区间内（第 9 与第 10 扇形段，距弯月面 20.5~24.5m）无压下和压下量 3mm、9mm、15mm 条件下的溶质偏析行为，具体四个案例如表 5-6 所示。

表 5-6　实验二不同压下量下的模拟参数对比案例

项目	压下量/mm		凝固终点前第 9 和 10 扇形段内的总压下量 r_a/mm	铸流内的总压下量/mm	压下工艺
	扇形段 9 的 r_a^S	扇形段 10 的 r_a^H			
案例 I	0	0	0	0	无压下
案例 II	3	0	3	9	轻压下
案例 III	3	6	9	15	重压下
案例 IV	3	12	15	25	重压下

5.2.4.2　不同鼓肚形貌对厚板坯宏观偏析行为的影响（实验一）

为了了解不同坯壳鼓肚形貌对连铸坯速度场分布的影响，进行了正弦鼓肚与非正弦鼓肚下溶质传输行为的仿真模拟，结果如图 5-41 所示。

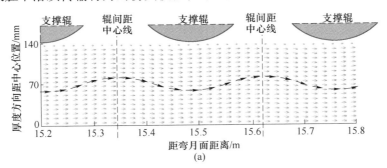

(a)

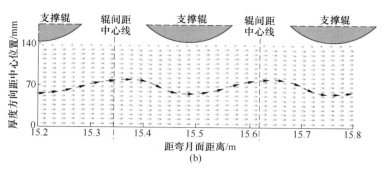

图 5-41　不同鼓肚形貌下的铸坯纵剖面速度场

（a）正弦曲线鼓肚；（b）非对称鼓肚

　　模拟结果表明，当相邻支撑辊间的鼓肚形貌发生变化时，速度矢量也随之发生变化。对于正弦曲线鼓肚，如图 5-41（a）所示，距弯月面 15.20~15.80m 处纵断面上的速度场显示出正弦变化的相同趋势。对于非对称鼓肚形貌，如图 5-41（b）所示，速度场变化趋势与前者类似，呈现非正弦曲线变化趋势。对于两种不同的鼓肚形貌，模拟结果表明，相邻支撑辊内的前半段区域内的速度和后半段的速度有明显的不同趋势。然而，在模拟实际工作条件下的非对称鼓肚时，速度分布的趋势一般是偏向下游的支撑辊的。

　　图 5-42 显示了不同鼓肚形貌下纵断面上板坯中心液相的速度和体积分数。可以看出，正弦曲线鼓肚形貌和非对称鼓肚形貌下的液相速度曲线存在明显差异。随着液相体积分数由 0.24 降至 0.19，相邻两支撑辊间隙内中心线处液相在正弦曲线鼓肚作用下的最大速度由 936.19×10⁻³m/min 降至 936.11×10⁻³m/min，大于拉坯速度 0.90m/min。此外，考虑到非对称鼓肚形貌的影响，熔体速度曲线呈现非正弦变化趋势，液相最大速度所在位置横向偏移距离支撑辊中心线约 0.03m。当液相体积分数从 0.24 降低到 0.19 时，非对称鼓肚形貌作用下的最大液相速度从 936.24×10⁻³m/min 降低到 936.14×10⁻³m/min，仍大于拉坯速度（0.90m/min）。然而，无论鼓肚形貌是常规的正弦曲线形貌还是非对称鼓肚形貌，作为液相速度变化的主要驱动力，铸坯中心液相的速度总是大于拉坯速度，液相不断地向凝固末端方向流动。相比之下，非对称鼓肚，下板坯中心的最大液相速度明显增大。导致此结果的原因是，当非对称鼓肚形貌的挠度最大点偏移相邻支撑辊中心向后移动时，鼓肚的抽吸作用加剧，从而增加了板坯中心位置处的液相速度。

　　图 5-43 显示了不同鼓肚形貌作用下碳元素在铸坯中心线上的偏析度。可以看出，非对称鼓肚形貌条件下铸坯偏析度变化趋势明显向下一支撑辊偏移。正弦曲线鼓肚条件下的碳偏析度由 99.77×10⁻² 提高到 99.95×10⁻²，非对称鼓肚条件下

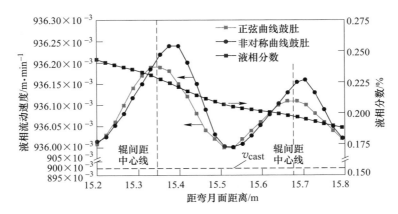

图 5-42 不同鼓肚形貌下铸坯中心线上液相的速度和体积分数

的碳偏析度由 99.85×10^{-2} 提高到 100.01×10^{-2}。将图 5-43 偏析度变化规律与图 5-42 所示的熔体流动速度结果相结合，可以得出非对称鼓肚形貌引起的抽吸作用明显大于正弦曲线鼓肚。在非对称鼓肚形貌的作用下，柱状枝晶间的富集溶质液相被抽吸出原有位置；然后，富集溶质液相在较高的流动速度下向随后的支撑辊处传输，形成新的堆积区，从而导致碳偏析程度的增加。偏析程度由负偏析向正偏析逐渐变化，说明坯壳鼓肚是导致正偏析的原因之一，考虑非对称的鼓肚形貌将进一步恶化铸坯中心偏析程度。

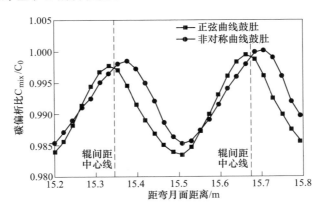

图 5-43 不同鼓肚形貌作用下碳元素在铸坯中心线上的偏析程度

5.2.4.3 不同凝固末端压下工艺对厚板坯宏观偏析行为的影响（实验二）

图 5-44~图 5-47 给出了压下区间内（第 9 与第 10 扇形段，距弯月面 20.5~24.5m）无压下和压下量 3mm、9mm、15mm 条件下的铸坯纵断面凝固行为，主

要包括液相速度矢量与碳偏析度分布。其中第 9 段的压下量为 r_a^S，铸坯中心固相率 $f_s = 0.75 \sim 0.84$；第 10 段的压下量为 r_a^H，铸坯中心固相率 $f_s = 0.90 \sim 0.99$。

　　未施加压下时（案例 I，$r_a^S = 0mm$ 和 $r_a^H = 0mm$），如图 5-44（a）所示，受凝固末端坯壳抽吸作用影响，铸流上游钢液不断流入第 9 段内；由于上游钢液偏析程度较低，因此第 9 段心部区域未产生明显的溶质偏析缺陷（图 5-44（b））。在第 10 段前半段，热收缩与凝固收缩将导致枝晶尖端向坯壳表面运动，铸坯心部形成局部负压区，图 5-44（a）中可看出抽吸作用下铸坯心部液相加速流动，这是"溶质冲刷"机制下形成局部负偏析缺陷的主要原因（图 5-44（b））；在第 10 段的后半段，由于铸坯持续收缩，其导致的剧烈抽吸作用会使铸坯中心溶质向凝固终点前汇聚，最终形成正偏析缺陷（图 5-44（b））；综上，在第 10 段中铸坯中心线的碳偏析度分布呈现先负偏析再转向正偏析的趋势。

　　当施加轻压下时（案例 II，$r_a^S = 3mm$ 和 $r_a^H = 0mm$），如图 5-45（a）所示，第 9 与第 10 段铸坯中心区域液相流速整体下降，特别是第 10 段前半段铸坯心部液相流动速度出现降低，表明第 9 段的轻压下可较好的抑制铸坯心部液相流动。在第 10 段内，由于变形量（3mm）不足以补偿铸坯中心区域收缩，铸坯中心线的液相速度依然会增加；然而，轻压下导致的第 9 段内液相流速减小、增量不足，因此第 10 段内坯壳收缩作用下的液相流速增加幅度明显小于无压下时；与此同时，铸坯心部的"溶质冲刷"与溶质聚集也将减弱，因此第 10 段的溶质富集也将减弱，但依然会在凝固终点前形成正偏析缺陷（图 5-45（b））。综上，与未施加压下相比，轻压下对改善中心区域宏观偏析具有一定的作用。

　　对于两种重压下工艺（案例 III，$r_a^S = 3mm$ 和 $r_a^H = 6mm$；案例 IV，$r_a^S = 3mm$ 和 $r_a^H = 12mm$），如图 5-46（a）与图 5-47（a）所示，虽然第 9 段的压下量与轻压下一致，但是第 10 段的重压下促使铸坯中心液相发生了明显的反向流动，同时造成了第 9 段内铸坯心部液相速度的减小；同时，重压下促进坯壳减薄，凝固进程提前终止，且随着压下量的增加（坯壳减薄量增加）凝固终点向弯月面前移（图 5-46（b）与图 5-47（b））。此外，重压下可完全补偿凝固坯壳的收缩量，铸坯心部抽吸作用消失且强烈的坯壳变形将促使铸坯心部液相发生反向流动，使富集溶质液相从凝固终点前挤压排出，有效抑制铸坯中心的溶质富集现象；但由于富集溶质液相不可能完全排出，将形成轻微的中心宏观偏析，如图 5-46（b）与图 5-47（b）所示。两种重压下工艺对比可看出，随着压下量的增加，其促进凝固终点前富集溶质液相的挤压排出效果会加强，对中心偏析的改善效果也会更加明显。

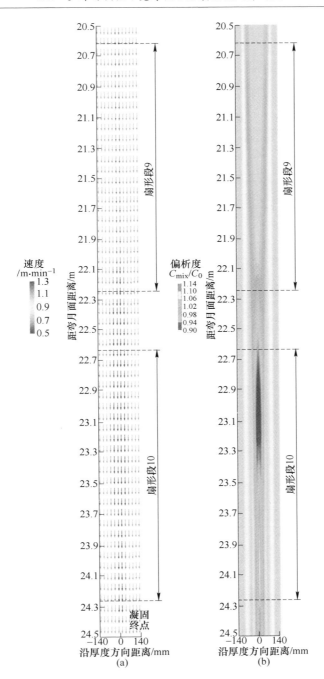

图 5-44 案例Ⅰ无压下时铸坯纵断面凝固行为

(a) 液相速度矢量; (b) 碳偏析度

(扫描书前二维码看彩图)

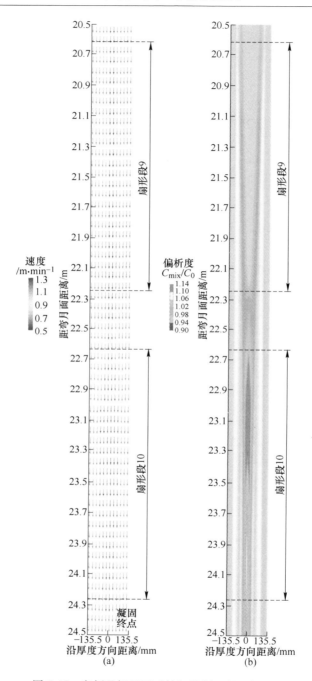

图 5-45 案例Ⅱ轻压下时铸坯纵断面凝固行为

（a）液相速度矢量；（b）碳偏析度

（扫描书前二维码看彩图）

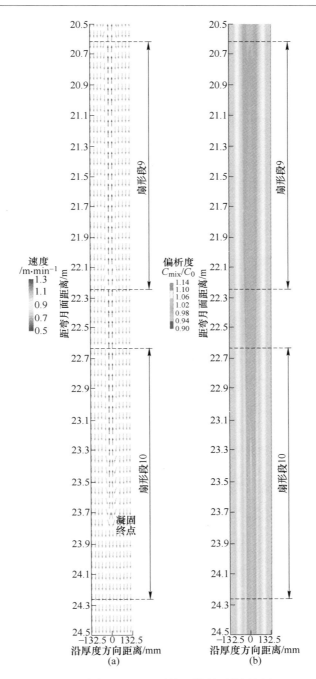

图 5-46 案例Ⅲ重压下时铸坯纵断面凝固行为

（a）液相速度矢量；（b）碳偏析度

（扫描书前二维码看彩图）

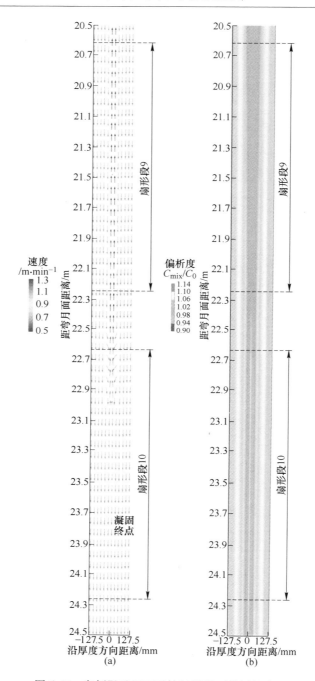

图 5-47　案例Ⅳ重压下时铸坯纵断面凝固行为

（a）液相速度矢量；（b）碳偏析度

（扫描书前二维码看彩图）

5.3 热装送过程中缩孔偏析演变规律的研究

在连铸过程中，溶质再分配将导致铸坯出现成分不均和枝晶间溶质富集从而产生微观偏析[49]，严重的微观偏析将会在轧制过程中沿着轧制方向形成带状组织，从而破坏钢的力学性能[50,51]。同时，凝固收缩、枝晶搭桥作用下铸坯中心易形成严重的缩孔疏松等缺陷，且缩孔位置处往往伴随存在溶质偏析缺陷[52]。然而，现有针对微观偏析改善的高温扩散研究大多集中于枝晶间偏析元素的高温扩散[53,54]，对于缩孔内部微观偏析的改善工艺少有研究。

5.3.1 重轨钢铸坯微观缩孔形貌特征

连铸凝固末端在凝固收缩的作用下，易在铸坯中心形成宏/微观缩孔。利用超声波对铸坯样品进行非破坏性分层扫描，并以此扫描结果建立三维模型，从而获得铸坯中心内部微观缩孔的真实形貌与分布。如图 5-48 所示，大部分微观缩孔在重轨钢铸坯内部为椭球形，其长轴长度不超过1mm，小部分为球形和不规则形状。

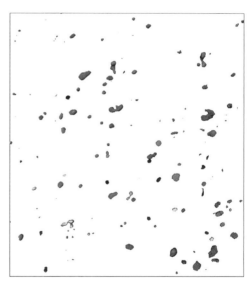

图 5-48　重轨钢铸坯中心微观缩孔三维建模图

为系统研究缩孔尺寸、均热温度与均热时间三者对缩孔内部微观偏析扩散的影响，其最佳的实验方法为设计正交实验。本研究将缩孔尺寸分为三种类型，均热温度与均热时间同样选择为三种。因此正交实验可选择L9(3⁴) 的正交表，其中 9 为实验次数，3 为实验水平数，4 表示实验表有 4 列，正交实验因素水平表见表 5-7。

表 5-7　因素水平表

序号	缩孔尺寸 $R/\mu m$	均热温度 $B/℃$	均热时间 C/min
1	$R \leq 100$	1150	60
2	$100 < R \leq 400$	1200	90
3	$R > 400$	1250	120

实验用正交实验表见表 5-8，实验方案中 $R_1 B_1 C_1$ 表示缺陷尺寸小于 $100\mu m$，均热温度为 1150℃，均热时间为 60min。

表 5-8 正交实验表

序号	影响因素			实验方案
	缩孔尺寸 $R/\mu m$	均热温度 $B/℃$	均热时间 C/min	
1	$R \leqslant 100$	1150	60	$R_1B_1C_1$
2	$R \leqslant 100$	1200	90	$R_1B_2C_2$
3	$R \leqslant 100$	1250	120	$R_1B_3C_3$
4	$100 < R \leqslant 400$	1200	120	$R_2B_2C_3$
5	$100 < R \leqslant 400$	1250	60	$R_2B_3C_1$
6	$100 < R \leqslant 400$	1150	90	$R_2B_1C_2$
7	$R > 400$	1250	90	$R_3B_3C_2$
8	$R > 400$	1150	120	$R_3B_1C_3$
9	$R > 400$	1200	60	$R_3B_2C_1$

实验仪器采用日本电子株式会社生产的型号为 JXA-8530F 的电子探针,执行高温扩散工艺前对样品缩孔处进行电子探针面扫描,观察缩孔及周围的碳元素分布,同时记录高温扩散工艺前扫描位置。防止均热过程中样品表面产生氧化,影响实验结果,使用真空玻璃管对样品进行封装。将样品按所设计的实验方案进行均热处理后,对样品进行轻抛,找到在高温扩散工艺前的位置再次进行电子探针面扫描分析,观察均热处理后的缩孔内部及周围偏析碳元素的变化。

5.3.2 均热过程对缩孔处微观偏析的影响

以往的测试结果中,电子探针测试结果仅能记录整个扫描面上不同位置的碳含量,无法定量描述扫描面上不同位置处的碳含量。为量化 EPMA 的测试结果方便正交试验数据的计算,在此引入微观偏析面积改变量(Change of Microsegregation Area,CMA)的概念,公式如下:

$$CMA = \frac{|S_2 - S_1|}{S_1} \times \frac{1}{100 - S_1} \times 100\% \tag{5-67}$$

式中 S_1——均热前微观偏析所占面积比;

  S_2——均热后微观偏析所占面积比。

图 5-49~图 5-51 中显示出了在铸坯的微观缩孔内部及其周围的碳元素分布情况。

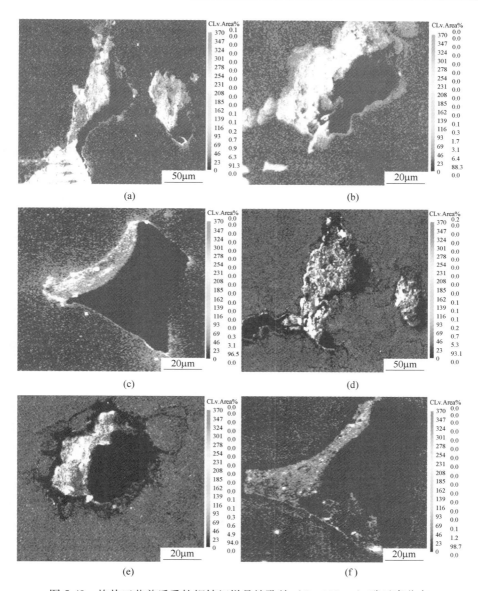

图 5-49 均热工艺前后重轨钢铸坯样品缩孔处（$R \leqslant 100\mu m$）碳元素分布

（a）~（c）均热工艺前；（d）1150℃，60min；（e）1200℃，90min；（f）1250℃，120min 均热工艺后

（扫书前二维码看彩图）

显然，微观缩孔内部与周围存在严重的碳元素偏析。由图中可以看出，经过不同温度和时间的均热工艺后，缩孔内部及其周围的微观偏析得到了显著改善。将 EPMA 的特征 X 射线计数强度最大值调整为一致（调整到最大值为 370），便于比较每个样品均热工艺前后碳元素的微观偏析的变化。

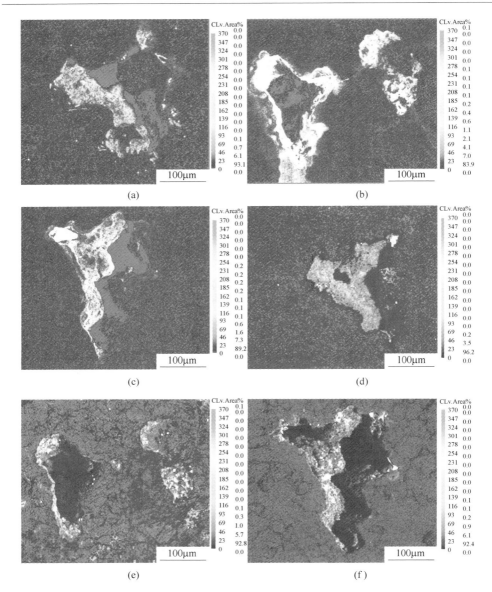

图 5-50　均热工艺前后重轨钢铸坯样品缩孔处（100μm<R≤400μm）碳元素分析

（a）~（c）均热工艺前；（d）1200℃，120min；（e）1250℃，60min；

（f）1150℃，90min 均热工艺后

（扫书前二维码看彩图）

图 5-52 显示为图 5-49~图 5-51 在不同条件下均热工艺处理后，不同样品的微观偏析的面积比变化。可以看出，均热后缩孔内部及周围碳元素微观偏析所占的面积减小，基体面积明显增加。图 5-52 中虚线是在所设定的缩孔尺寸范围内，

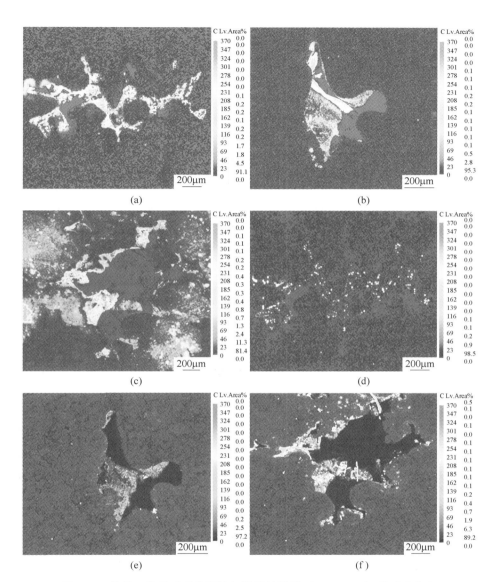

图 5-51　均热工艺前后重轨钢铸坯样品缩孔处（R>400μm）碳元素分布

（a）~（c）均热工艺前；（d）1250℃，90min；（e）1150℃，120min；

（f）1200℃，60min 均热工艺后

（扫书前二维码看彩图）

微观偏析所占面积的平均值。当缩孔尺寸小于 100μm 时，微观偏析的平均面积为 7.87%。当微观缩孔尺寸大于 100μm 时，微观偏析的平均面积大于 10%。可见当缩孔尺寸较大时，其内部及周围的碳元素偏析较大。

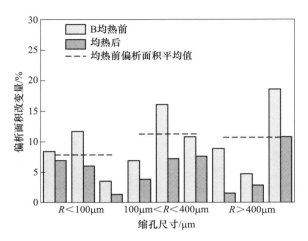

图 5-52   均热过程偏析面积改变量

表 5-9 中的结果由公式（5-67）计算得出。计算结果显示出在相同缩孔尺寸范围内，当均热温度在 1250℃时的微观偏析面积比变化最大。均热温度对实验结果的影响最为显著，而缩孔尺寸与均热时间对微观偏析的改善效果不如均热温度明显。

表 5-9   微观偏析面积比变化

因　　素			微观偏析面积比变化
缩孔尺寸/μm	均热温度/℃	均热时间/min	
$R \leqslant 100$	1150	60	0.1949
$R \leqslant 100$	1200	90	0.5517
$R \leqslant 100$	1250	120	0.6514
$100 < R \leqslant 400$	1200	120	0.4826
$100 < R \leqslant 400$	1250	60	0.6589
$100 < R \leqslant 400$	1150	90	0.3322
$R > 400$	1250	90	0.9127
$R > 400$	1150	120	0.4242
$R > 400$	1200	60	0.5152

极差分析和方差分析的结果见表 5-10 和表 5-11。正交实验的极差分析和方差分析可以确定各影响因素对实验结果的强度。极差分析值 E 最大，表明该因素是影响试验结果的最重要因素。从表 5-9 可以看出，均热温度的最大值 E 为 0.42，表明均热温度对偏析改善程度的影响最大，微观缩孔尺寸与均热时间的极差值 E 值差别不大，可见缩孔尺寸与均热时间对碳元素的高温扩散效果是相同的。

根据正交试验方差分析的特点,对表 5-11 的试验结果进行 F 检验。碳元素扩散过程中均热温度的 F 值最大($F_{0.01}(2,2)=99>83.19>F_{0.05}(2,2)=19$),显示出均热温度与碳元素高温扩散效果的相关性达到 95% 以上。均热时间的 F 值最小($F_{0.05}(2,2)=19>9.55>F_{0.1}(2,2)=9$),但其相关性同样达到了 90% 以上,对碳元素的高温扩散依然的影响显著。F 检验结果表明,均热温度、均热时间、缩孔尺寸三个因素均能够影响微观偏析的改善。其中,均热温度对微观偏析的改善效果影响最大,缩孔尺寸和均热时间对微观偏析的影响小于均热温度的影响。根据表 5-10 和表 5-11 中碳元素的极差分析和方差分析,认为均热温度为 1250℃时最佳均热时间为 90min,表 5-8 的实验结果具有一致性。

表 5-10 极差分析表

项目	缩孔尺寸/μm	空白列	均热温度/℃	均热时间/min
k_1	0.47	0.53	0.32	0.46
k_2	0.49	0.54	0.52	0.60
k_3	0.62	0.50	0.74	0.52
E	0.15	0.05	0.42	0.14

表 5-11 方差分析表

因素	SS	df	MS	F	F 检验临界值
缩孔尺寸/μm	0.04	2.00	0.02	12.30	$F_{0.05}(2,2)=19$
均热温度/℃	0.27	2.00	0.13	83.19	$F_{0.1}(2,2)=9$
均热时间/h	0.03	2.00	0.02	9.55	$F_{0.01}(2,2)=99$
误差	0.00	2.00	0.00	——	——

5.3.3 缩孔处微观偏析扩散动力学

研究表明微观偏析在枝晶臂间的分布符合余弦规律,具有较强的周期性规律。然而,元素的分布不仅具有周期性的规律,还具有相邻枝晶臂间元素含量不一致的特点,这一特点将导致余弦模型不一定符合微观偏析在枝晶臂间的分布。为解决不同枝晶臂间元素含量的不同,Zhang 等[55]建立了溶质元素在枝晶臂间分布的高斯扩散模型,高斯模型溶质分布如图 5-53 所示。高斯模型具有以下特点,(1)枝晶臂间元素具有周期性;(2)不同枝晶臂间元素含量不同。

微观偏析高斯扩散模型如式(5-68)所示,对于枝晶臂间合金元素的扩散,研究者们仅考虑了单个枝晶沿单一方向朝着另一枝晶的扩散过程,这种扩散方向仅有一个维度,未考虑其他方向上的元素扩散。然而,缩孔内部的微观偏析扩散不仅是一维空间的单向扩散,而是三维空间的多向扩散,这将导致高斯扩散模型不适用于缩孔内部微观偏析扩散行为。

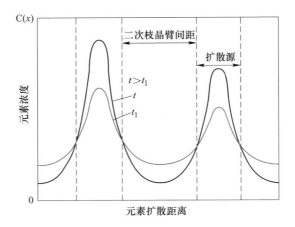

图 5-53 高斯扩散曲线元素分布

$$C(x,t) = \frac{S}{\sqrt{4\pi Dt}} \sum_{i=0}^{n} \exp \frac{-(x \pm il)^2}{4Dt} \qquad (5-68)$$

为此，需要对枝晶臂间高斯扩散模型进行改进，考虑多个方向上的扩散行为。因此应对缩孔处微观偏析扩散进行假设：（1）将整个缩孔处扩散源视为一个扩散点；（2）微观偏析在缩孔的中心处取得最大值。因此缩孔处微观偏析的扩散公式可以表示为：

$$C(x_1,x_2,t) = \frac{S^2}{4\pi Dt} \sum_{i=0}^{n} \exp \frac{-(x_1 \pm il)^2 - (x_2 \pm il)^2}{4Dt} \qquad (5-69)$$

式中　l——缩孔尺寸，其长度为等面积的圆的尺寸；

　　　t——均热时间 s；

　　　S——每一点的原子总量；

　　　D—— 一个与温度有关的扩散系数，利用阿伦尼乌斯公式扩散系数 D 可以
　　　　　　表示为：

$$D = D_0 \exp \frac{-Q}{R(T + 273)} \qquad (5-70)$$

式中　D_0——元素扩散常数；

　　　Q——扩散激活能；

　　　R——气体扩散常数 8.314J/(mol·K)；

　　　T——扩散温度。

经文献查证碳元素的扩散系数为[56] $D_0 = 0.11\mathrm{cm^2/s}$，$Q = 129.09\mathrm{kJ/mol}$。

显然，当 $t = 0$ 时，缩孔处初始元素分布与式（5-68）是不相符的。定有一个 t 的值使得该公式满足缩孔处初始的元素分布规律，初始元素分布可以表示为：

$$C(x_1, x_2, t) = \frac{S}{4\pi Dt} \sum_{i=0}^{n} \exp \frac{-(x_1 \pm il)^2 - (x_2 \pm il)^2}{4Dt} \tag{5-71}$$

经过 t' 时间的扩散后，式（5-71）可以表示为：

$$C(x_1, x_2, t') = \frac{S}{4\pi D(t' + t)} \sum_{i=0}^{n} \exp \frac{-(x_1 \pm il)^2 - (x_2 \pm il)^2}{4D(t' + t)} \tag{5-72}$$

在 t 时间时，缩孔处微观偏析分布如图 5-54（a）所示，此时的微观偏析较为严重。经过 t' 时间的高温扩散后，缩孔处微观偏析改善效果如图 5-54（b）所示，可以看出微观偏析比值 $SR(SR = C_{max}/C_{min})$ 极大地降低。

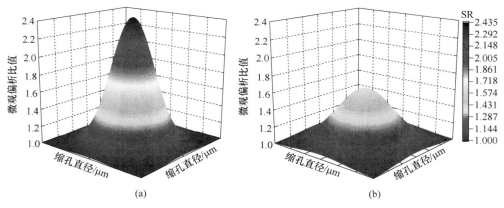

图 5-54 加热前后缩孔内部碳元素分布示意图

（a）均热前；（b）均热后

（扫书前二维码看彩图）

由高斯扩散模型的特性，C_{max} 的取值处为 $x_1 = x_2 = 0$ 时取得，在 $x_1 = x_2 = r$ 处取得最小值，微观偏析比值 SR 可以表示为式（5-73）。SR_{AH}（Segregation Rito after homogenization）为均热后的微观偏析比值。

$$SR_{AH} = \frac{C_{max}}{C_{min}} = \sum_{i=0}^{n} \exp \frac{-(\pm il)^2}{2D(t + t')} \Big/ \exp \frac{-(r \pm il)^2}{2D(t + t')} \tag{5-73}$$

在检测结果中可以发现，缩孔一般相距较远，呈现单个分布的状态。因此，仅有一个扩散源 $n = 1$，此时式（5-73）可以表示为：

$$SR_{AH} = \frac{1 + 2 \cdot \exp \dfrac{-2r^2}{D(t + t')}}{2 \cdot \exp \dfrac{-r^2}{2D(t + t')} + \exp \dfrac{-9r^2}{2D(t + t')}} \tag{5-74}$$

式中 t' 可以由均热前的电子探针图像计算出。不同的样品有不同的初始微观偏析比值，因此每个样品的 t 也是不同的。为验证缩孔对微观偏析扩散的影响，对比了无缩孔处高斯扩散模型的计算结果。无缩孔处微观偏析高斯扩散模型可以表示为：

$$SR_{AH} = \frac{1 + 2 \cdot \exp \dfrac{-l^2}{4D(t + t')}}{2 \cdot \exp \dfrac{-l^2}{16D(t + t')} + \exp \dfrac{-9l^2}{16D(t + t')}} \tag{5-75}$$

　　表 5-12 展示出了无缩孔与有缩孔时微观偏析的高温扩散行为计算结果，并求解出了两者的计算误差。其中均热工艺后的 SR 值越接近于 1，表明微观偏析扩散越完全。结果表明，经过不同均热温度和均热时间的高温扩散处理后，碳元素微观偏析比值 SR 的范围保持在 1.388~1.776 之间，与初始微观偏析比值 1.707~2.783 相比，微观偏析比值的变化表明高温扩散效果较好。从表 5-12 可以看出，大多数样品的实验值与计算值误差均在 10% 以内。当缩孔尺寸小于 100μm 时，缩孔对微观偏析扩散影响不大。当缩孔尺寸大于 100μm 时，缩孔处微观偏析计算结果误差更小，表明缩孔处微观偏析高斯扩散模型在计算缩孔内部微观偏析时的准确性较高。

表 5-12　实验与结果对比

高温扩散工艺	$R \leqslant 100\mu m$			$100\mu m < R \leqslant 400\mu m$			$R > 400\mu m$		
	1150℃ 60min	1200℃ 90min	1250℃ 120min	1200℃ 120min	1250℃ 60min	1150℃ 90min	1250℃ 90min	1150℃ 120min	1200℃ 60min
SR_{BH}	2.469	2.655	1.707	2.024	2.783	2.287	2.364	2.174	2.455
等效直径/μm	90	44	54	189	141	221	491	429	601
SR_{AH}（实验）	1.504	1.497	1.388	1.704	1.642	1.552	1.776	1.422	1.661
SR_{AH}（式（5-83））	1.502	1.500	1.500	1.503	1.502	1.508	1.519	1.522	1.557
误差/%	0.100	0.200	8.069	11.796	8.526	2.835	14.471	7.032	6.261
SR_{AH}（式（5-82））	1.504	1.500	1.500	1.506	1.505	1.516	1.537	1.542	1.606
误差/%	0.000	0.200	8.069	11.620	8.343	2.320	13.457	8.439	3.311

　　图 5-55（a）为保持初始 SR_{BH} 和缩孔尺寸大小不变的情况下，不同均热温度下缩孔处微观偏析比值的变化情况。从图中可以看出，SR_{BH} 随均热时间的增加而逐渐降低，但当均热时间超过 1.5h 后，缩孔处微观偏析比值的变化曲线开始变得相对平缓。这表明当均热时间在 1.5h 范围内时，高温扩散过程仍可有效的进行。当均热时间超过 1.5h 时，高温扩散已经充分进行，继续增加均热时间对微观偏析的改善作用不大，证明上述正交试验结论中的最佳高温扩散工艺参数是合理的。图 5-55（b）中，缩孔尺寸越小，所需的均热时间越短，缩孔直径越大所需均热时间越长。

　　如图 5-56 所示，在相同的高温扩散工艺条件下，当无缩孔处元素扩散距离

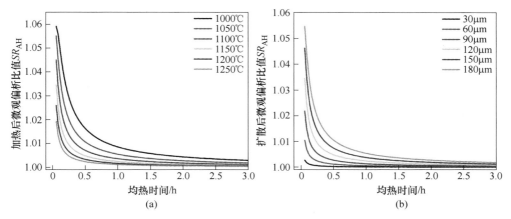

图 5-55 微观偏析比值随均热时间的变化
（a）缩孔直径相同，$r=90\mu m$；（b）均热温度相同，$T=1150℃$
（扫书前二维码看彩图）

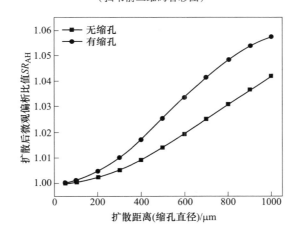

图 5-56 有无缩孔下元素扩散距离对微观偏析比值的影响
（计算条件 $SR_{BH}=2$，均热温度 $=1200℃$，均热时间 $=1h$）

与缩孔直径均为 $50\mu m$ 时，微观偏析的改善效果基本相同。当元素扩散距离为 $350\mu m$ 时，缩孔处的微观偏析比值降低到了 1.014，无缩孔处的微观偏析降低到 1.007，可以看出缩孔内部残留的微观偏析较大。其原因在于当有缩孔时，在相同的均热时间内，缩孔内部的大部分偏析元素参与表面扩散，小部分的偏析元素参与晶界扩散和晶内扩散，晶内扩散与晶界扩散速率要小于表面扩散速率。达到设定的均热时间后，一部分微观偏析元素由于表面扩散的原因而停留在缩孔内部，另一部分微观偏析元素向缩孔外部扩散。因此，遗留在缩孔内部的微观偏析增加，这也是缩孔阻碍微观偏析扩散的主要原因。结合以上信息可以发现，在偏析扩散过程中，阻碍缩孔扩散的原因有三个：（1）缩孔尺寸越大，缩孔内部微观偏析越严重；（2）相同均热时间内，缩孔内部主要发生表面扩散，残留在缩孔内部的偏析元素较多；（3）无缩孔时表面扩散面积大，进一步增加了扩散效果。同时从公式（5-82）可以看出，对高温扩散工艺最为重要的影响因素便是均热温度，其次为缩孔尺寸与均热时间，不仅验证了上述正交实验的结论，同时也表明了本章节高温扩散实验结果的准确性。

参 考 文 献

[1] Yu H Q, Zhu M Y. Influence of electromagnetic stirring on transport phenomena in round billet continuous casting mould and macrostructure of high carbon steel billet [J]. Ironmaking & Steelmaking, 2012, 39 (8): 574~584.

[2] Ji C, Wu C, Zhu M. Thermo-mechanical behavior of the continuous casting bloom in the heavy reduction process [J]. JOM, 2016, 68 (12): 3107~3115.

[3] Mayer F, Wu M, Ludwig A. On the formation of centre line segregation in continuous slab casting of steel due to bulging and/or feeding [J]. Steel Research International, 2010, 81 (8): 660~667.

[4] Fachinotti V D, Le Corre S, Triolet N, et al. Two-phase thermo-mechanical and macrosegregation modelling of binary alloys solidification with emphasis on the secondary cooling stage of steel slab continuous casting processes [J]. International Journal for Numerical Methods in Engineering, 2006, 67 (10): 1341~1384.

[5] Guan R, Ji C, Zhu M, et al. Numerical simulation of V-shaped segregation in continuous casting blooms based on a microsegregation model [J]. Metallurgical and Materials Transactions B, 2018, 49 (5): 2571~2583.

[6] 余伟, 张烨铭, 何春雨, 等. 轧制复合生产特厚板工艺 [J]. 北京科技大学学报, 2011, 33 (11): 1391~1395.

[7] Ridder S D, Kou S, Mehrabian R. Effect of fluid flow on macrosegregation in axi-symmetric ingots [J]. Metallurgical and Materials Transactions B, 1981, 12 (3): 435~447.

[8] Oh K S, Chang Y W. Macrosegregation behavior in continuously cast high carbon steel blooms and billets at the final stage of solidification in combination stirring [J]. ISIJ International, 1995, 35 (7): 866~875.

[9] Bennon W D, Incropera F P. A continuum model for momentum, heat and species transport in binary solid-liquid phase change systems—Ⅰ. Model formulation [J]. International Journal of Heat and Mass Transfer, 1987, 30 (10): 2161~2170.

[10] Gandin C, Rappaz M. A coupled finite element-cellular automaton model for the prediction of dendritic grain structures in solidification processes [J]. Acta Metallurgica et Materialia, 1994, 42 (94): 2233~2246.

[11] Wu M, Ludwig A. Modeling equiaxed solidification with melt convection and grain sedimenta-tion—I: Model description [J]. Acta Materialia, 2009, 57 (19): 5621~5631.

[12] Guan R, Ji C, Zhu M, et al. Modeling the effect of combined electromagnetic stirring modes on macrosegregation in continuous casting blooms [J]. Metallurgical and Materials Transactions B, 2020, 51 (3): 1137~1153.

[13] Wang C Y, Beckermann C. Equiaxed dendritic solidification with convection: Part I. Multi-scale/multiphase modeling [J]. Metallurgical and Materials Transactions A, 1996, 27 (9): 2754~2764.

[14] Beckermann C, Viskanta R. Double-diffusive convection during dendritic solidification of a binary mixture [J]. Physico Chemical Hydrodynamics, 1988, 10 (2): 195~213.

[15] Ni J, Beckermann C. A volume-averaged two-phase model for transport phenomena during solid-ification [J]. Metallurgical and Materials Transactions B, 1991, 22 (3): 349~361.

[16] Ludwig A, Wu M H. Modeling of globular equiaxed solidification with a two-phase approach [J]. Metallurgical and Materials Transactions A, 2002, 33 (12): 3673~3683.

[17] Wu M H, Ludwig A. A three-phase model for mixed columnar-equiaxed solidification [J]. Met-allurgical and Materials Transactions A, 2006, 37 (5): 1613~1631.

[18] Rappaz M, Thevoz P. Solute diffusion model for equiaxed dendritic growth [J]. Acta Metallur-gica, 1987, 35 (7): 1487~1497.

[19] Combeau H, Založnik M, Hans S, et al. Prediction of macrosegregation in steel ingots: Influ-ence of the motion and the morphology of equiaxed grains [J]. Metallurgical and Materials Transactions B, 2009, 40 (3): 289~304.

[20] Ciobanas A I, Fautrelle Y. Ensemble averaged multiphase Eulerian model for columnar/equiaxed solidification of a binary alloy: I. The mathematical model [J]. Journal of Physics D: Applied Physics, 2007, 40 (12): 3733~3762.

[21] Tu W, Shen H F, Liu B C. Two-phase modeling of macrosegregation in a 231t steel ingot [J]. ISIJ International, 2014, 54 (2): 351~355.

[22] 杜强, 李殿中. 铸铁件凝固过程中自然对流引起的宏观偏析模拟 [J]. 金属学报, 2000, 36 (11): 1197~1200.

[23] Jiang D, Zhu M. Center segregation with final electromagnetic stirring in billet continuous casting process [J]. Metallurgical and Materials Transactions B, 2017, 48 (1): 444~455.

[24] Guan R, Ji C, Wu C H, et al. Numerical modelling of fluid flow and macrosegregation in a continuous casting slab with asymmetrical bulging and mechanical reduction [J]. International Journal of Heat and Mass Transfer, 2019, 141: 503~516.

[25] Lipton J, Glicksman M E, Kurz W. Dendritic growth into undercooled alloy metals [J]. Mater. Sci. Eng., 1984, 65 (1): 57~63.

[26] Wu M, Ludwig A, Fjeld A. Modelling mixed columnar-equiaxed solidification with melt con-vection and grain sedimentation—Part II: Illustrative modelling results and parameter studies [J]. Comput. Mater. Sci., 2010, 50 (1): 43~58.

[27] Hou Z, Jiang F, Cheng G. Solidification structure and compactness degree of central equiaxed

grain zone in continuous casting billet using cellular automaton-finite element method [J]. ISIJ Int. , 2012, 52 (7): 1301~1309.

[28] Kurz W, Giovanola B, Trivedi R. Theory of microstructural development during rapid solidification [J]. Acta Metall. , 1986, 34 (5): 823~830.

[29] Jiang D B, Zhu M Y. Solidification structure and macrosegregation of billet continuous casting process with dual electromagnetic stirrings in mold and final stage of solidification: a numerical study [J]. Metall. Mater. Trans. B, 2016, 47 (6): 3446~3458.

[30] Guan R, Ji C, Zhu M Y, et al. Numerical simulation of V-shaped segregation in continuous casting blooms based on a microsegregation model [J]. Metall. Mater. Trans. B, 2018, 49 (5): 2571~2583.

[31] Wang C Y, Beckermann C. Equiaxed dendritic solidification with convection: part I. multiscale/multiphase modeling [J]. Metall. Mater. Trans. A, 1996, 27 (9): 2754~2764.

[32] Gu J P, Beckermann C. Simulation of convection and macrosegregation in a large steel ingot [J]. Metall. Mater. Trans. A, 1999, 30 (5): 1357~1366.

[33] Wu M, Ludwig A. A three-phase model for mixed columnar-equiaxed solidification [J]. Metall. Mater. Trans. A, 2006, 37 (5): 1613~1631.

[34] Ludwig A, Wu M. Modeling of globular equiaxed solidification with a two-phase approach [J]. Metall. Mater. Trans. A, 2002, 33 (12): 3673~3683.

[35] Wu C H, Ji C, Zhu M Y. Numerical simulation of bulging deformation for wide-thick slab under uneven cooling conditions [J]. Metall. Mater. Trans. B, 2018, 49 (3): 1346~1359.

[36] Wu M, Ludwig A. A three-phase model for mixed columnar-equiaxed solidification [J]. Metall. Mater. Trans. A, 2006, 37 (5): 1613~1631.

[37] Ludwig A, Wu M. Modeling of globular equiaxed solidification with a two-phase approach [J]. Metall. Mater. Trans. A, 2002, 33 (12): 3673~3683.

[38] Poole G M, Heyen M, Nastac L, et al. Numerical modeling of macrosegregation in binary alloys solidifying in the presence of electromagnetic stirring [J]. Metall. Mater. Trans. B, 2014, 45 (5): 1834~1841.

[39] Voller V R, Prakash C. A fixed-grid numerical modeling methodology for convection-diffusion mushy region phase-change problems [J]. Int. J. Heat Mass Transfer, 1987, 30: 1709~1720.

[40] Voller V R, Swaminathan C R. Generalized source-based method for solidification phase change [J]. Numer. Heat Transfer B, 1991, 19 (2): 175~189.

[41] Wu M, Ludwig A. Modeling equiaxed solidification with melt convection and grain sedimentation—I: model description [J]. Acta Mater. , 2009, 57 (19): 5621~5631.

[42] Wu M, Fjeld A, Ludwig A. Modelling mixed columnar-equiaxed solidification with melt convection and grain sedimentation—part I : model description [J]. Compt. Mater. Sci. , 2010, 50 (1): 32~42.

[43] Won Y M, Thomas B G. Simple model of microsegregation during solidification of steels [J]. Metall. Mater. Trans. A, 2001, 32 (7): 1755~1767.

[44] Schneider M C, Beckermann C. Simulation of micro-/macrosegregation during the solidification of a low-alloy steel [J]. ISIJ Int., 1995, 35 (6): 665~672.

[45] Nabeshima S, Nakato H, Fujii T, et al. Control of centerline segregation in continuously cast blooms by continuous forging process [J]. ISIJ Int., 1995, 35 (6): 673~679.

[46] Wang W L, Ji C, Luo S, et al. Modeling of dendritic evolution of continuously cast steel billet with cellular automaton [J]. Metall. Mater. Trans. B, 2018, 49 (1): 200~212.

[47] Savage J, Pritchard W H. The problem of rupture of the billet in the continuous casting of steel [J]. J. Iron Steel Inst., London, 1954, 178 (11): 268~277.

[48] Nozaki T, Matsuno J, Murata K, et al. Secondary cooling pattern for the prevention of surface cracks of continuous casting slab [J]. Trans. Iron Steel Inst. Jpn., 1976, 62 (12): 1503~1512.

[49] Flemings M C. Our understanding of macrosegregation: past and present [J]. ISIJ Int., 2000, 40 (9): 833~841.

[50] Krauss G. Solidification, segregation and banding in carbon and alloy steels [J]. Metallurgical and Materials Transactions B, 2003, 34 (6): 781~792.

[51] Smith R. Microsegregation measurement: methods and applications [J]. Metallurgical and Materials Transactions B, 2018, 49 (6): 3258~3279.

[52] Lan P, Zhang J Q. Numerical analysis of macrosegregation and shrinkage porosity in large steel ingot [J]. Ironmaking & Steelmaking, 2014, 41 (8): 598~606.

[53] Han Y, Li C, Ren J, et al. Dendrite segregation changes in high temperature homogenization process of as-cast H13 steel [J]. ISIJ International, 2019, 59 (10): 1893~1900.

[54] He S, Li C S, Ren J Y. Investigation on alloying element distribution in Cr8Mo2SiV Cold-work die steel ingot during homogenization [J]. Steel Res. Int., 2018, 89 (10): 180014.

[55] Zhang D F, Peng J. Diffusion Models for Solid-State Homogenization of Dendrite Segregation [J]. Journal of Wuhan University of Technology-Materials Science Edition, 2005, 20 (2): 111~114.

[56] Tobias A Timmerscheid, Jörg von Appen, et al. A molecular-dynamics study on carbon diffusion in face-centered cubic iron [J]. Computational Materials Science, 2014, 91: 235~239.

6 压下过程连铸坯组织演变规律

实践证明,随着压下变形量的增加,铸坯将发生奥氏体再结晶,并且在微合金碳氮化物钉扎作用下可有效保留至轧制前,从而有益于轧材组织性能的提升。如图 6-1 所示为不同压下量下微合金钢 Q345E 连铸坯的室温组织。可以看出,压下变形量增加显著改变了铸坯组织,其中铸坯表层铁素体晶粒显著细化,铸坯中心转变为针状铁素体,其具有塑性高、加热过程不易长大的显著优势。因此,系统研究连铸凝固末端重压下对铸坯奥氏体晶粒再结晶行为的影响,及细化后组织

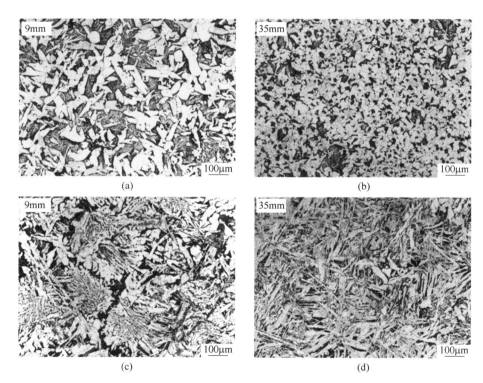

图 6-1 不同压下量对连铸坯横断面室温微观组织的影响

(a) 压下量 9mm,铸坯表面皮下 5mm;(b) 压下量 35mm,铸坯表面皮下 5mm;

(c) 压下量 9mm,铸坯中心;(d) 压下量 35mm,铸坯中心

在后续加热、轧制过程的演变规律，对于高端大规格钢铁产品性能提升、"连铸-热轧"组织协同调控等均具有重要研究意义与实用价值。

研究者们在铸坯压下过程中应力、应变与变形温度在宽厚板坯上的分布对铸坯动态再结晶体积分分数的变化规律等方面开展了相关研究[1-2]。本章结合微合金钢 Q345E 宽厚板坯连铸重压下过程具体变形特征，系统研究了压下时动态再结晶[3]、压下道次间隔内的亚动态再结晶[4]与静态再结晶[5]规律，阐述了"应力/应变-应变速率-温度-道次间隔时间"等多因素条件下重压下对再结晶晶粒的细化作用机制，并以此为依据建立了再结晶晶粒尺寸预测模型，并探索了在后续加热过程中铸坯组织演变及其对轧材组织性能的影响规律。

6.1 压下过程连铸坯再结晶规律

在一定温度条件下，变形金属内部无畸变的等轴晶粒形核长大逐渐取代变形晶粒的过程称为再结晶。在凝固末端压下过程，尤其是重压下大变形过程中铸坯将发生奥氏体动态再结晶，并在压下道次间隔内发生静态再结晶与亚动态再结晶。

对大断面铸坯凝固末端压下而言，由于断面尺寸的增宽加厚，其断面温度、应力跨度显著扩大，再结晶行为更加复杂。图 6-2 给出了热变形过程的应力-应变曲线及其在变形过程应变中断时应力的软化效应。如图 6-2（a）所示，流变应力小于动态再结晶的临界应变（ε_{cd}）时，金属材料在变形过程中内部出现大量亚结构[7]，发生加工硬化[8~10]，初始应力快速增大。当应变超过动态再结晶的临界应变时（ε_{cd}），金属材料就开始发生动态再结晶，应力先缓慢增大随后逐渐减小。应变达到动态再结晶发生完全时的应变（ε_{cp}）后，动态再结晶所造成的软化与应变硬化将达到一定的动态平衡，应力逐渐趋于稳定，继续增加应变，应力也基本不发生改变。

图 6-2（b）表示在压下过程中应变中断，即压下道次间隔过程中的三种静态软化现象，当应变在小于静态再结晶发生的临界应变（ε_{cs}）发生中断，即处于区域 A 时，在道次间隔时间内只发生静态回复。当应变在区域 B（$\varepsilon_{cs}<\varepsilon<\varepsilon_{cd}$）中断时，在道次间隔时间内只发生静态再结晶。当应变在 C 区域（$\varepsilon_{cd}<\varepsilon<\varepsilon_{cp}$）中断时，道次间隔时间内有静态回复、静态再结晶、亚动态再结晶三种软化机制均可发生。当应变（$\varepsilon>\varepsilon_{cp}$）达到 D 区域时中断，道次间隔时间内只有亚动态再结晶发生。

连铸坯凝固末端压下过程一般采用多辊实施连续压下，该过程中铸坯表层和心部应变、温度等条件差异巨大，而温度、应变速率、应变、初始奥氏体晶粒尺

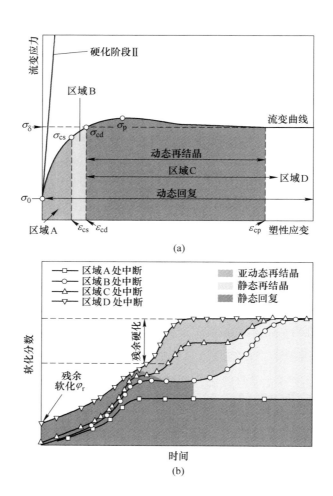

图 6-2　热变形过程中可能发生软化过程[6]
（a）动态；（b）静态

寸以及道次间隔时间均可影响再结晶类型和再结晶发生率，因此铸坯凝固末端压
下过程再结晶行为的复杂多变。鉴于此，以 Q345 微合金钢宽厚板连铸坯为研究
对象，根据第 3 章得出的宽厚板坯关键位置处变形温度、应变、应变速率，确定
凝固末端压下过程铸坯再结晶变形温度为 900～1350℃、应变速率变化范围为
0.001～0.1s⁻¹，结合再结晶发生特点与具体条件（见表 6-1），采用高温物理模拟
方法系统研究凝固末端压下过程铸坯的动态再结晶、静态再结晶与亚动态再结晶。

表 6-1　三种再结晶发生条件

项目	动态再结晶	静态再结晶	亚动态再结晶
压下过程	发生	—	—
道次间隔	—	发生	发生
发生条件	$\varepsilon > \varepsilon_{cd}$	$\varepsilon_{cs} < \varepsilon < \varepsilon_{cd}$	$\varepsilon > \varepsilon_{cd}$
交叉发生	—	伴随静态回复	$\varepsilon_{cd} < \varepsilon < \varepsilon_{cp}$，伴随静态再结晶

6.1.1　压下过程铸坯动态再结晶规律

6.1.1.1　单道次压缩热模拟

传统方法一般通过微观结构观察的方法确定 DRX 体积分数，即在不同的变形条件下进行大量的样品检测并精确确定再结晶晶粒，步骤繁琐且工作量大。更多的研究者采用热压缩过程的应力-应变曲线研究金属材料微观结构演变。本节通过应力-应变曲线数据建立 DRX 数学模型来计算 DRX 体积分数，可大幅减少工作量。凝固末端压下过程主要变形方向为垂直于拉坯方向，因此沿铸坯压坯方向取样实施高温压缩试验（见图 6-3），通过真应力-应变曲线推导判断出再结晶演变规律并根据压缩过程的应力-应变数据进行差分运算，为动态再结晶模型提供关键参数。在热压缩实验制样过程中，应尽可能减薄、减小试样尺寸，并采用快速加热的方法减小升温过程对组织的影响；在变形结束后快速淬火以保留高温组织，这是由于微观组织转变（再结晶、相变）需要时间，尽可能快速降温与升温都能够有效抑制组织转变。具体而言，采用的热模拟试样尺寸为 $\phi 8mm \times 12mm$。

压缩试验方案如图 6-3 所示，其与第 2.1.1.2 节图 2-4 所示压缩方案相似，

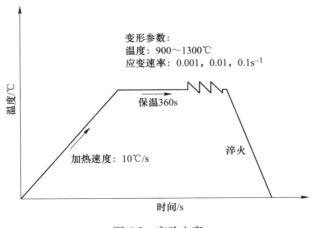

图 6-3　实验方案

但只考虑 900℃以上的再结晶温度区间，即实验压缩温度设定为 900~1350℃，每组压缩曲线间隔 50℃，单道次压缩应变速率分别设定为 $0.001s^{-1}$、$0.01s^{-1}$、$0.1s^{-1}$。对变形结束后的淬火试样用饱和苦味酸溶液进行抛光和化学蚀刻，观察其奥氏体晶界，统计晶粒尺寸。

由于钢种成分，变形条件均与第 2 章相同，不同变形条件下的真应力-应变曲线如第 2.1.3.2 节图 2-19 所示。单道次真应力-应变曲线可分为两类，一种是动态再结晶型（Dynamic Recrystallization，DRX）[9]，真应力-应变曲线具有单峰应力的典型特征，并随着应变的增加逐渐下降到稳态应力，例如变形温度 1950℃时所对应力-应变曲线；另一种类型是动态回复型（Dynamic Recovery，DRV）[10]，真应力-应变曲线应变随应力上升而增加到饱和后趋于稳定，例如变形温度在 1350℃时所对应力-应变曲线。

结合凝固末端压下实际特点，在相同的变形温度和应变条件下，流动应力随应变速率的增大而增大；而在相同的应变速率和应变下，流动应力随温度的升高而降低，峰值应变（ε_p）和临界应变（ε_{cd}）减小，表明在高变形温度下，极易诱发动态再结晶。较高的变形温度为动态回复提供了更大的形核驱动力，导致动态再结晶发生频率和晶界迁移速率加快。尽管低应变率降低了动态再结晶的形核率，但有相对较长的应变时间可使动态再结晶完全发生。因此，随着应变速率的降低，峰值应变（ε_p）和临界应变（ε_{cd}）减小，动态再结晶发生得更加充分。当变形条件为低温高应变率时，材料的形变储能未达到 DRX 的临界条件，只有 DRV 能够发生。DRV 引起的软化机制部分抵消了加工硬化（Work Hardening，WH）引起的位错密度增加[11]，因此真应力-应变曲线呈稳定趋势。

6.1.1.2　动态再结晶模型建立

动态再结晶发生的条件为 $\varepsilon_c > \varepsilon$，其中 ε_c 为临界应变。动态再结晶开始时所对应的临界应变 ε_c 是金属材料热变形过程的重要参数，其数值可以根据 Poliak 和 Jonas[12] 提出的加工硬化曲线计算得到，如式（6-1）所示：

$$\theta = \mathrm{d}\sigma/\mathrm{d}\varepsilon \tag{6-1}$$

式中　σ——金属变形应力；

　　　　ε——金属变形应变。

对式（6-1）应力与应变求导，可以得到变形过程加工硬化特征曲线（图 6-4），同时通过该曲线可以得到峰值应变（ε_p）、峰值应力（σ_p）、临界应力（σ_c）、饱和应力（σ_s）和稳态应力（σ_{ss}）等特征参数，这些都是建立动态再结晶动力学方程的基础特征数据。

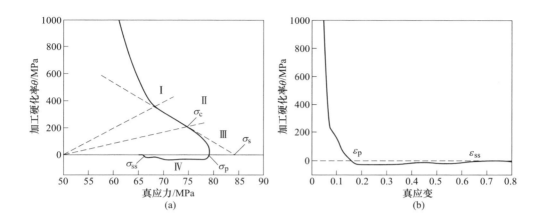

图 6-4　变形过程加工硬化特征曲线

（a）不同应力对应的加工硬化率 θ-σ 曲线；（b）不同应变对应的加工硬化 θ-ε 曲线

图 6-4（a）曲线分为四段，Ⅰ段和Ⅱ段是线性硬化阶段，即首先随着变形的进行，元素扩散、位错缠结与亚结构形成导致位错密度增加，动态回复率变慢，曲线斜率逐渐减小，直至Ⅰ段结束。Ⅱ段由于发生动态回复，软化速率突然增大，使 θ-σ 曲线偏离线性段，斜率下降的临界点为 σ_c。Ⅲ段变形阶段的变形表明动态再结晶开始直到变形结束，当流变应力增加到 σ_p 时，由于动态再结晶的发生，软化率逐渐减小直到 $\theta = 0$。若此时不发生动态再结晶，θ 值将沿虚线直线的轨迹降至零，当加工硬化与动态回复达到平衡时，相应的线性 σ 定义为饱和应力。在第Ⅳ段，当 σ 达到稳态应力值时 θ 值再次为 0，变形达到加工硬化、动态回复和动态再结晶诱导软化之间的平衡，如图 6-4（b）所示。

在 Poliak 和 Jonas 的方法基础上，Najafizadeh 和 Jonas[13]进一步优化方程应力的求解方法，以此计算得出特征数值更加精准可靠，其推导的 DRX 起始应力，如式（6-2）所示：

$$\frac{\partial}{\partial \sigma}\left(-\frac{\partial \theta}{\partial \sigma}\right) = 0 \qquad (6-2)$$

对式（6-2）求三次偏导获得加工硬化特征曲线，如图 6-5（a）所示。根据 θ-σ 曲线来确定临界应力点，结果如图 6-5（b）所示。基于上述结果，可以方便地计算出不同变形条件下的特征参数值，数值见表 6-2。这些特征参数为计算 DRX 动力学模型提供了必要的数据支撑。

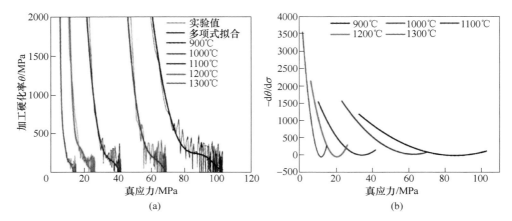

图 6-5　变形过程加工硬化特征曲线

（a）不同应力对应的加工硬化率 θ-σ；（b）不同应力对应的加工硬化 θ-ε

（扫书前二维码看彩图）

表 6-2　不同变形条件下流变曲线的特征点数据

温度/℃	应变/s⁻¹	ε_c	ε_p	σ_0	σ_c	σ_p	σ_{ss}	σ_s
900	0.001	0.098	0.179	34.850	79.469	82.857	65.407	92.791
	0.01	0.145	0.213	35.659	108.569	111.903	93.321	123.586
	0.1	—	—	44.025	—	—	—	178.401
1000	0.001	0.073	0.142	21.780	45.668	47.761	38.284	53.025
	0.01	0.104	0.186	25.254	72.067	74.775	61.626	83.650
	0.1	0.135	0.225	26.066	99.032	103.991	84.285	115.557
1100	0.001	0.076	0.120	10.189	27.554	28.796	20.424	32.044
	0.01	0.078	0.138	11.205	40.764	45.559	38.822	49.832
	0.1	0.101	0.162	17.719	63.522	69.189	61.178	77.854
1200	0.001	0.065	0.113	6.369	16.196	17.962	14.322	20.306
	0.01	0.073	0.122	6.639	25.509	27.608	22.180	31.085
	0.1	0.079	0.143	9.551	41.363	45.091	38.758	50.017
1300	0.001	0.058	0.087	2.890	9.509	10.060	8.7522	11.243
	0.01	0.068	0.103	1.838	13.515	14.932	12.523	16.731
	0.1	0.087	0.150	3.381	24.633	28.009	22.115	29.832

目前，大多数 DRX 体积分数（X_{DRX}）可以用应力 ε 表示（见式（6-3）），其中 ε^{**} 为应力峰值的应变值，该模型对轧制或者锻造过程中高应变速率 DRX 具有较高的预测精度，而由于连铸过程应变速率较低，导致其预测精度也相对较低。

$$X_{DRX} = 1 - \exp\left[-k_1 \left(\frac{\varepsilon - \varepsilon_c}{\varepsilon^{**}} \right)^{p_1} \right] \tag{6-3}$$

式中 X_{DRX}——动态再结晶体积分数；

  k_1，p_1——材料常数；

  ε_c——临界应变；

  ε^{**}——应力峰值的应变值。

为了确定 k_1 和 p_1 的值，可以用双自然对数形式表示。

由于应力峰值最大应变不一定是对应再结晶达到最大峰值，因此为了提高模型精度在前人工作的基础上[13]，采用动态再结晶速度最大时的应变 ε^* 来替代应力峰值的应变 ε^{**}，并通过 V_{DRX} 六阶多项式（DRX 的速度）对真应力 q 求导来确定 ε^*，从而有效提高 DRX 模型精度，达到准确预测连铸过程高温低应变的 DRX 行为，修正后模型如下：

$$X_{DRX} = 1 - \exp\left[-k_1 \left(\frac{\varepsilon - \varepsilon_c}{\varepsilon^*} \right)^{p_1} \right] \tag{6-4}$$

ε^* 代表再结晶速度最大时所对应的应变值，即动态再结晶（X_{DRX}）对应的一阶偏导数最大时的应变。为求解 ε^* 必须先确定 X_{DRX} 的值，而 ε^* 是未知量，因此采用应力形式求解 X_{DRX}，如式（6-5）所示[14]：

$$X_{DRX} = \frac{\sigma_{DEV} - \sigma_{DRX}}{\sigma_s - \sigma_{ss}} (\varepsilon \geqslant \varepsilon_c) \tag{6-5}$$

式中，σ_{DRV} 为流动应力；如果 DRV 是唯一的软化机制，σ_s 为饱和应力，σ_{ss} 为稳态应力。

而 σ_{DRV} 是通过 Kocks 与 Mecking[15] 提出的具有热加工硬化的连续变形的不同模型中的塑性流动来计算得出，公式如下：

$$\theta = \theta_0 \left(1 - \frac{\sigma}{\sigma_s} \right) \tag{6-6}$$

式中，$\theta_0 = \alpha G b k_1 / 2$ 与应变速率无关；σ_s 为饱和应力。

σ_{DRV} 的计算公式如下：

$$\sigma_{DRV} = \left[\sigma_s^2 + (\sigma_0^2 - \sigma_s^2) e^{-\Omega \varepsilon} \right]^{0.5}$$

$$\Omega = 35.382 \dot{\varepsilon}^{-0.090} \exp\left(-\frac{16209.040}{RT} \right) \tag{6-7}$$

式中 σ_0——屈服应力。

为获得 ε^*，建立了动态再结晶体积分数对应变的一阶偏导数，特别是 DRX（V_{DRX}）速度与真实应变之间的关系。如式（6-8）所示：

$$V_{DRX} = \frac{\partial X_{DRX}}{\partial \varepsilon} \tag{6-8}$$

其中 V_{DRX} 是 DRX 的速度，它反映了 DRX 的速率。计算结果如图 6-6 所示，其中曲线最高点所对应的应变即是 ε^*。

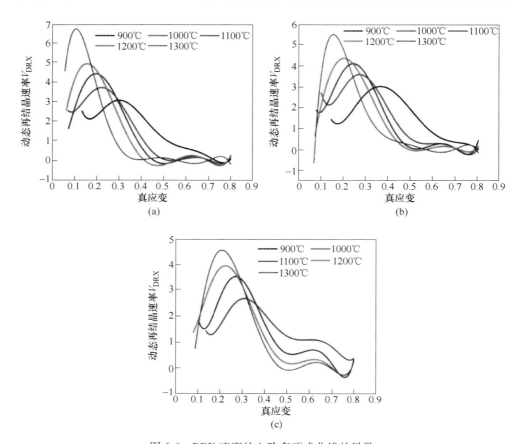

图 6-6　DRX 速度的六阶多项式曲线的导数

（a）应变率 $0.001s^{-1}$；（b）应变率 $0.01s^{-1}$；（c）应变率 $0.1s^{-1}$

（扫书前二维码看彩图）

通过对式（6-8）求导计算，ε^* 的计算公式可表达为：

$$\varepsilon^* = 0.015d_0^{0.136}\dot{\varepsilon}^{0.084}\exp\left(\frac{30808.130}{RT}\right) \tag{6-9}$$

结合式（6-3）与式（6-5）修正后的 DRX 动力学模型如下：

$$X_{DRX} = \frac{\sigma_{DRV} - \sigma_{DRX}}{\sigma_s - \sigma_{ss}} = 1 - \exp\left[-k_1\left(\frac{\varepsilon - \varepsilon_c}{\varepsilon^*}\right)^{p_1}\right] \tag{6-10}$$

式中　X_{DRX}——DRX 体积分数；

　　　k_1，p_1——材料常数；

　　　　ε_c——临界应变；

　　　　ε^*——DRX 速度最大时的应变。

根据式（6-10），通过线性回归分析所有测定值，结果如图 6-7 所示。$p_1 =$

1.689，$k_1 = 1.508$，铸坯的 DRX 体积分数模型公式如式（6-11）所示。

$$\begin{cases} X_{DRX} = 1 - \exp\left[-1.508\left(\dfrac{\varepsilon - \varepsilon_c}{\varepsilon^*} \right)^{1.689} \right] \\ \varepsilon^* = 0.015 d_0^{0.136} \dot{\varepsilon}^{0.084} \exp\left(\dfrac{30808.130}{RT} \right) \\ \varepsilon_c = 0.0072 d_0^{0.126} Z^{0.069} \end{cases} \quad (6\text{-}11)$$

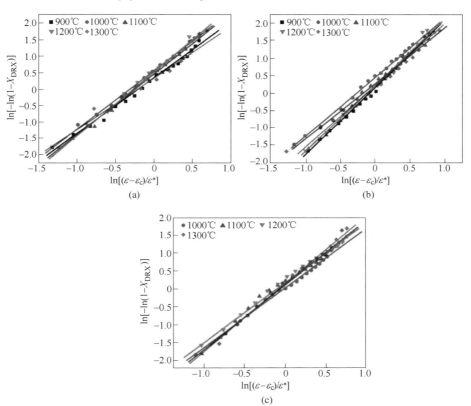

图 6-7　$\ln[-\ln(1-X_{DRX})]$ 与 $\ln[(\varepsilon-\varepsilon_c)/\varepsilon^*]$ 的线性关系

（a）$0.001s^{-1}$；（b）$0.01s^{-1}$；（c）$0.1s^{-1}$

　　改进的 DRX 动力学模型的预测值和实验值的比较如图 6-8 所示。预测值与实验值吻合程度较高，DRX 体积分数随温度升高而增大，随应变速率升高而减小。在应变为 $0.001s^{-1}$ 和 $0.01s^{-1}$、变形的真实应变为 $0\sim0.8$、温度范围在 $900\sim1300℃$ 时，铸坯的 X_{DRX} 可达到 100%。当应变为 $0.1s^{-1}$ 时，在 $1000\sim1300℃$ 的温度范围内 X_{DRX} 可达到 100%，但当温度为 $900℃$ 时，由于低温和高应变率不利于 DRX 的发生，流量曲线呈现出 DRV 的特性。

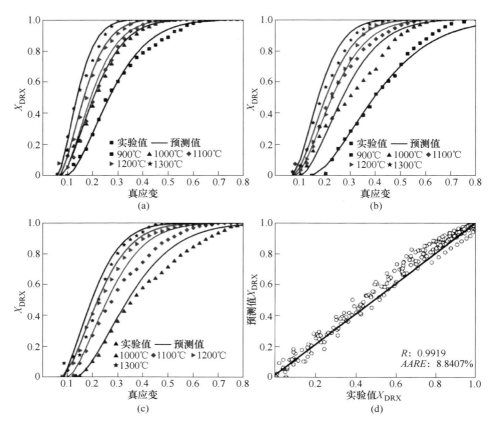

图 6-8 修正 DRX 动力学模型的预测 X_{DRX} 和实验 X_{DRX} 之间的验证

（a）$0.001s^{-1}$；（b）$0.01s^{-1}$；（c）$0.1s^{-1}$；（d）误差分析

为了进一步评价改进模型的预测准确度，采用相关系数 R 和平均绝对相对误差（$AARE$）等标准统计参数对预测精度进行了量化，公式如下[16,17]：

$$R = \frac{\sum_{i=1}^{N}(X_{ei} - \overline{X}_e)(X_{ci} - \overline{X}_c)}{\sqrt{\sum_{i=1}^{N}(X_{ei} - \overline{X}_e)^2 \sum_{i=1}^{N}(X_{ci} - \overline{X}_c)^2}} \tag{6-12}$$

$$AARE = \frac{1}{N}\sum_{i=1}^{N}\left|\frac{X_{ci} - X_{ei}}{X_{ei}}\right| \times 100\% \tag{6-13}$$

式中 X_c——计算的 DRX 体积分数；

　　　X_e——实验的 DRX 体积分数；

　　　$\overline{X}_c$——计算的 DRX 体积分数的平均值；

$\overline{X}_\mathrm{e}$——实验的 DRX 体积分数的平均值；

N——本研究中使用的数据总数。

预测和实验 X_DRX 比对结果如图 6-8 所示。R 值和 $AARE$ 值分别为 0.9919 和 8.8407%，预测可靠性较高。

在众多 DRX 动力学模型中以 Laasraoui 和 Jonas[18] 以及 Serajzadeh 和 Taheri[19] 建立 DRX 动力学模型应用最为广泛。基于此理论，铸坯发生 DRX 体积分数预测模型见式（6-14）。将 Laasraoui 和 Jonas 模型的预测 X_DRX 和实验 X_DRX 进行对比验证，明显看出预测值与实验值一致性较差，R 和 $AARE$ 分别为 0.967 和 24.812%。

$$\begin{cases} X_\mathrm{DRX} = 1 - \exp\left[-1.691\left(\dfrac{\varepsilon - \varepsilon_\mathrm{c}}{\varepsilon_\mathrm{p}}\right)^{0.649} \right] \\ \varepsilon_\mathrm{p} = 0.0082 d_0^{0.162} Z^{0.079} \\ \varepsilon_\mathrm{c} = 0.0072 d_0^{0.126} Z^{0.069} \end{cases} \quad (6\text{-}14)$$

在此之后，基于 Laasraoui 与 Jonas 再结晶模型的基础上，研究者对其进行修正与补充。Yoda 等[20] 提出了一个基于 Avrami 函数的 DRX 动力学模型，见式（6-15）。通过对比修改后的 Yoda 模型的预测再结晶体积分数（X_DRX）实验值与预测值，根据误差计算方法，R 值为 0.983，$AARE$ 值为 17.239%。

$$\begin{cases} X_\mathrm{DRX} = 1 - \exp\left[-1.693\left(\dfrac{\varepsilon - \varepsilon_\mathrm{c}}{\varepsilon_\mathrm{p}}\right)^{1.813} \right] \\ \varepsilon_\mathrm{p} = 0.0082 d_0^{0.133} Z^{0.087} \\ \varepsilon_\mathrm{c} = 0.0072 d_0^{0.126} Z^{0.069} \end{cases} \quad (6\text{-}15)$$

Kopp[17] 提出了一种基于 Avrami 函数的 DRX 动力学模型，引入了 $\varepsilon_{0.5} - \varepsilon_\mathrm{c}$。Liu[21,22] 随后建立了改进的 Kopp 模型，可更准确地讨论基于 Avrami 形式的经典 DRX 动力学模型，修正 DRX 模型可表示为式（6-16）。实验 X_DRX 和由 Liu 的改进模型预测的 X_DRX 之进行对比，基于上述误差计算方法，R 值和 $AARE$ 值分别为 0.988 和 12.406%。表 6-3 为不同 DRX 模型的误差对比，相比于其他模型，在本节中引入 ε^*，动态再结晶速率最快时对应的真应变值，作为经典 Avrami 方程参数而提出的 DRX 动力学预测精度最高，更适用于连铸压下过程的动态再结晶行为的预测。

$$\begin{cases} X_\mathrm{DRX} = \left[1 - 20.311^{(1 - (\varepsilon - \varepsilon_\mathrm{c})/(\varepsilon_{0.5} - \varepsilon_\mathrm{c}))} \right]^{-1} \\ \varepsilon_\mathrm{p} = 0.0082 d_0^{0.133} Z^{0.087} \\ \varepsilon_\mathrm{c} = 0.0072 d_0^{0.126} Z^{0.069} \end{cases} \quad (6\text{-}16)$$

表 6-3　不同模型误差对比

模型	修正模型	LJ 模型	Yoda 模型	Liu 模型
相对误差（ARRE）/%	8.8407	24.821	17.239	12.406

在前面对 DRX 动力学模型讨论的基础上，建立了铸坯在不同变形条件下的动态再结晶晶粒预测图，当 DRX 达到稳定状态时，动态再结晶尺寸可以通过公式（6-17）计算得到，Z 为 Zener-Hollomon 参数：

$$D_{DRX} = 2.861 \times 10^4 Z^{-0.222} \tag{6-17}$$

如图 6-9 所示，在铸坯压下过程中动态再结晶分为三个区域：未动态再结晶、部分动态再结晶和完全动态再结晶三个区域。当铸坯在给定的温度和应变速率下变形时，产生动态再结晶的前提条件是真应变超过临界应变。当真应变小于临界应变时，流变应力曲线落在加工硬化阶段，无动态再结晶发生。当应变超过临界应变时，随着变形量的增加，动态再结晶体积分数和奥氏体晶粒细化程度增强。动态再结晶的完全发生要求真实应变达到或超过稳态应变。

随着变形温度的升高，动态再结晶体积分数（X_{DRX}）和再结晶晶粒尺寸（D_{DRX}）均增大。如图 6-9 所示，变形温度分别为 1000℃、1100℃ 和 1200℃ 时，平均晶粒尺寸分别为 82.17μm、123.32μm 和 178.53μm。较高的温度可导致变形储能增大，提高 DRX 的形核率，但高温可促进奥氏体晶界迁移，加速奥氏体晶粒生长[23]。因此，合理控制变形温度范围是晶粒细化和抑制晶粒生长的关键因素。

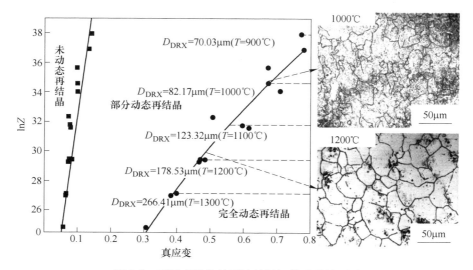

图 6-9　不同变形条件下连铸板坯微观晶粒预测

6.1.2 压下过程铸坯静态再结晶规律

本节在动态再结晶的研究基础上，同样以微合金钢 Q345E 连铸板坯为研究对象，将材料变形和保温过程进行分离，使用高温共聚焦显微镜研究铸坯在保温过程中的静态再结晶行为。

6.1.2.1 静态再结晶多道次压缩热模拟

静态再结晶是在压下道次间隔中发生的，通过第 3 章宽厚板坯热力学规律（见图 3-13）可知，发生奥氏体静态再结晶的温度范围为 900~1200℃，应变速率与动态再结晶应变速率为 0.001~0.1s^{-1}，铸辊与铸辊之间道次间隔约为100s。根据上节讨论可知，静态再结晶发生的必要条件是预应变低于动态再结晶发生的临界应变（$\varepsilon_c = 0.2$），因此设计静态再结晶模拟试验的应变范围为 0.1~0.2，道次间隔时间范围为 0~100s。

如图 6-10 所示，静态再结晶实验过程分为两个部分。第一组为单道次热压缩实验，实验过程热履历如图 6-10（a）所示。单道次压缩实验有三种不同的变形温度（1000℃，1100℃，1200℃），三种不同应变速率（0.001s^{-1}，0.01s^{-1}，0.1s^{-1}）以及不同的预应变（0.1，0.15，0.2）。当预应变低于动态再结晶发生的临界应变时，没有动态再结晶发生。变形后快速淬火以固化变形时微观组织，然后在垂直于压下方向的中心位置取样，试样尺寸为 ϕ2mm×2mm。为了研究静态再结晶过程中的微观组织演变过程，将单道次压缩实验获得的样品放置在高温激光共聚焦扫描显微镜装置进行原位观察实验。以 10℃/s 的升温速度将试样由环境温度快速加热至 1000℃、1100℃、1200℃保温 600s，原位观察静态再结晶组织演变过程。保温过程中，每隔 0.1s 对样品进行拍照来记录微观组织的演变信息。第一组实验目的是利用高温共聚焦显微镜原位观察铸坯在道次间隔内发生静态再结晶时微观组织的演变规律。第二组实验过程热履历如图 6-10（b）所示，进行等温压缩实验。变形温度为 1000℃、1100℃、1200℃，应变速率 0.001s^{-1}、0.01s^{-1}与 0.1s^{-1}，预应变为 0.1、0.1、0.5，保温 0s、30s、100s 后立即淬火。第二组实验目的是利用电子背散射衍射扫描电子显微镜对保温组织进行定量表征，与原位观察的组织演变过程相结合的方式分析静态再结晶组织演变及规律。

6.1.2.2 静态再结晶组织演变

使用高温激光共聚焦扫描显微镜原位观察微合金钢保温过程的静态再结晶（SRX），可以准确测定出静态再结晶开始时间。图 6-11 为变形温度 1200℃、初始奥氏体晶粒尺寸 85μm、应变速率 0.01s^{-1}条件下，试样快速升温至 1200℃保温 600s 过程中奥氏体静态再结晶的演变过程。当温度达到 1200℃时，试样的初

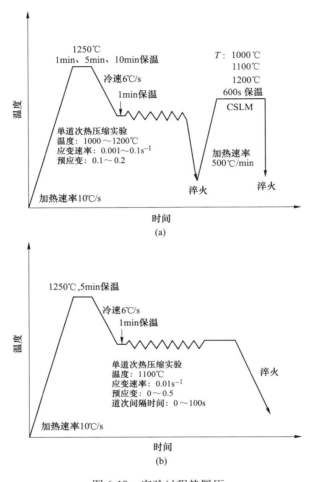

图 6-10　实验过程热履历

（a）变形微合金钢的原位观察实验方案；（b）单道次等温压缩实验示意图

始组织如图 6-11（a）所示；整个升温过程没有观察到重新形核的再结晶晶粒，说明在此条件下没有静态再结晶发生。在 1200℃，保温时间为 43s 时，晶界处开始发生静态回复，一些晶界开始向晶界曲率中心迁移，如图 6-11（d）所示；这表明在保温过程中变形后晶界处形变储能得到释放，晶界逐渐由稳态转变为非稳态，自发向能量较低的位置发生迁移。保温时间达到 92s 时，晶界达到了稳定状态，且由于应变诱导晶界迁移出现了新的再结晶晶界，所以 92s 以前认为是静态再结晶的潜伏期。如图 6-11（f）所示，随着保温时间的增加，视场中出现了更多的再结晶晶粒，直到 188s 时静态再结晶体积分数不再增加，在 188~600s 时间段的视场中奥氏体晶粒几乎没有变化，此时，变形晶粒内部变形储能完全释放，静态再结晶过程结束。

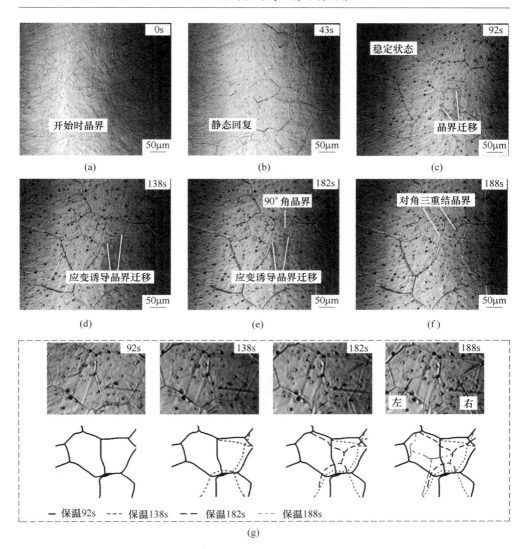

图 6-11 应变速率 0.01s⁻¹，保温温度 1200℃，初始奥氏体晶粒尺寸 85mm

(a) 保温时间为 0s；(b) 保温时间 43s；(c) 保温时间 92s；(d) 保温时间 138s；
(e) 保温时间 182s；(f) 保温时间 188s；(g) 保温时间由 92s 到 188s 的再结晶晶粒演化示意图

图 6-11 (g) 为保温时间由 92s 增加至 188s 时静态再结晶组织演变示意图。在保温阶段，没有再结晶形核现象，晶界处能量降低主要通过应变诱导晶界迁移的方式实现。同时，随着保温时间的增加，相邻两个晶粒公共晶界开始缩短，并向能量低的晶界曲率中心迁移。晶界的形状特征主要是互为垂直的交互状态及对角三叉晶界。由此可见，静态再结晶是通过消耗微观变形组织的内部缺陷，来促使微观组织达到稳定状态的过程。

图 6-12 中，在变形温度 1000~1200℃、应变速率 0.1~0.001s^{-1}、初始奥氏

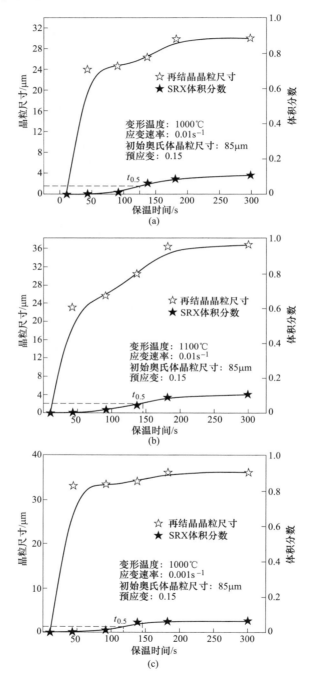

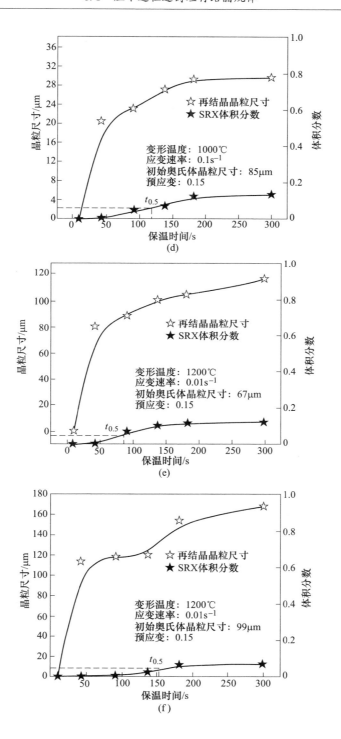

(d)

(e)

(f)

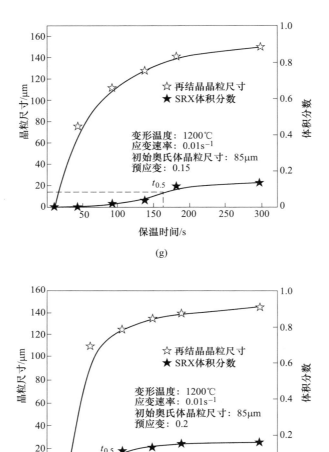

图 6-12　其他变形条件一致，不同温度、应变速率、初始奥氏体晶粒尺寸、
预应变下结晶晶粒尺寸和静态再结晶体积分数随保温时间的变化

(a) 1000℃；(b) 1100℃；(c) 0.001s⁻¹；(d) 0.1s⁻¹；
(e) 67μm；(f) 99μm；(g) 预应变 0.15；(h) 预应变 0.2

体晶粒尺寸 67~99μm 以及预应变 0.15 与 0.2 条件下，利用 Image Pro Plus 软件
统计分析了不同保温时间下再结晶晶粒尺寸和静态再结晶体积分数的变化。图 6-
12 (a)、(b)、(g) 描述了微合金钢在其他变形条件相同，不同保温温度下的再

结晶晶粒尺寸和静态再结晶体积分数的变化。当保温温度升高至1200℃时，微合金碳氮化物回溶，对再结晶晶粒的钉扎作用减弱。在保温过程中，当保温时间为300s时，保温温度由1000℃升高至1200℃，再结晶晶粒尺寸由30μm增加至150μm，静态再结晶软化分数由10.6%增加至13.6%。再结晶50%的时间（$t_{0.5}$）远大于基于真应力-应变曲线获取的结果，这是因为静态再结晶发生以前经历了静态回复过程。

如图6-12（a）、（c）、（d）反映了应变速率0.001~0.1s^{-1}的范围对静态再结晶软化分数的影响。同样，随着应变速率的增加，静态再结晶体积分数增加，意味着静态再结晶速率增加。对于以上的结果主要有两点原因：一方面，高应变速率下形变储能较高，静态回复受阻；另一方面，高应变速率下位错密度增加，再结晶的驱动力增加。预应变对静态软化行为的影响如图6-12（e）、（h）所示，从图中看出预应变对静态软化率的影响。由于在低应变条件下两个道次间隔之间的主要机制为加工硬化或者静态回复，而较大的应变会致使位错密度增加，静态再结晶驱动力增大，故软化分数增加。初始奥氏体晶粒尺寸的影响如图6-12（e）、（f）、（g）所示，软化分数随着晶粒尺寸的增加而降低，对静态再结晶体积分数因为初始奥氏体晶粒尺寸较小时，晶界总面积增大，促使形变储能与再结晶形核位置的增加。

图6-13为不同应变条件下的反极图与取向差分布图。图6-13（a）、（b）表明直接淬火后原始奥氏体晶界处生成大量马氏体板条束，晶界取向以大角度晶界为主，但仍可以在图片中观察到原始奥氏体晶界。图6-13（c）、（d）反映了当应变低于动态再结晶发生的临界应变，变形后在道次间隔时间内的组织演变主要为静态再结晶，晶粒细化，马氏体形核质点增加，导致大角度马氏体板条束增加，大角度晶界（HAGBs，$\theta>15°$）的频率由14.7%升高至21.4%。这主要是由于晶粒细化导致原始奥氏体对马氏体形成的束缚作用减弱，更易使周围的奥氏体取向发生了大角度的偏转。如图6-13（e）、（f）所示，随着应变量增加至0.5，小于5°的小角度晶界有略微下降的趋势，但仍占较高的比例，而大于50°的大角度晶界占比略微上升，亚晶界逐渐变得模糊。这种情况的产生一方面由于高应变促使动态再结晶的发生，导致高密度位错密度降低，诱发马氏体板条发生回复，板条边界逐渐模糊并消失，导致小于5°的小角度板条晶界减少。另一方面位错经过滑动、攀移形成亚晶界，由于形成时间较短，晶内取向差异较小，因此亚晶界不清晰且内部存在大量的位错，小角度亚晶界的形成将导致小角度晶界比例的增多，这二者共同作用下小角度晶界并没有大量消失，而只是所占比例略微减小。

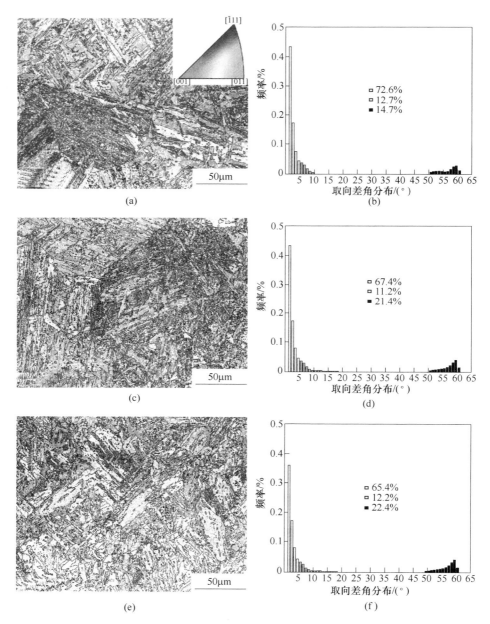

图 6-13　不同预应变条件下试样的反极图与取向差角度分布图

（a），（b）直接淬火；（c），（d）预应变 0.1；（e），（f）预应变 0.5

（扫书前二维码看彩图）

预应变为 0.15 不同保温条件下试样的反极图与晶界取向差分布图如图 6-14 所示。在变形后没有保温条件下出现了大量的超低角度晶界（小于 5°小角度晶界）如图 6-14（a）、（b）所示，大角度晶界的比例仅占 15%。随着保温时间增

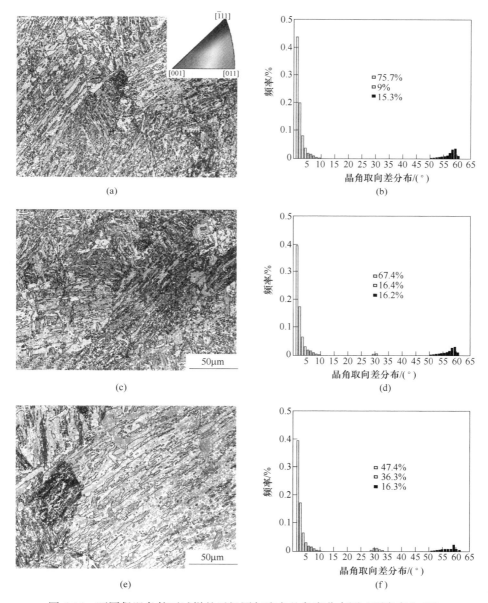

图 6-14　不同保温条件下试样的反极图与取向差角度分布图（预应变 0.15）

（a），（b）直接淬火；（c），（d）保温时间 30s；（e），（f）保温时间 100s

（扫书前二维码看彩图）

加至 30s，超低角度晶界由 75.5% 降低至 67.4%，如图 6-14（c）、（d）所示。随着应变诱导晶界迁移过程的进行，通过位错滑移与缠结形成亚晶界，最后形成再结晶晶界，致使原始奥氏体晶粒中的位错、空位等其他缺陷密度不断降低。当保温时间增加至 100s 时，25°～35° 的大角度晶界由 1.7% 增加至 5.6%，超低角度晶界的频率由 67.4% 降低至 47.4%，如图 6-14（e）、（f）所示，表明应变诱导晶界迁移与大角度晶界的增加有关。

　　如图 6-15（a）显示了通过扫描电子显微镜（SEM）测量获得的原始高温奥氏体晶粒的质量图，晶粒取向度为 25°～35°。马氏体板条在晶界处形核，并沿奥氏体晶界向内部延伸。A_1-A_2 线和 B_1-B_2 线的位置如图 6-15（b）反极图上的直线

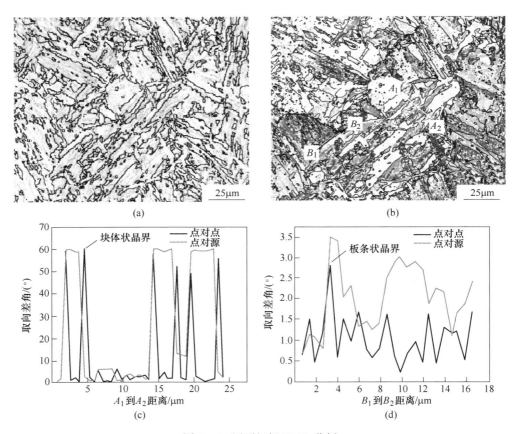

图 6-15　压下组织 EBSD 分析

（a）原始奥氏体的质量图；（b）反极图；（c）沿着马氏体板条的横向轴线上 A_1-A_2
线的取向差角；（d）沿着马氏体板条的横向轴线上 B_1-B_2 线的取向差角

（扫书前二维码看彩图）

所示。板条沿不同轴线的取向差变化如图 6-15（c）、（d）所示。板条间的位错角约为 60°，说明马氏体板条的形变储能很强。板条状晶界累积错位角小于3.5°，表明板条状晶界的位错密度较低。

6.1.2.3　静态再结晶模型建立

根据原位观察的结果，建立了静态再结晶动力学模型以描述微合金钢 Q345E 连铸板坯压下过程组织演变行为。该模型以 Huang 等人的研究为依据[24]，并结合阿弗拉米指数进行修正，使预测结果更加精确。静态再结晶动力学模型公式如下[25]：

$$\begin{cases} X_s = X_s^\infty \left\{ 1 - \exp\left[-0.693 \left(\dfrac{t}{t_{0.5}} \right)^n \right] \right\} \\ n = \lambda_1 \dot{\varepsilon}^{\lambda_2} \varepsilon^{\lambda_3} d_0^{\lambda_4} \exp\left(\dfrac{Q_n}{RT} \right) \\ X_s^\infty = \nu_1 \dot{\varepsilon}^{\nu_2} \varepsilon^{\nu_3} d_0^{\nu_4} Z_s^{\nu_5} \\ t_{0.5} = \omega_1 \dot{\varepsilon}^{\omega_2} \varepsilon^{\omega_3} d_0^{\omega_4} \left(\dot{\varepsilon} \exp\left(\dfrac{Q_s}{RT} \right) \right)^{\omega_5} \end{cases} \tag{6-18}$$

式中　$\lambda_1 \sim \lambda_4$，Q_n，$\nu_1 \sim \nu_5$，$\omega_1 \sim \omega_5$——材料常数，也是待定系数；

$\qquad\qquad X_s$——静态再结晶体积分数，%；

$\qquad\qquad n$——阿弗拉米指数；

$\qquad\qquad t$——保温时间；

$\qquad\qquad X_s^\infty$——最大静态再结晶体积分数，%；

$\qquad\qquad t_{0.5}$——再结晶 50% 的时间；

$\qquad\qquad \dot{\varepsilon}$——应变速率，$s^{-1}$；

$\qquad\qquad d_0$——初始奥氏体晶粒尺寸，μm；

$\qquad\qquad R$——气体常数，8.314J/（mol·K）；

$\qquad\qquad T$——变形温度，K；

$\qquad\qquad Q_s$——静态再结晶的表观激活能，J/mol；

$\qquad\qquad Z_s$——计算数值，公式为：$Z_s = \dot{\varepsilon} \exp(Q_s/RT)$。

X^* 为静态再结晶体积分数随保温时间的变化量，由式（6-19）计算得出：

$$X^* = X_s/X_s^\infty = 1 - \exp\left(-0.693 \left(\frac{t}{t_{0.5}} \right)^n \right) \tag{6-19}$$

模型考虑了变形温度、应变速率、初始奥氏体晶粒尺寸和预应变对静态再结晶体积分数的影响。对公式（6-19）的第一个表达式取对数可得下式：

$$\ln(\ln(1/(1 - X^*))) = \ln 0.693 + n\ln(t/t_{0.5}) \tag{6-20}$$

对 $\ln(\ln(1/(1 - X^*)))$ 与 $\ln(t)$ 进行线性拟合，结果如图 6-16 所示。得到各

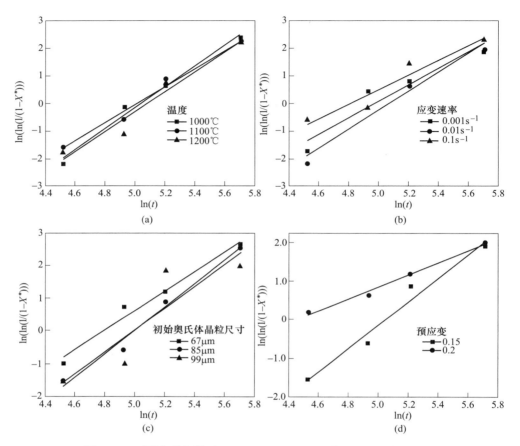

图 6-16　不同变形条件下 $\ln(\ln(1/(1 - X^*)))$ 与 $\ln(t)$ 的线性关系

（a）变形温度；（b）应变速率；（c）初始奥氏体晶粒尺寸；（d）预应变

个变形参数对应的阿弗拉米指数 n 值，结合经验公式得到 n 值的数学表达式如下：

$$n = 0.26\dot{\varepsilon}^{-0.024}\varepsilon^{-0.426}d_0^{0.342}\exp\left(\frac{542.217}{RT}\right) \tag{6-21}$$

选取式（6-18）中静态再结晶体积分数表达式的对数进行静态再结晶最大体积分数与变形温度、应变速率、初始奥氏体晶粒尺寸和预应变线性拟合，参数 n_1、n_2、n_3、n_4 与 n_5 分别为 6314.68、0.149、1.179、−1.314、−0.067。X_s^{∞} 计算结果与实验结果的比较如图 6-17（a）所示，相关系数 R 为 0.913。

取公式（6-18）第四个表达式上两边的对数，其中 Q_s 是 239027J/mol。采用多元非线性回归的方法得到了参数 ω_1、ω_2、ω_3、ω_4 与 ω_5 的值。计算结果与实验值 $t_{0.5}$ 的对比如图 6-17（b）所示，相关系数 R 为 0.991。

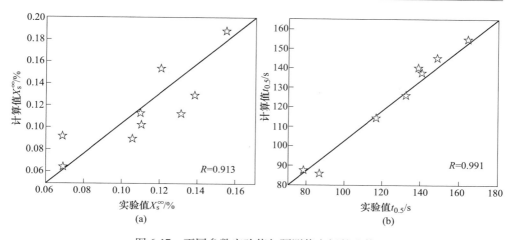

图 6-17 不同参数实验值与预测值之间的比较

（a）X_s^{∞} 实验值与计算值之间的比较；（b）$t_{0.5}$ 计算值与实验值之间的比较

因此，根据上文所述，静态再结晶动力学公式如下[25]：

$$\begin{cases} X_s = X_s^{\infty}\left\{1 - \exp\left[-0.693\left(\dfrac{t}{t_{0.5}}\right)^n\right]\right\} \\[2mm] n = 0.26\dot{\varepsilon}^{-0.024}\varepsilon^{-0.426}d_0^{0.342}\exp\left(\dfrac{542.217}{RT}\right) \\[2mm] X_s^{\infty} = 6314.68\dot{\varepsilon}^{0.149}\varepsilon^{1.178}d_0^{-1.314}Z_s^{-0.067} \\[2mm] t_{0.5} = 0.016\dot{\varepsilon}^{-0.041}\varepsilon^{-1.983}d_0^{1.35}\left[\dot{\varepsilon}\exp\left(\dfrac{239027}{RT}\right)\right]^{-0.07} \end{cases} \tag{6-22}$$

6.1.3 压下过程铸坯亚动态再结晶规律

压下过程中铸坯受应变超过动态再结晶的临界应变时，在后续道次间隔内会发生亚动态再结晶（metadynamic recrystallization，MDRX），高温共聚焦显微镜无法捕捉，因此采用高温压缩实验来研究。通过上节讨论可知，道次间隔时间内，奥氏体温度范围为 900～1200℃，应变速率范围为 0.001～0.1s^{-1}。而亚动态再结晶发生的必要条件是预应变大于动态再结晶发生的临界应变（$\varepsilon_c = 0.2$），因此设计应变范围为 0.25～0.35，道次间隔时间范围为 1～100s。

6.1.3.1 亚动态再结晶多道次压缩热模拟

使用 Thermecmastor-Z 热模拟压缩试验机对 Q34E 进行单道次与双道次等温压缩。采用单道次压缩用以研究铸坯施加预应变后的组织状态，双道次实验主要是基于两道次之间奥氏体软化所导致两道次应力或应变能差异，通过应力补偿法计算亚动态再结晶体积分数。同时，对比单道次原始组织，研究不同变形条件下组织演变规律。

在此次研究过程中使用 0.2% 应力补偿法确定双道次压缩过程亚动态再结晶软化分数，亚动态再结晶软化分数（f_s）使用补偿应变法测量，公式如下[26]：

$$f_s = \frac{\sigma_m - \sigma_2}{\sigma_m - \sigma_1} \tag{6-23}$$

式中　σ_m——第一道次最大应变时对应的中断应力，MPa；

　　　σ_1——第一道次 0.2% 补偿应变对应的应力值，MPa；

　　　σ_2——第二道次 0.2% 补偿应变对应的应力值，MPa。

亚动态再结晶体积分数（X_{MDRX}）通过软化分数（f_s）确定，公式如下：

$$X_{MDRX} = \frac{f_s - 0.2}{1 - 0.2} = \frac{f_s - 0.2}{0.8} \tag{6-24}$$

亚动态再结晶实验过程如图 6-18 所示，分别进行了两组实验。第一组实验如图 6-20（a）条件 Ⅰ 所示，首先以 10℃/s 加热至 1250℃ 保温 1min、5min、10min 直接淬火，目的为测试不同初始奥氏体晶粒尺寸对亚动态再结晶行为影响规律。为研究不同初始奥氏体晶粒尺寸下不同变形参数对亚动态再结晶影响规律，进行单道次压缩实验。如图 6-18（a）条件 Ⅱ 所示，以 10℃/s 加热至 1250℃ 保温 1min、5min、10min，冷却速率为 6℃/s 至变形温度，保温 1min 消除温度梯度，其中变形温度为 900℃、1000℃、1100℃，预应变为 0.25、0.3、0.35，应变速率为 0.001s⁻¹、0.01s⁻¹、0.1s⁻¹，之后保温 1~100s 后淬火，目的为研究不同变形参数对亚动态再结晶组织演变的影响。第二组实验如图 6-18（b）所示，在第二次加载前实验步骤相同，进行第二道次压缩后直接淬火，以确定不同变形参数对亚动态再结晶软化分数的影响。沿压下方向切开，在 80℃ 恒温水浴中使用苦味酸试剂添加缓蚀剂腐蚀 30min，使用 Zeiss 光学显微镜（OM）观察不同区域奥氏体晶粒，通过线截距法计算平均奥氏体晶粒尺寸。

6.1.3.2　亚动态再结晶组织演变

双道次压缩真应力-真应变曲线如图 6-19 所示，其中第一道次的屈服应力高于第二道次的屈服应力，如图 6-19（a）所示，在变形条件相同条件下，随着道次间隔时间的增加，第二阶段的屈服应力逐渐降低。预应变在第一道次的变形条件下大于临界应变（ε_c），发生动态再结晶，奥氏体重新形核，部分晶界发生迁移。当第一道次卸载荷后，在道次间隔时间内奥氏体晶界继续迁移不需要任何孕育期，重新形核的奥氏体持续长大，随着道次间隔时间的推移，再结晶速率降低，并且动态再结晶晶核长大导致位错密度逐渐降低，导致第二道次的峰值应力逐渐下降。图 6-19（b）为不同变形温度对真应力-真应变曲线的影响，显然，

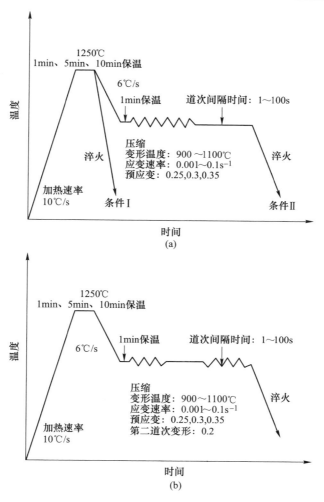

图 6-18　亚动态再结晶实验方案

（a）单道次等温压缩；（b）双道次等温压缩

变形温度对第二道次压缩影响很大。在变形温度为900℃时，第二道次的真应力基本与第一道次持平，说明再结晶软化率很小。而当变形温度为1000℃、1100℃时，随着变形温度升高，试样内部形变储能与动态再结晶体积分数增加，第二道次的真应力明显下降。如图6-19（c）在应变速率为0.001s^{-1}时，对第一道次真应力-真应变曲线进行外推，得到第二道次的真应力只比第一道次略有下降，说明在应变速率为0.001s^{-1}时再结晶软化率较小。图6-19（d）为不同初始奥氏体晶粒条件的真应力-应变曲线，随着初始奥氏体晶粒尺寸增加，对亚动态再结晶软化行为较大影响。如图6-19（e）所示，在不同预应变条件下，随着真应变的增加，奥氏体晶粒内部位错密度加大，亚动态再结晶软化速率增加，并且在第二

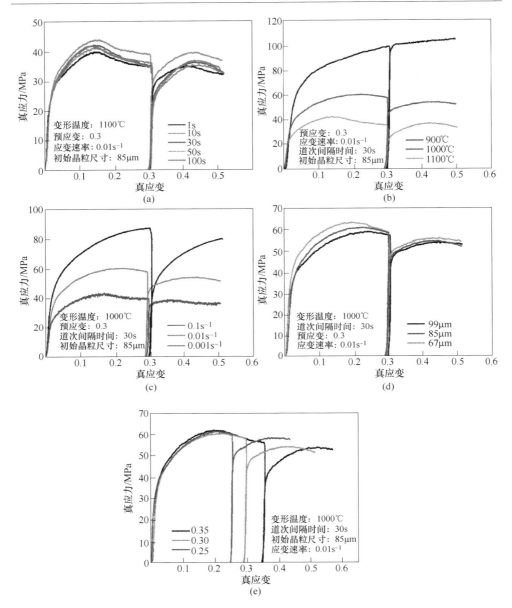

图 6-19   其他变形条件一致，不同变形温度、道次间隔时间、初始晶粒尺寸、
应变速率、预应变下的真应力-应变曲线

（a）不同道次间隔时间；（b）不同变形温度；（c）应变速率；（d）晶粒尺寸；（e）预应变
（扫书前二维码看彩图）

道次变形过程中真应力减小。由此可见，不同变形参数对亚动态再结晶软化行为
的影响较大。

在不同变形温度条件下，应变速率 $0.01s^{-1}$、预应变 0.3 与初始奥氏体晶粒尺寸为 $85\mu m$ 的亚动态再结晶体积分数如图 6-20（a）所示，随着变形温度增加，奥氏体再结晶体积分数快速上升。当变形温度由 900℃ 增加到 1000℃ 时，亚动态再结晶体积分数由 18.6% 增加到 53.3%，而变形温度升高至 1000℃ 时，道次间隔时间增加至 100s 时，亚动态再结晶体积分数曲线比较平坦。变形温度的亚动态再结晶软化曲线符合 Avrami 方程，由于亚动态再结晶是动态再结晶形核发生后在道次间隔时间内奥氏体晶界迁移的过程，高温变形试样内部形变储能较高，晶界迁移速率快，所以亚动态再结晶能在短时间内完成，导致在 1100℃ 时道次间隔时间 30s 后曲线为平缓状态。

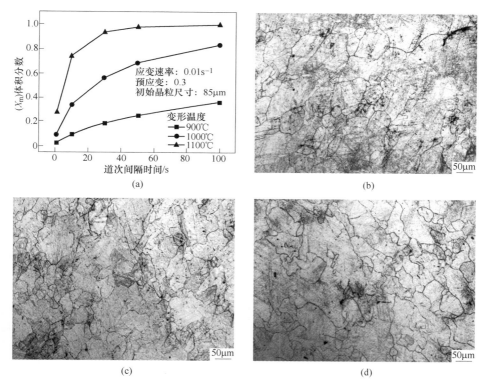

图 6-20 微合金钢发生亚动态再结晶的变形特征

（a）不同变形温度条件下 MDRX 体积分数；

（b）~（d）不同变形温度下（900℃，1000℃，1100℃）奥氏体金相组织

图 6-20（b）~（d）是变形温度为 900℃、1000℃、1100℃，应变速率 $0.01s^{-1}$，初始奥氏体晶粒尺寸 $85\mu m$、预应变 0.3 时的金相显微组织，对应的奥氏体晶粒尺寸分别为 $80\mu m$、$60\mu m$、$56\mu m$。变形温度由 900℃ 增加到 1000℃ 时，亚动态再结晶晶粒尺寸由 $80\mu m$ 快速减小到 $60\mu m$。如图 6-20（b）所示，原始晶粒已经被压扁或拉长，一些细小的再结晶晶粒呈链状或团状分布在原始晶粒的边界。变形

温度增加到 1000℃ 时，细小的再结晶晶粒显著增加，如图 6-20（c）所示，内部原始粗大的奥氏体晶粒基本被细小的晶粒取代。随着温度增加到 1100℃，如图 6-22（d）所示，试样内部为细小等轴状再结晶晶粒。通过对上述现象的描述可得应变对再结晶行为的影响主要分为三个区域，在道次间隔时间内发生亚动态再结晶的同时伴随着静态再结晶，并且静态再结晶的发生需要孕育期来消除内部缺陷与变形的组织。变形温度由 900℃ 升高至 1000℃ 时，亚动态再结晶体积分数由 19% 增加至 85%，金相组织中绝大部分的原始晶粒被再结晶晶粒所取代。当变形温度升高至 1100℃ 时，在道次间隔时间内完全由亚动态再结晶主导，所以金相组织基本为细小等轴状的奥氏体晶粒。

应变速率和初始奥氏体晶粒尺寸对 MDRX 体积分数和再结晶晶粒的影响与先前研究结果类似。亚动态再结晶发生了压下道次间隔内，因此压下变形，即预应变，对亚动态再结晶体积分数影响十分显著。如图 6-21 所示，当预应变从 0.25 增加到 0.35 时，间隔时间为 30s 的 MDRX 体积分数分别为 46.6%、56.4% 和 63.2%。当变形温度为 1000℃ 时，预应变为 0.25、0.3 和 0.35 的奥氏体晶粒尺

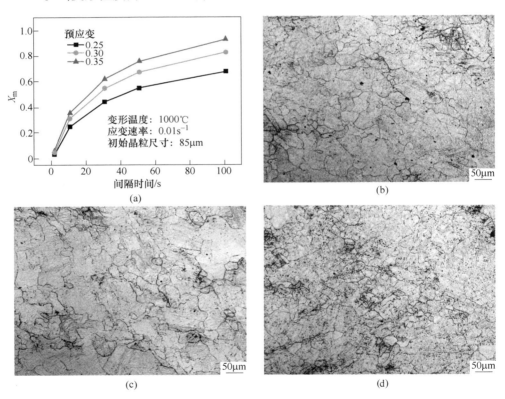

图 6-21　不同预应变条件下 MDRX 体积分数（a）和不同预应变下
奥氏体金相组织：（b）0.25，（c）0.3，（d）0.35

寸分别为 62μm、60μm、53μm。

图 6-22 显示了应变为 0.3、变形温度 1000℃，应变速率 0.01s^{-1} 与初始奥氏体晶粒尺寸为 85μm 淬火后不同道次间隔内试样的反极图与晶角分布图。在道次

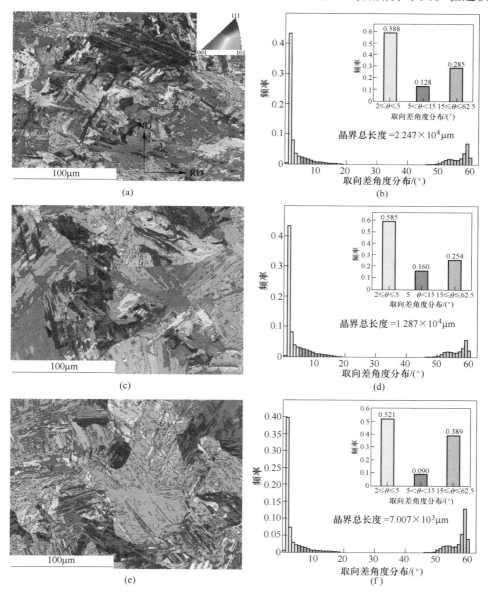

图 6-22　不同道次间隔时间内试样的反极图与晶界角度分布图

（a），（b）道次间隔时间 5s；（c），（d）道次间隔时间 30s；（e），（f）道次间隔时间 60s

（扫书前二维码看彩图）

间隔时间增加至 60s 时，板条状晶界形成。晶角取向差分布如图 6-22(b) ~ (f) 所示，超低角度晶界（$\theta<5°$）由 58.8% 降低至 52.1% 时，小角度晶界（$5°<\theta<15°$）由 12.8% 降低至 9%，大角度晶界（$\theta>15°$）由 28.5% 增加至 38.9%。整体晶界长度从 $2.247×10^4$ mm 降低到 $7.007×10^3$ mm，表明在道次间隔内亚晶形核长大，晶界总长度增加。

6.1.3.3　亚动态再结晶模型建立

根据以上实验结果，变形温度、应变速率、初始奥氏体晶粒尺寸与预应变对亚动态再结晶体积分数的影响，应用阿弗拉密方程（Avrami）建立亚动态再结晶动力学模型[27]，公式如下：

$$X_{MDRX} = 1 - \exp\left[- 0.693 \left(\frac{t}{t_{0.5}}\right)^{n_{MDRX}} \right] \tag{6-25}$$

其中再结晶 50% 的时间（$t_{0.5}$）如下式：

$$t_{0.5} = A_{MDRX}\dot{\varepsilon}^p \varepsilon^q d_0^s \exp\left(\frac{Q_{MDRX}}{RT}\right) \tag{6-26}$$

式中　　　　　X_{MDRX}——亚动态再结晶体积分数；

　　　　　　　　t——道次间隔时间，s；

　　　　　　　$t_{0.5}$——再结晶 50% 的时间，s；

n，A_{MDRX}，p，q，s——材料常数，也是待定系数；

　　　　　　　　$\dot{\varepsilon}$——应变速率，s^{-1}；

　　　　　　　　ε——应变；

　　　　　　　d_0——初始奥氏体晶粒尺寸，μm；

　　　　　　　R——气体常数，$J/(mol \cdot K)$；

　　　　　　　T——变形温度，℃；

　　　　Q_{MDRX}——表观激活能，J/mol。

通过对公式（6-26）两边取对数得到下式：

$$\ln\left(\ln\left(\frac{1}{1 - X_{MDRX}}\right)\right) = \ln 0.693 + n\ln t - n\ln t_{0.5} \tag{6-27}$$

为了确定 n 值，通过不同变形温度、应变速率、初始奥氏体晶粒尺寸、预应变得到 Avrami 指数 n，如图 6-23 所示，通过线性拟合得到 n 值为 0.653。

对公式（6-27）两边取对数得到下式：

$$\ln t_{0.5} = \ln A_{MDRX} + \ln\dot{\varepsilon}^p + \ln\varepsilon^q + \ln d_0^s + \left(\frac{Q_{MDRX}}{RT}\right) \tag{6-28}$$

通过亚动态再结晶体积分数与道次间隔时间的对应关系，得到再结晶 50% 的时间（$t_{0.5}$）与不同变形条件的指数，如图 6-24 所示。

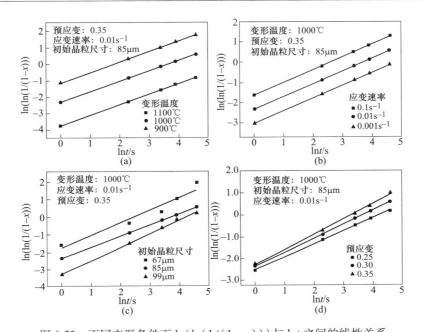

图 6-23 不同变形条件下 $\ln(\ln(1/(1-x)))$ 与 $\ln t$ 之间的线性关系

（a）变形温度不同；（b）应变速率不同；（c）初始晶粒尺寸不同；（d）预应变不同

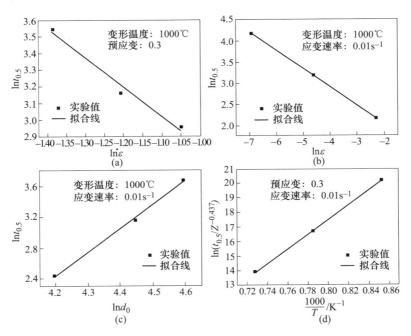

图 6-24 $\ln t_{0.5}$ 与不同变形参数之间的关系

（a）$\ln\dot{\varepsilon}$；（b）$\ln\varepsilon$；（c）$\ln d_0$；（d）$1000/T$

综上所述，得到连铸坯双道次压缩过程亚动态再结晶动力学模型：

$$X_{MDRX} = 1 - \exp\left[-0.693\left(\frac{t}{t_{0.5}}\right)^{0.653}\right]$$

(6-29)

$$t_{0.5} = 2.143 \times 10^{-17}\dot{\varepsilon}^{-0.437}\varepsilon^{-1.76}d_0^{3.049}\exp\left(\frac{251747.9}{RT}\right)$$

基于上述亚动态再结晶动力学模型，进行了再结晶50%体积分数时（$t_{0.5}$）实验值与预测值的比较，结果如图6-25所示。

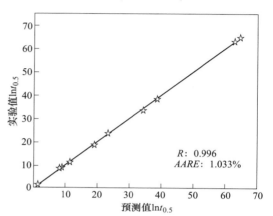

图 6-25　再结晶50%的时间实验值与预测值

根据实验结果与对亚动态再结晶组织的分析，可知变形温度、应变速率、初始奥氏体晶粒尺寸对热压缩过程亚动态再结晶晶粒尺寸影响很大，其中亚动态再结晶晶粒尺寸（d_{MDRX}）表达式如下：

$$d_{MDRX} = Cd_0^{k_1}\varepsilon^{k_2}\dot{\varepsilon}^{k_3}\exp\left(\frac{Q_{MDRX}}{RT}\right)^{k_4}$$

(6-30)

式中　　d_0——初始奥氏体晶粒尺寸，μm；
C，$k_1 \sim k_4$——材料常数，也是待定系数；
　　　　$\dot{\varepsilon}$——应变速率，s^{-1}；
　　　　R——气体常数，$J/(mol \cdot K)$；
　　　　T——变形温度，K。

对公式（6-30）两边取对数得到下式：

$$\ln d_{MDRX} = \ln C + k_1\ln d_0 + k_2\ln\varepsilon + k_3\ln\dot{\varepsilon} + k_4\frac{Q_{MDRX}}{RT}$$

(6-31)

如图6-26（a）所示，k_1值通过$\ln d_{MDRX}$与$\ln d_0$之间的线性关系获得，为1.247。同理，如图6-26(b)~(d)所示，k_2、k_3与k_4的值分别为−0.404、−0.061与0.096，将其代入公式（6-30），通过非线性拟合得到了常数C值为0.0115，得到 MDRX 晶粒预测模型，见式（6-32）。最后，奥氏体晶粒的实验值与预测值对比见表6-4。

$$d_{MDRX} = 0.0115d_0^{1.247}\varepsilon^{-0.404}\dot{\varepsilon}^{-0.061}\exp\left(\frac{251747.9}{RT}\right)^{0.096}$$

(6-32)

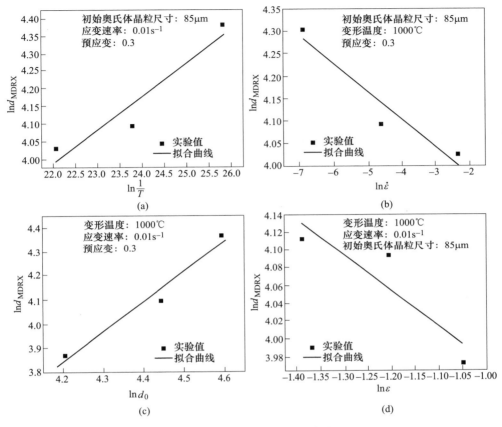

图 6-26 不同参数的线性关系

（a）$\ln d_{MDRX}$ 和 $\ln\dfrac{1}{T}$ 的线性关系；（b）$\ln d_{MDRX}$ 和 $\ln\dot{\varepsilon}$ 的线性关系；

（c）$\ln d_{MDRX}$ 和 $\ln d_0$ 的线性关系；（d）$\ln d_{MDRX}$ 的 $\ln\varepsilon$ 线性关系

表6-4 不同变形参数条件下奥氏体晶粒尺寸的预测值与实验值对比

变形温度 /℃	应变速率 /s⁻¹	预应变	初始晶粒尺寸 /μm	实验值 d_{MDRX}/μm	预测值 d_{MDRX}/μm	误差值/%
900	0.01	0.3	85	80	75	0.063
900	0.01	0.3	85	60	61	0.017
900	0.001	0.3	85	74	71	0.041
1000	0.1	0.3	85	56	54	0.035
1000	0.01	0.3	67	48	46	0.042
1000	0.01	0.3	99	79	75	0.051
1100	0.01	0.3	85	56	52	0.072
1100	0.01	0.25	85	62	65	0.048
1100	0.01	0.35	85	53	57	0.076

6.2　加热过程组织演变规律

上述研究证明，铸坯凝固末端压下可以诱发奥氏体再结晶，显著细化奥氏体晶粒，在后续装送加热过程中细化奥氏体晶粒是否会进一步保留仍需进一步研究。因此，本节将重点研究连铸坯前期压下对实际装送工艺下组织演变的影响，从机理上分析铸坯组织演变的根本原因。阐明铸坯装送前不同压下量与装送工艺对组织演变规律的影响，为后期制定与优化连铸坯热装热送工艺提供重要的理论支撑。

6.2.1　加热过程宽厚板坯的组织演变

对于用途日益广泛的高强度低合金钢板坯，热轧前的初始组织状态对于轧材的组织性能起着至关重要的作用。因此，探明压下后板坯加热过程中的组织演变规律，是实现厚板材生产流程优化与组织性能提高的重要理论依据。

6.2.1.1　宽厚板坯不同压下量的铸坯不同位置原始组织对比

分别取压下量9mm、15mm、25mm的表面、中心不同位置的Q345E板坯试样，对比观察组织形态。

A　板坯心部的组织对比

图6-27为不同压下量板坯心部及局部组织放大对比，通过金相结果对比可

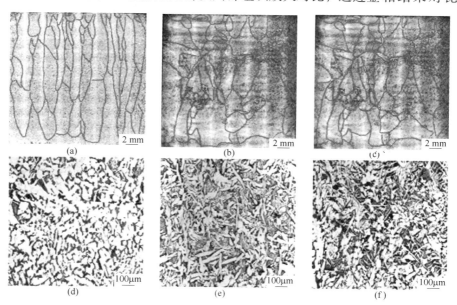

图6-27　不同压下量板坯心部及局部组织放大对比
心部组织：（a）压下量9mm；（b）压下量15mm；（c）压下量25mm；
心部组织局部放大：（d）压下量9mm；（e）压下量15mm；（f）压下量25mm

知，随铸坯压下量的增加，铸坯原始奥氏体晶粒逐渐减小，同时铁素体晶粒形态变化也有逐渐减小的趋势，其中当压下量为25mm时，组织中已经有部分铁素体向针状铁素体转变。压下量25mm的原始奥氏体平均晶粒尺寸为810μm，相比轻压下量9mm的原始奥氏体晶粒平均尺寸1250μm，晶粒尺寸减小65%。由于奥氏体晶粒的减小，可有效提升铸坯表面的热塑性，从而间接地降低了裂纹的萌生和扩展概率，提高了铸坯的组织性能。

B　铸坯表层中心的组织对比

通过图6-28中不同压下量板坯表层中心位置及其局部组织放大对比可知，连铸坯在表层中心位置的铸态组织变化明显，奥氏体晶粒逐渐变小。随着压下量的增大，铁素体晶粒尺寸逐渐减小，其中当压下量为25mm时，组织中已经有板条状的铁素体向针状铁素体演变。压下量25mm的奥氏体平均晶粒尺寸为795μm，相比压下量9mm的奥氏体平均晶粒尺寸1200μm，细化了66.25%。

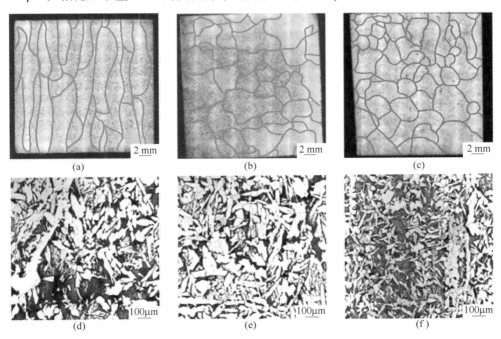

图6-28　不同压下量板坯表层中心位置及其局部组织放大对比
表层中心位置组织：（a）压下量9mm；（b）压下量15mm；（c）压下量25mm；
表层中心位置组织局部放大：（d）压下量9mm；（e）压下量15mm；（f）压下量25mm

在压下过程中奥氏体发生变形，促使晶界内部产生大量的变形带、孪晶、位错等缺陷，为奥氏体向铁素体发生相变过程中提供更多的形核质点，从而达到细化铁素体组织的目的。同时，铁素体晶粒细化可进一步促使装送加热过程奥氏体形核，从而达到细化奥氏体晶粒的效果。

6.2.1.2 宽厚板坯不同压下量的铸坯不同位置装送的效果对比

由于现场取样的铸态组织为冷态组织，本节通过模拟现场冷装实验，并制定冷装过程的热履历曲线，目的是为了对比不同压下工艺在相同的装送条件下实验钢的组织演变规律。

A 铸坯横断面心部位置

根据第 2 章现场铸坯温度场的计算结果制定铸坯不同位置合理的加热方案，热履历曲线如图 6-29（a）所示，取样位置如图 6-29（b）所示。

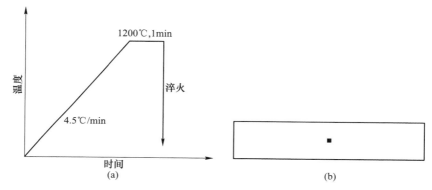

图 6-29　铸坯的装送制度与取样方案

（a）铸坯心部热履历曲线；（b）实验取样位置

将试样以 4.5℃/min 加热到 1200℃后保温 60s，淬火后使用饱和苦味酸溶液腐蚀显示铸坯微观组织。实验结果如图 6-30 所示。

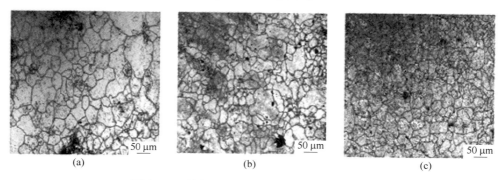

图 6-30　不同压下量冷装后铸坯中心组织对比

（a）压下量 9mm；（b）压下量 15mm；（c）压下量 25mm

图 6-30 是不同压下量冷装后铸坯中心组织对比，由图可知，随着压下量的

增加，奥氏体晶粒尺寸逐渐减小。压下量为 9mm 时的奥氏体晶粒最大尺寸为
105μm，奥氏体晶粒最小尺寸为 31μm，平均晶粒尺寸为 53μm；压下量为 15mm
时晶粒尺寸最大为 95μm，最小为 23μm，平均晶粒尺寸为 34μm；压下量为
25μm 时晶粒尺寸最大 60μm，最小为 18μm，平均晶粒尺寸为 31μm。

由统计结果可知，压下量越大的铸坯晶粒尺寸越细小，晶粒的等轴性也越
好。压下过程中，随着变形量的增大，原始奥氏体的再结晶率增高，奥氏体晶粒
发生明显细化，晶界的总面积增大，在铁素体相变时提供的形核质点增多，促使
铁素体组织细化。

B 铸坯横断面表层中心位置

根据第 2 章现场铸坯温度场的计算结果制定铸坯横断面表层中心位置合理的
加热方案，使其更接近现场的加热条件。热履历曲线如图 6-31（a）所示，取样
位置如图 6-31（b）所示。

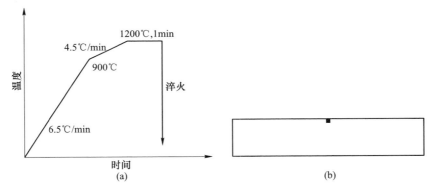

图 6-31 铸坯的装送制度与取样方案
（a）铸坯表层中心热履历曲线；（b）实验取样位置

实验过程将压下量为 9mm、15mm、25mm 的试样按照 6.5℃/min 加热到
900℃，再将试样在 900~1200℃温度区间以 4.5℃/min 升温速率加热到 1200℃保
温 60s，淬火观察金相组织形态。实验结果如图 6-32 所示。

图 6-32 是不同压下量铸坯冷装表层中心位置组织对比，由图可知，随着压
下量的增加，奥氏体晶粒尺寸逐渐减小。压下量为 9mm 的晶粒最大尺寸为
95μm，最小尺寸为 26μm，平均晶粒尺寸为 52μm；压下量为 15mm 的晶粒尺寸
最大为 86μm，最小为 20μm，平均晶粒尺寸为 31μm；压下量为 25mm 的晶粒尺
寸最大 59μm，最小为 18μm，平均晶粒尺寸为 25μm。当压下量为 25mm 时，铸
坯晶粒细化显著且晶粒的等轴性较好。由图 6-30 和图 6-32 可知，铸坯表层组织
相对心部组织更细小。由于铸坯表层冷却速率较高，形成的铁素体晶粒更细小，
从而导致再加热后铸坯奥氏体晶粒尺寸也更加细小。压下诱发奥氏体发生再结

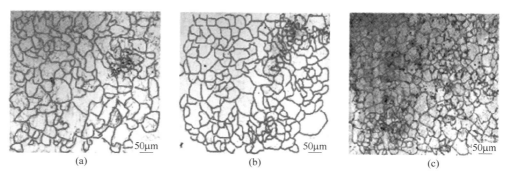

图 6-32　不同压下量铸坯冷装表层中心位置组织对比

（a）压下量 9mm；（b）压下量 15mm；（c）压下量 25mm

晶，增加晶体内部的形变储能，为组织的相变提供了更多的能量与形核质点。因此，随着压下量的增加，形变储能会越来越大，奥氏体的晶粒细化效果会随着压下量的增加变得更加显著。

C　铸坯横断面 1/4 心部位置

根据模拟数据，制定铸坯横断面 1/4 心部位置合理的加热方案，使其更接近现场的加热条件。热履历曲线如图 6-33（a）所示，取样位置如图 6-33（b）所示。

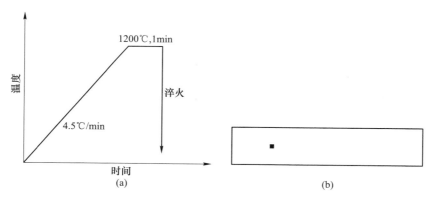

图 6-33　铸坯的装送制度与取样方案

（a）铸坯心部 1/4 热履历曲线；（b）实验取样位置

如图 6-34 是不同压下量铸坯冷装 1/4 心部组织对比，由图可知，随着压下量的增加，奥氏体晶粒尺寸逐渐减小。压下量为 9mm 的晶粒最大尺寸为 106μm，最小尺寸为 35μm，平均晶粒尺寸为 57μm；压下量为 15mm 的晶粒尺寸最大为 93μm，最小为 21μm，平均晶粒尺寸为 41μm；压下量为 25mm 的晶粒尺寸最大 63μm，最小为 23μm，平均晶粒尺寸为 33μm。当压下量为 25mm 时，再加热奥

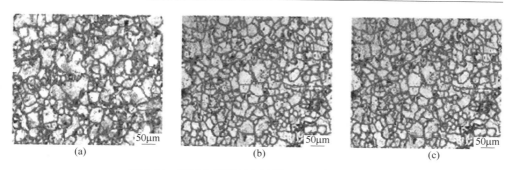

图 6-34 不同压下量铸坯冷装 1/4 心部组织对比

（a）压下量 9mm；（b）压下量 15mm；（c）压下量 25mm

氏体晶粒相比 9mm 细化明显，其主要原因与表面位置晶粒细化的机理大致相同。铸坯心部 1/4 的组织与铸坯心部的晶粒大小几乎相同，原因是两处的装送过程热履历相同，造成组织差异性的原因差异相对较小。

D 铸坯横断面角部位置

根据第 2 章现场铸坯温度场的计算结果制定加热方案，热履历曲线如图 6-35（a）所示，取样位置如图 6-35（b）所示。

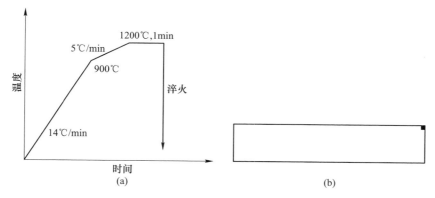

图 6-35 铸坯的装送制度与取样方案

（a）铸坯角部热履历曲线；（b）实验取样位置

实验过程将不同压下量的试样按照 14℃/min 加热到 900℃，再将试样在 900~1200℃温度区间以 5℃/min 升温速率加热至 1200℃保温 60s，淬火后用饱和苦味酸溶液腐蚀组织。实验结果如图 6-36 所示。

图 6-36 是不同压下量铸坯角部冷装组织对比，通过奥氏体晶粒度统计，压下量为 9mm 的铸坯晶粒最大尺寸为 80μm，最小尺寸为 24μm，平均晶粒尺寸为 36μm；压下量为 15mm 的晶粒尺寸最大为 76μm，最小尺寸为 20μm，平均晶粒尺寸为 35μm；压下量为 25mm 的晶粒尺寸最大 73μm，最小尺寸为 18μm，平均

图 6-36　不同压下量铸坯角部冷装组织对比

（a）压下量 9mm；（b）压下量 15mm；（c）压下量 25mm

晶粒尺寸为 33μm。由统计结果可知，奥氏体晶粒尺寸相差不大，因此，铸坯角部的组织随着压下量的增加没有明显的变化。其原因为在连铸过程中角部的冷速要远远大于其他位置，机械应力对组织形核几乎起不到任何促进作用，因此提高压下量无法细化铸坯角部组织。

　　E　铸坯横断面窄面中心位置

　　根据第 2 章实际铸坯温度场的计算结果制定铸坯横断面窄面中心位置合理的加热方案，图 6-37（a）为铸坯窄面中心的装送热履历曲线，图 6-37（b）为铸坯取样位置。

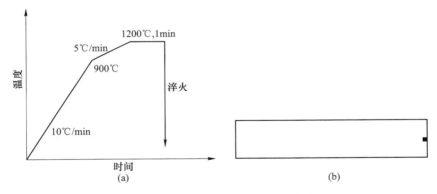

图 6-37　铸坯的装送制度与取样方案

（a）铸坯窄面中心热履历曲线；（b）实验取样位置

　　实验过程是：将不同压下量的试样以 10℃/min 进行加热至 900℃，在以 5℃/min 加热至 1200℃保温 60s 后淬火。通过金相显微镜观察不同压下量铸坯试样的组织形态与演变规律，如图 6-38 所示。

　　图 6-38 为不同压下量铸坯窄面中心冷装组织对比，由图可知，随着压下量的增加，奥氏体晶粒尺寸几乎无明显变化。奥氏体晶粒度统计结果表明，压下量

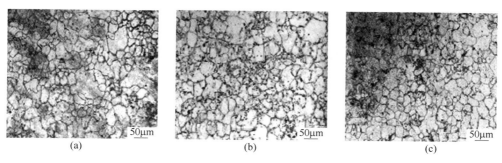

图 6-38 不同压下量铸坯窄面中心冷装组织对比
（a）压下量 9mm；（b）压下量 15mm；（c）压下量 25mm

为 9mm 的晶粒最大尺寸为 90μm，最小尺寸为 38μm，平均尺寸为 47μm；压下量为 15mm 的晶粒尺寸最大为 73μm，最小尺寸为 26μm，平均尺寸为 39μm；压下量为 25mm 的晶粒尺寸最大为 77μm，最小为 18μm，平均尺寸为 35μm。

铸坯奥氏体晶粒尺寸的差值随着压下量的增加而减小，从金相组织观测可以得出，奥氏体的混晶程度也随着压下量的增加减小。但是，由于窄面中心的组织在装送前的冷速较大，因此铁素体晶粒也相对细小，装送再加热后奥氏体晶粒尺寸也会相应减小。

图 6-39（a）是装送前铸坯不同位置原始奥氏体晶粒的平均尺寸随着压下量的变化。由图可得，随着压下量的增大，原始奥体晶粒尺寸逐渐减小，压下量 9mm 的原始奥氏体晶粒平均尺寸为 1150μm，压下量 25mm 的原始奥氏体晶粒平均尺寸为 700μm，晶粒细化为 60%。图 6-39（b）示出了装送后轻压下奥氏体晶粒平均尺寸为 50μm，装送后重压下的平均奥氏体晶粒尺寸为 28μm，晶粒尺寸减小 56%。

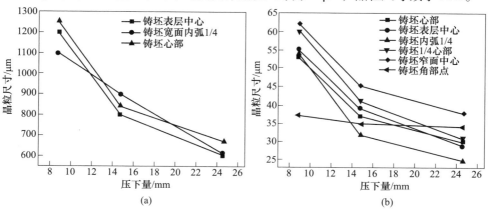

图 6-39 装送前后奥氏体晶界尺寸与压下量关系
（a）原始奥氏体晶界尺寸与压下量关系；（b）装送后奥氏体晶界尺寸与压下量关系

F　结论

综上所述,连铸-装送过程中不同压下模式组织演变如图 6-40 所示。图 6-40 (a) 是轻压下过程组织演变图,可以看出轻压下铸坯的原始奥氏体晶粒相对较大,在冷却过程中发生 γ-α 转变时铁素体会优先在原始奥氏体晶界处形核,并且铁素体在生长的过程中会在晶界内部生长。当温度降低时,晶粒内部会完全转变为铁素体。由于铸坯原始奥氏体晶粒较大,故铁素体在晶粒内的生长空间较充足,在相变结束后,铁素体晶粒尺寸较大。

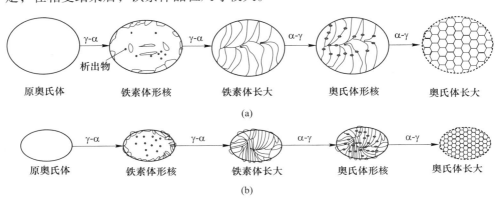

图 6-40　连铸到装送过程组织演变微观示意图
(a) 轻压下;(b) 重压下

图 6-40 (b) 为重压下工艺条件下的组织演变,其再加热组织细化的原因主要有以下三点:(1) 压下量的增加使得铸坯原始奥氏体晶粒变形,此时原始奥氏体的晶界内部会产生很多的变形带、位错、孪晶等缺陷,这些位置都将为相变提供更多的形核位置及能量,对铁素体的相变起到促进作用。铁素体的细化促使其体积分数增大,导致重压下铸坯的铁素体主要以晶界为形核质点,当铁素体晶粒在奥氏体晶界形核长大时,会对原始奥氏体产生明显的分割作用,形成一定厚度的铁素体膜。(2) 在发生铁素体相变时,大部分铁素体晶粒在原始奥氏体晶界内部生长,由于重压下铸坯发生再结晶,原始奥氏体晶粒尺寸较小,因此为铁素体生长预留空间就越小,一定程度上限制了铁素体的长大,起到了组织细化的作用。(3) 通常情况下,随着铸坯压下量的增加,奥氏体的变形量越大,奥氏体晶粒内部的位错密度越大,重压下条件下碳氮化物析出形核质点就越多,析出物更加细小弥散[8],在后续加热过程后对奥氏体长大的钉扎作用效果更明显,奥氏体晶粒的尺寸也相对较小。

6.2.1.3　宽厚板坯不同压下量的轧材组织与性能对比

将上述不同压下量下铸坯(2300mm×280mm)按相同轧制工艺轧制后(轧

制压缩比 2∶1）研究其组织演变规律。图 6-41 是不同压下量轧材表层与心部组织对比，由图可知，随着压下量的增加，奥氏体晶粒尺寸逐渐减小。晶粒尺寸统计结果表明，压下量为 9mm 铸坯表层平均晶粒尺寸为 46μm，压下量为 25mm 时平均晶粒尺寸为 27μm，相比压下量 9mm 平均晶粒尺寸细化 41%；压下量为 9mm 铸坯表层平均晶粒尺寸为 58μm，压下量为 25mm 时平均晶粒尺寸为 36μm，相比压下量 9mm 平均晶粒尺寸细化 37%。

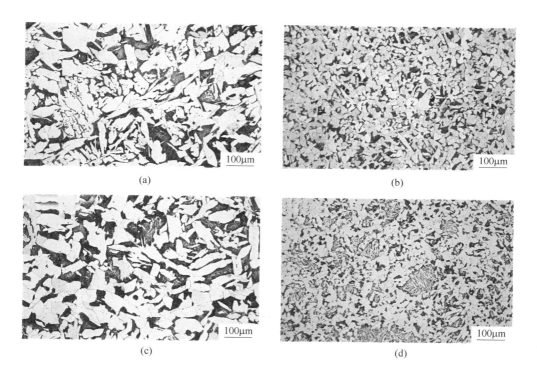

图 6-41　不同压下量宽厚板坯表面与心部原始奥氏体晶粒尺寸对比
（a）表层压下量 9mm；（b）表层压下量 25mm；
（c）心部压下量 9mm；（d）心部压下量 25mm

采用万能材料试验机进行成品轧材力学性能检测，研究微合金钢连铸坯组织对轧材力学性能的影响规律。图 6-42 是在不同压下量的铸坯表层与心部位置，每个位置各取 10 个试样，进行拉伸与冲击试验。试验结果表明，重压下 25mm 的轧材的屈服强度略高于常规连铸的轧材，冲击功要远高于常规轧材。根据 Hall-Petch 公式[11]，晶界可以阻断位错的运动提高晶界总面积会有效提升材料力学性能，因此，重压下实现中心与表层的晶粒细化有利于提高强度。常规连铸 Q345 钢材在轧制压缩比 2∶1 的情况下，屈服强度达不到国家标准，也进一步证明了实施重压下技术是实现低轧制压缩比制备高质量轧材的有效途径。

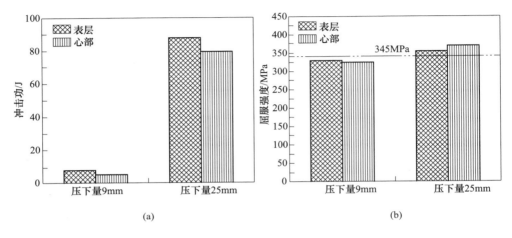

图 6-42　不同压下量的力学性能
（a）冲击功；（b）屈服强度

6.2.2　加热过程大方坯组织演变规律

相比于微合金钢板坯而言，方坯可生产钢种类型更多，含碳量差异较大，在压下过程中组织复杂多变与微合金板坯相差较大。鉴于此，本节以 GCr15 轴承钢为例研究对压下铸坯在加热过程的组织演变规律。

6.2.2.1　大方坯表层与心部位置不同压下量原始奥氏体晶粒演变

取大方坯的压下量 18mm、24mm、34mm 的原始铸坯表层与心部 10mm×10mm×10mm 小块，经打磨抛光，使用 4% 硝酸酒精溶液腐蚀并观察组织形态，其组织形态如图 6-43 所示。

图 6-43 为不同压下量大方坯表层与心部局部组织对比，随着压下量的增大，原始奥氏体晶粒逐渐变小。在大方坯表层，当压下量为 18mm 时，铸坯表层原始奥氏体晶粒尺寸为 1358μm，压下量增加到 34mm 时，原始奥氏体晶粒尺寸为 688μm，相比细化 49.3%。在大方坯心部，当压下量为 18mm 时，原始奥氏体晶粒尺寸为 1675μm，压下量达到 34mm 时，原始奥氏体晶粒尺寸为 943μm，相比细化了 43.7%。

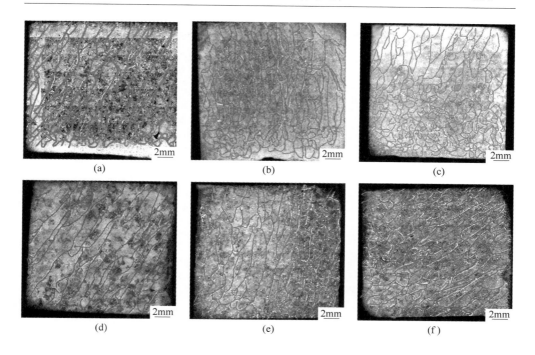

图 6-43 不同压下量大方坯表层与心部原始奥氏体晶粒尺寸对比

(a) 表层压下量 18mm；(b) 表层压下量 24mm；(c) 表层压下量 34mm；
(d) 心部压下量 18mm；(e) 心部压下量 24mm；(f) 心部压下量 34mm

6.2.2.2 大方坯表层与心部位置装送过程不同压下量奥氏体晶粒演变

由于现场取样的铸态组织为冷态组织，因此通过有限元模拟进行了大方坯装送加热过程中的热履历计算，如图 6-44 所示为大方坯加热炉模拟温度分布云图，不同位置的加热升温曲线如图 6-45 所示，基于有限元模拟为实验室模拟提供大方坯装送的热履历曲线。将试样按照有限元模拟的装送工艺进行加热，淬火后使用饱和苦味酸溶液腐蚀铸坯微观组织。

图 6-46(a)~(c) 是不同压下量冷装后铸坯表面组织对比，由图可知，随着压下量的增加，奥氏体晶粒尺寸减小；压下量为 18mm 时的平均奥氏体晶粒尺寸为158μm，压下量为 24mm 平均晶粒尺寸为 146μm，压下量为 34mm 时平均晶粒尺寸为 125μm，相比压下量 18mm 平均晶粒尺寸细化了 20%。图 6-47(d)~(f) 是不同压下量冷装后铸坯心部组织对比，由图可知，随着压下量的增加，奥氏体晶粒尺寸逐渐减小；由晶粒尺寸统计结果可知，压下量为 18mm 时的平均奥氏体晶粒尺寸为195μm，压下量为 24mm 时平均晶粒尺寸为 182μm；压下量为 34mm 时平均晶粒尺寸为 177μm，相比细化了 9.23%。

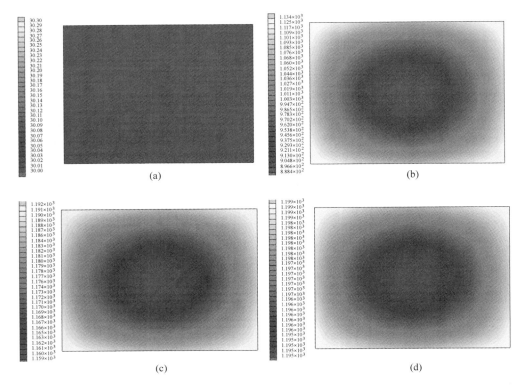

图 6-44　大方坯加热过程温度分布云图

（a）开始升温；（b）升温 60min；（c）升温 120min；（d）升温 180min

（扫书前二维码看彩图）

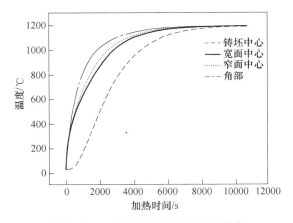

图 6-45　大方坯不同位置热履历曲线

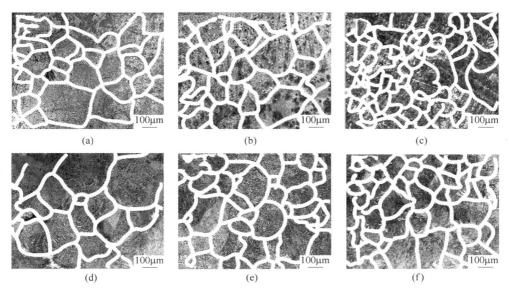

图 6-46　不同压下量大方坯表层与心部原始奥氏体晶粒尺寸对比
（a）表层压下量 18mm；（b）表层压下量 24mm；（c）表层压下量 34mm；
（d）心部压下量 18mm；（e）心部压下量 24mm；（f）心部压下量 34mm

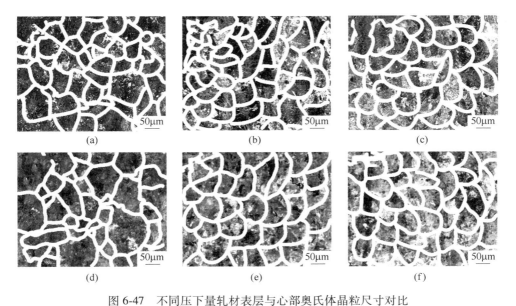

图 6-47　不同压下量轧材表层与心部奥氏体晶粒尺寸对比
（a）表层压下量 18mm；（b）表层压下量 24mm；（c）表层压下量 34mm；
（d）心部压下量 18mm；（e）心部压下量 24mm；（f）心部压下量 34mm

　　分析不同压下量冷坯与装送后组织间的相互关系，有利于从机理上解释压下量对奥氏体组织演变的影响规律。与微合金钢类似，单位面积内重压下铸坯的铁素体转化率要高于轻压下铸坯的铁素体转化率。铁素体的转化率越高，为装送时奥氏体形核提供的形核质点越多，从而使奥氏体晶粒细化。另外，铁素体晶粒细小有利于加热过程奥氏体的形核。

6.2.2.3　大方坯不同压下量轧材表面与心部位置奥氏体晶粒演变规律

　　对大方坯轧材取样，处理方法同上节，实验结果如图 6-47 所示。

　　图 6-47（a）~（c）是不同压下量轧材表面组织对比，由图可知，随着压下量的增加，奥氏体晶粒尺寸逐渐减小；晶粒尺寸统计结果表明，压下量为 18mm 时的平均奥氏体晶粒为 78μm，压下量为 24mm 时平均晶粒尺寸为 71μm，压下量为 34mm 时平均晶粒尺寸为 65μm，相比细化了 16.7%。图 6-47（d）~（f）是不同压下量冷装后铸坯心部组织对比图，由图可知，随着压下量的增加，奥氏体晶粒尺寸逐渐减小；压下量为 18mm 时的平均奥氏体晶粒为 81μm，压下量为 24mm 平均晶粒尺寸为 71μm；压下量为 34mm 时平均晶粒尺寸为 68μm，相比细化 16%。

　　通过不同压下量冷坯的原始奥氏体晶粒、热装送与轧材的奥氏体晶粒对比，可知随着压下量的增加，组织逐渐细化，相比压下量大的铸坯到了轧材组织也相对细小，可见铸坯组织细化程度经过装送-轧制之后依旧会"遗传"到轧材。

参 考 文 献

［1］宫美娜，李海军，王斌，等. Nb-Ti 连铸坯热芯大压下轧制动态再结晶行为研究［J］. 轧钢，2020，233（1）：16~21.

［2］Zhao X K, Zhang J M, Lei S W, et al. Dynamic recrystallization (DRX) analysis of heavy reduction process with extra-thickness slabs［J］. Steel Research International, 2013, 85 (5): 811~823.

［3］Yang Q, Ji C, Zhu M Y. Modeling of the dynamic recrystallization kinetics of a continuous casting slab under heavy reduction［J］. Metall. Mater. Trans. A, 2019, 50 (1): 357~376.

［4］Wei Z J, Ji C, Chen T C, et al. Metadynamic Recrystallization and Microstructure Evolution Behavior of a Continuously Cast Ti-Microalloyed Steel Slab in a Heavy Reduction Process［J］. J Iron Steel Res Int, 2021.

［5］Wei Z J, Ji C, Chen T C, et al. In Situ Observations and Microstructure Evolution Behavior of Static Recrystallization of Microalloyed Continuous Casting Slabs in a Solidification End Reduction Process［J］. Steel Research International, 2022, 93 (1): 2100348.

［6］Nes E. Modelling of work hardening and stress saturation in FCC metals［J］. Prog. Mater. Sci.,

1997, 41 (3): 129~193.

[7] Sellars C M, Mctegart W J. On the mechanism of hot deformation [J]. Acta Mater., 1966, 14 (9): 1136~1138.

[8] Youssef K M, Wang Y B, Liao X Z, et al. High hardness in a nanocrystalline Mg97Y2Zn1 alloy [J]. Mater. Sci. Eng., A, 2011, 528 (25~26): 7494~7499.

[9] Mcqueen H J, Yue S, Ryan N D, et al. Hot working characteristics of steels in austenitic state [J]. J. Mater. Process. Technol., 1995, 53 (1): 293~310.

[10] Han Y, Wu H, Zhang W, et al. Constitutive equation and dynamic recrystallization behavior of as-cast 254SMO super-austenitic stainless steel [J]. Mater. Des., 2015, 69: 230~240.

[11] Zener C, Hollomon J H. Effect of Strain Rate Upon Plastic Flow of Steel [J]. J. Appl. Phys., 1944, 15 (1): 22~32.

[12] Poliak E I, Jonas J J. A one-parmenter approach to determining the critical conditions for the initiation of dynamic recrystallization [J]. Acta Mater., 1996, 44 (1): 127~136.

[13] Najafizadeh A, Jonas J J, Stewart G R, et al. The strain dependence of postdynamic recrystallization in 304H stainless steel [J]. Metallurgical & Materials Transactions A, 2006, 37 (6): 1899~1906.

[14] Wahabi M E, Cabrera J M, Prado J M. Hot working of two AISI 304 steels: a comparative study [J]. Mater. Sci. Eng., A, 2003, 343 (1~2): 116~125.

[15] Mecking H, Kocks U F. Kinetics of flow and strain-hardening [J]. Acta Metall., 1981, 29 (11): 1865~1875.

[16] Estrin Y, Mecking H. A unified phenomenological description of work hardening and creep based on one-parameter models [J]. Acta Mater., 1984, 32 (1): 57~70.

[17] Kopp R, Luce R, Leisten B, et al. Flow stress measuring by use of cylindrical compression test and special application to metal forming processes [J]. Steel Res., 2001, 72 (10): 394~401.

[18] Laasraoui A, Jonas J J. Recrystallization of austenite after deformation at high temperatures and strain rates—analysis and modeling [J]. Metall. Mater. Trans. A, 1991, 22 (1): 151~160.

[19] Serajzadeh S, Taheri A K. Prediction of flow stress at hot working condition [J]. Mech. Res. Commun., 2003, 30 (1): 87~93.

[20] Senuma T, Yada H, Shimizu R, et al. Textures of low carbon and titanium bearing extra low carbon steel sheets hot rolled below their AR3 temperatures [J]. Acta Mater., 1990, 38 (12): 2673~2681.

[21] Liu J, Cui Z, Ruan L. A new kinetics model of dynamic recrystallization for magnesium alloy AZ31B [J]. Mater. Sci. Eng., A, 2011, 529: 300~310.

[22] Andrade H L, Akben M G, Jonas J J. Effect of molybdenum, niobium, and vanadium on static recovery and recrystallization and on solute strengthening in microalloyed steels [J]. Metall. Trans. A, 1983, 14 (10): 1967~1977.

[23] Lin Y C, Fang X, Wang Y P. Prediction of metadynamic softening in a multi-pass hot deformed low alloy steel using artificial neural network [J]. J. Mater. Sci., 2008, 43 (16):

5508~5515.

[24] Zhao M J, Huang L, Zeng R, et al. In-situ observations and modeling of static recrystallization in 300M steel [J]. Materials Science and Engineering A, 2019, 765: 138~300.

[25] Xu Y, Zhao Y, Liu J. A modified kinetics model and softening behavior for static recrystallization of 12Cr ultra-super-critical rotor steel [J]. Materials Research Express, 2020, 7 (5): 056507.

[26] Bo M A, Yan P, Bin J, et al. Static recrystallization kinetics model after hot deformation of low-alloy steel Q345B [J]. J Iron Steel Res Int, International, 2010, 17 (8): 61~66.

[27] Rao K P, Prasad D V, Hawbolt E B. Study of fractional softening in multi-stage hot deformation [J]. Mater. Process. Technol., 1998, 77 (1~3): 166~174.

7　凝固末端压下关键工艺控制装备及应用

除准确回答在哪压、压多少之外，还需研发相应的工艺控制技术，保障压下作用的准确、高效和可靠实施。其中，准确实施是指需准确预判铸流凝固末端位置，确保压下变形可准确作用在铸坯凝固末端；高效实施是指如何提升变形量向铸坯心部的传递效率，达到挤压溶质偏析钢液、闭合凝固缩孔的工艺效果；可靠实施是指压下实施过程不引发裂纹的其他铸坯质量缺陷。此外，还需足够的装备能力实现压下变形量的施加。

鉴于此，本章详细介绍了我们团队在实现压下工艺准确、高效、稳定实施方面研发形成的一系列关键技术，包括：基于断面溶质非均匀分布"软测量"与压力-压下量实时反馈"真检测"的凝固末端位置、形貌高精度标定技术，同步改善中心偏析与疏松的两阶段连续重压下工艺，提供调控驱动扭矩与"单点+连续"重压下以提升压下效率的高效挤压控制技术，避免压下过程中间裂纹萌生与表面裂纹扩展的限定准则，确保铸坯规格稳定且防止滞坯事故的全方位保障手段等。介绍了凝固末端重压下关键装备，宽厚板坯用增强型紧凑扇形段及其关键部件选型设计，大方坯用渐变曲率凸型辊设计方法。最后以宝钢等钢铁企业的典型产线为例，介绍了凝固末端压下技术的实施应用效果。

7.1　连铸坯凝固末端压下关键技术

如前几章所述，只有在合适的位置实施合理的压下变形才能解决中心偏析与疏松问题，这就需要结合连铸生产实际情况，研发形成一系列生产控制技术及相应的过程控制系统，实现变形量的准确、高效、稳定施加。如表 7-1 所示，列出了凝固末端压下的主要技术。

表 7-1　凝固末端压下关键技术

技术特点	技术内容	关键工艺技术
准确压下	根据压下缸压力-压下量实时数据，结合考虑溶质非均匀分布的热跟踪计算，准确定位凝固末端位置、形貌	基于压力反馈的凝固末端检测技术[1,2]
	针对铸坯宽向两侧中心偏析严重的难题，开发形成了宽厚板坯连铸非均匀凝固前沿压下工艺及基于加权平均法的铸机基础辊缝制度制定方法	非均匀凝固前沿压下技术[3,4]
	基于连铸机凝固传热结果，结合以铸坯厚度为标尺检测的拉矫机辊缝偏差，制定了大方坯连铸拉矫机辊缝在线标定技术	大方坯拉矫机辊缝在线标定技术[5]

技术特点	技术内容	关键工艺技术
高效压下	通过非均衡扭矩控制，降低压下量的延展耗散，使铸坯处于挤压变形状态，显著提升压下量向铸坯心部传递效率	高效挤压控制技术[6]
	通过凝固终点前、后两阶段的连续重压下实施，实现中心偏析疏松的同步改善	两阶段连续重压下工艺[7]
	利用单点压下提高铸坯心部应变速率，焊合缩孔；利用连续压下补偿内外铸坯缩孔不同导致的疏松	"单点＋连续"重压下[8]
稳定压下	避免压下导致新裂纹萌生及旧裂纹扩展，根据铸坯裂纹萌生风险分布制定合理、高效的冷却工艺和辊列布置	裂纹风险预测控制技术[9~11]
	确保压下的稳定、高效实施，具有基于轧材回溯质量数据的工艺优化功能，大幅降低设备损耗，提高成材率	压下过程控制系统[12]

7.1.1　两阶段连续压下工艺

　　如第 3 章所述，由于金属凝固选分结晶的特性，溶质偏析元素率先在固液界面形成并向铸坯中心区域汇集，当进入两相区时会随着钢液的流动性变差，在凝固缩孔的作用下富含溶质偏析元素的钢液被抽吸至铸坯心部形成中心偏析。随着凝固进程的发展，钢液不能完全自由流动，此时凝固缩孔得不到钢液补偿，形成中心疏松与缩孔缺陷。因此，中心偏析是在两相区的中后段形成（见图 7-1），此时钢液尚有一定的流动性；而中心疏松是在两相区末期形成，甚至在铸坯完全凝固后，由于心部高温铸坯缩孔量要远大于外层已逐渐冷却铸坯的缩孔量，且在外层铸坯的"支撑"作用下，将会持续形成疏松缺陷。

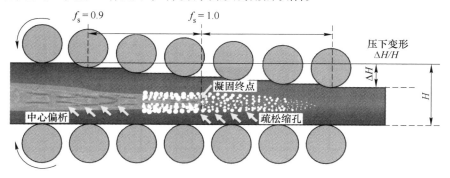

图 7-1　连铸坯中心偏析与疏松形成机理及两阶段连续重压下工艺

　　在准确描述宽厚板坯及大方坯连铸重压下过程凝固传热、坯壳变形行为的基础上，基于凝固补缩原理，开发形成了如图 7-1 所示的两阶段连续重压下工艺，具体实施方案如图 7-2 所示。

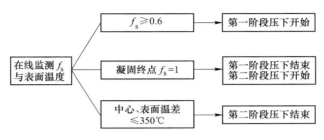

图 7-2 两阶段连续重压下工艺实施流程

凝固末期在铸坯收缩作用下，凝固终点前富含溶质偏析元素钢液向铸坯心部汇集，即溶质元素加速富集，这是铸坯中心偏析形成的主要原因。两阶段连续重压下工艺的第一阶段压下针对铸坯凝固末期糊状区流动性差、易偏析的特点，采用凝固末端压下抑制溶质元素加速富集、提升铸坯均质度；第二阶段压下工艺通过持续压下进一步改善铸坯的疏松缺陷，从而实现了铸坯偏析与疏松的同步改善。同时，该机制具有普适性，即工艺原则适用于不同钢种、断面，但不同钢种、不同断面铸坯所对应的临界压下区间与压下率（压下量）的值存在差异。两阶段连续重压下工艺的实施特点与工艺参数见表 7-2。

表 7-2 两阶段连续重压下工艺比较

项目	阶段 I $f_s = 0.6 \sim 0.9$	阶段 II $f_s > 0.9$ 至心表温差 350℃
凝固特点	钢液流动性变差，形成偏析	内外缩孔不一致，产生持续疏松
实施目的	挤压溶质偏析，提升均质度	利用内外温差，实现压下补缩
压下工艺	宽厚板坯：1~2 个扇形段，压下率 2~5mm/m 大方坯：2~3 个拉矫机，总压下量 ≤10mm	宽厚板坯 ≥2 个扇形段，压下率 2~10mm/m 大方坯 2~3 个拉矫机，总压下量 ≥20mm
实施装备	宽厚板坯：常规扇形段 大方坯：以平辊压下为主	宽厚板坯：ECS 扇形段 大方坯：以 CSC-Roll 压下为主

凝固末端压下显著改善连铸坯偏析具有普适性，即工艺原则适用于不同钢种、不同断面，但不同钢种、不同断面铸坯所对应的临界压下区间与压下率（压下量）的值存在差异。表 7-3 中，对于压下率（压下量）而言，一方面，铸坯断面是影响临界压下率（压下量）的最主要因素，随断面尺寸增加，重压下过程变形量向铸坯心部渗透效率大幅下降，所需压下量显著增加；另一方面，随碳含量增加，钢液黏度增大，偏析程度变大，所需的压下变形量相应增加。

表7-3　连铸断面钢种对压下的影响

断面	钢　种	压下区间	压下率/压下量
280mm 厚	45 钢（C = 0.45%）	$f_s \geq 0.907$	≥3.1mm/m
	Q345B（C = 0.22%）	$f_s \geq 0.902$	≥3.0mm/m
300mm 厚		$f_s \geq 0.903$	≥3.3mm/m
320mm×410mm	U78CrV（C = 0.78%）	$f_s \geq 0.899$	≥11mm
360mm×450mm		$f_s \geq 0.901$	≥15mm
	45 钢（C = 0.45%）	$f_s \geq 0.895$	≥10mm

7.1.2　高效挤压控制技术

　　凭借连铸过程铸坯内热外冷、内软外硬的优势，连铸压下技术可以高效地将变形量传递至铸坯心部以改善内部缺陷。但是随着压下量的提升，铸坯表面压下量由表面向心部的传递过程中将更多地被铸坯宽展与延展变形所耗散。鉴于铸坯内部沿压下方向被挤压而宽向和拉坯方向挤压效果低，甚至被拉伸的现象（见图4-48），可通过控制铸坯延展应变（拉伸变形），使铸坯沿拉坯与压坯两个方向均处于挤压变形状态，大幅有效提升压下量向铸坯心部的传递效率，从而达到更高效改善中心疏松、焊合凝固缩孔、提升心部致密度的工艺效果。

　　鉴于此，研发形成了高效挤压变形控制技术，通过控制各驱动辊扭矩的非均衡控制（见图7-3），有效消除铸坯前行过程张力，真正实现铸坯碾压变薄，而非拉伸变薄，从而有效提升压下量向铸坯心部的传递效率。

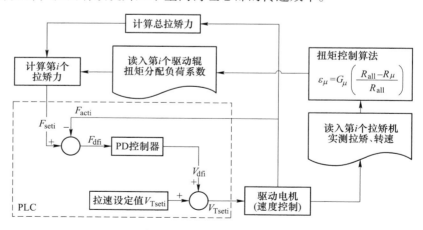

图7-3　非均衡扭矩控制流程

　　具体实施案例是通过调节重压下拉矫机（扇形段）前的非重压下拉矫机（扇形段）的辊速，使前拉矫机铸辊和重压下拉矫机的铸辊形成辊速差。在辊速差为 0.8~1.2 的范围内，铸坯致密度随着辊速差增大而增大，中心缩孔沿拉坯方向及宽度方向的延展得到有效抑制，缩孔的闭合程度明显提高，如图 4-62 所示。同时前辊速的增大迫使连铸坯处于挤压状态，增加了压下工艺对中心缩孔和疏松的改善效果。但在辊速差超过 1.05 之后，致密度的提升随着滚动摩擦转为滑动摩擦而失效，因此也需兼顾此因素，辊速差不能过大。各驱动辊转速控制流程如图 7-4 所示。

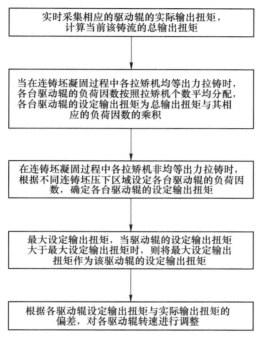

图 7-4　提高压下效果拉矫机扭矩控制流程图

具体实施方法为：

（1）在连铸坯凝固过程中，连铸拉矫机系统各台变频器实时采集相应的驱动辊的实际输出扭矩 T_{act1}，T_{act2}，$\cdots$，T_{actn}，T_{acti} 为第 i 台驱动辊的实际输出扭矩，n 为该铸流参与负荷分配的驱动辊台数，计算当前该铸流的总输出扭矩 $T = T_{act1} + T_{act2} + \cdots + T_{actn}$。

（2）根据当前该铸流的总输出扭矩确定各台驱动辊的设定输出扭矩 T_{set1}，T_{set2}，$\cdots$，T_{setn}；在连铸坯凝固过程中各拉矫机均等出力拉铸时，各台驱动辊的负荷因数按照拉矫机台数平均分配，各台驱动辊的设定输出扭矩为总输出扭矩与其相应的负荷因数的乘积；在连铸坯凝固过程中各拉矫机非均等出力拉铸时，设定连铸坯不同区域的负荷因数：连铸坯压下区域前的负荷因数占总载荷的 50%~150%，连铸坯压下区域内的负荷因数占总载荷的 -50%~100%，连铸坯压下区域后的负荷因数占总载荷的−50%~50%，连铸坯各区域的负荷因数总和为100%。

（3）在连铸坯压下区域内，根据各驱动辊压下量计算连铸坯压下区域内的各台拉矫机的设定输出扭矩。

$$\varepsilon_\mu = G_\mu \left(\frac{R_{\mathrm{all}} - R_\mu}{R_{\mathrm{all}}} \right) \tag{7-1}$$

式中　μ——常数，$\mu = 1, 2, \cdots, m$；

　　　m——连铸坯压下区域内的驱动辊台数；

　　　ε_μ——连铸坯压下区域内第 μ 台拉矫机的设定输出扭矩；

　　　G_μ——连铸坯压下区域内第 μ 台拉矫机的输出扭矩的控制增益；

　　　R_μ——连铸坯压下区域内第 μ 台拉矫机或扇形段的压下量；

　　　R_{all}——连铸坯压下区域内压下总量。

（4）在连铸坯压下区域前、后，各台驱动辊的设定输出扭矩为总输出扭矩与各驱动辊负荷因数的乘积；最大设定输出扭矩 $T_{\max}$，当驱动辊的设定输出扭矩 T_{seti} 大于最大设定输出扭矩 $T_{\max}$ 时，则将最大设定输出扭矩 $T_{\max}$ 作为该驱动辊的设定输出扭矩。

（5）根据各驱动辊设定输出扭矩与实际输出扭矩的偏差 T_{dfi}，对各驱动辊转速进行调整；计算各驱动辊设定输出扭矩与实际输出扭矩的偏差 $T_{\mathrm{dfi}} = T_{\mathrm{seti}} - T_{\mathrm{acti}}$，根据该偏差 T_{df}^i 对各驱动辊转速以设定微调转速−0.20~0.20m/min 进行逐步调整；判断调整后的驱动辊转速与初始设定拉速的偏差是否超过初始设定拉速的±20%；若是，则不再调整驱动辊转速，若不是则进行下一步判断；判断驱动辊的输出扭矩是否达到该驱动辊的设定输出扭矩，若是，不再调整驱动辊转速；否则，返回根据偏析进行微调转速。

需要说明的是，目前连铸机设计过程中出于成本与结构的考虑，往往拉矫力设计不足，即压得动，但拉不动。因此，在铸机设计中，应额外注意拉矫能力的匹配与提升。

7.1.3　宽厚板坯非均匀凝固前沿压下工艺

在宽厚板连铸坯生产过程中，由于铸坯宽度较大，且需兼顾铸坯角部温度不能过低，横向冷却不均匀问题十分突出，非均匀的冷却降温将不可避免地产生非均匀的热收缩变形；与此同时，连铸过程中相邻两支承辊间的已凝固非均匀坯壳在钢水静压力作用下发生鼓肚变形，严重的非均匀热收缩以及非均匀坯壳的鼓肚变形共同促使枝晶间富含溶质元素的浓化钢液向铸坯心部汇聚流动，从而进一步加剧宽向 1/4~1/8 区域的中心偏析。

如图 7-5 所示，对于断面 1800mm×280mm 拉速 0.9m/min 微合金钢 Q345，拉速每提高 0.1m/min 时，分别由铸坯横向 1/2、1/8 和整个宽度方向决定的轻压下区间长度分别增长了 0.24m、0.23m 和 0.51m。因此，为了有效改善铸坯整个横断面范围内的中心偏析现象，应充分考虑铸坯横向 1/8 处的液心延展设计压下参数，即采用由宽度方向的 1/8 位置的压下终点作为实施轻压下时的结束点，压下区间由原来均匀凝固 1.6~2.1m 扩大非均匀凝固的 3.6~4.6m。

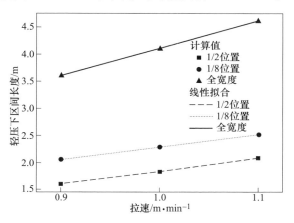

图 7-5　1800mm×280mm 连铸坯压下区间工艺图

　　在宽厚板坯连铸生产过程中，除凝固末端压下区间外，在连铸全程热收缩辊缝设置方面也需考虑宽厚板坯的非均匀凝固特点。如第 1.1.1 节所述，连铸坯通过支撑辊时，凝固坯壳发生周期性的鼓肚变形，促进两相区内固相和液相的相对移动，从而加剧中心偏析。若辊缝设置过大，无疑会加剧鼓肚，从而显著恶化偏析；同时会大幅增加凝固前沿应力、应变，导致内裂纹发生风险大幅上升。而辊缝设置过小，则会加剧铸辊磨损，降低设备寿命，甚至引发滞坯风险。

　　鉴于此，开发了可全面考虑热收缩非均匀分布趋势的加权热缩孔基础辊缝工艺，其制定流程如图 7-6 所示。首先根据宽厚板坯实际工况条件，模拟得到铸坯在铸流不同位置的热收缩与鼓肚变形规律，然后根据不同位置沿铸坯宽向的收缩特点实际辊缝值。具体的加权热缩孔基础辊缝计算方法见图 7-7，计算公式见式（7-2）。

$$\overline{C} = 2 \times \left(\sum_{i=S_b}^{S_e} C_i \eta_i \gamma_i + \sum_{j=M_b}^{M_c} C_j \eta_j \gamma_j \right) \tag{7-2}$$

式中　$\overline{C}$——加权热缩孔，mm；

　S_b，S_e——已凝固区域内的起始/结束位置节点；

　M_b，M_e——未凝固区域内的起始/结束位置节点；

　　C——节点热缩孔值，mm；

　η，γ——节点及区域权重系数。

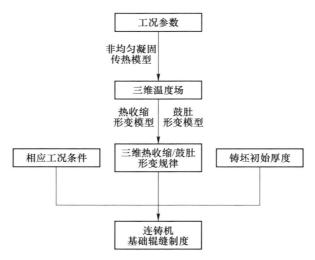

图 7-6　基础辊缝制度制定流程

结合现场实际，可确定在铸流凝固终点前的早期浇铸阶段，γ_i 的合理取值为 0.6~0.7，γ_j 的合理取值为 0.3~0.4。铸流凝固终点之后，铸坯已完全凝固，横断面内不存在未凝固的液相或两相区，该阶段 $\gamma_i = 0$，$\gamma_j = 1$。

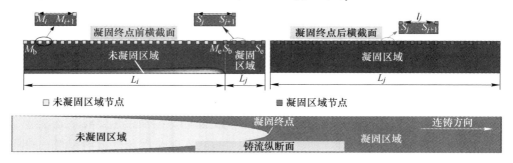

图 7-7　加权热收缩计算方法示意图

7.1.4　大方坯拉矫机辊缝在线标定技术

凝固末端压下实施过程中大方坯拉矫机机架压坯力为正常生产时的 3~10 倍，且机架液压缸随压下量的在线调整而不断动作，极易形成辊缝检测偏差，导致生产过程中的实际压下量过大或过小，不但不能起到压下工艺效果，反而会引发鼓肚、中心裂纹等质量问题。因此，研发了大方坯连铸拉矫机辊缝在线标定方法，可实现连铸大方坯辊缝的在线标定，确保压下量的准确实施。

大方坯连铸机空冷区通常有 7~9 个拉矫机架，进入空冷区的第一个机架为检测机架。如果能准确检测出各拉矫机传感器检测误差，即可在生产过程中通过误差修正处理，可准确计算生产过程中的辊缝真实值（见图7-8）。因此以不参与压下的1号检测辊检测值为参照标定各辊辊缝值偏差，具体如下。

（1）判定当前拉速是否稳定，可否进行标定。

不同拉速下铸坯自然热收缩量不同，因此需选择稳定拉速下的热铸坯作为厚度标尺进行各辊辊缝偏差测定。

将铸坯沿拉坯方向，按固定周期（5s）划分为多个不断"出生"并随拉速不断运动的"跟踪单元"，这些单元的属性包括：拉速、浇铸长度、炉号、坯龄等。定义通过1号拉矫机架的跟踪单元的平均拉速为：

$$\bar{v} = \sum_1^{n_i} \frac{v_{n_i}}{n_i} \tag{7-3}$$

式中　v_{n_i}——每隔5s记录的切片单元的瞬时拉速；

　　　n_i——从结晶器出生开始统计的瞬时拉速的次数。

定义通过1号拉矫机架的跟踪单元平均拉速方差为：

$$\delta = \sqrt{\frac{\sum_1^{n_i} (v_{n_i} - \bar{v})^2}{n_i}} \tag{7-4}$$

当$v_0 - 0.01 > v_{mean} > v_0 + 0.01$（$v_0$为瞬时拉速），且平均拉速方差$\delta < 0.008$，认为此时拉速已经稳定，可以进行辊缝偏差测定。

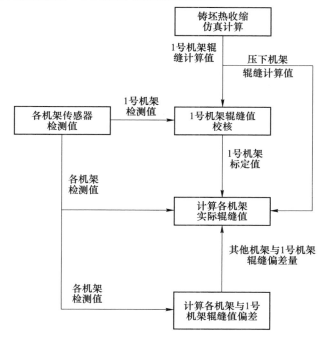

图7-8　辊缝在线计算流程示意图

（2）以 1 号拉矫机辊缝为基准，确定其他各拉矫机辊缝偏差。

如图 7-9 所示，在拉速稳定时，选取 3m 长不实施压下的铸坯（图中阴影部分所示）进行在线标定。

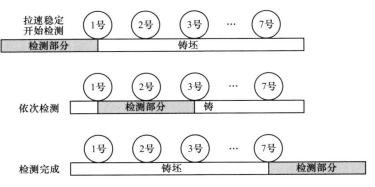

图 7-9　辊缝在线检测示意图

当检测部分通过第 i 个拉矫机架时，每隔 5s 记录第 i 个拉矫机架的第 j 次实时辊缝值检测值 G_{apij}，共记录总数 n_i 次。检测结束时，第 i 个拉矫机架平均辊缝检测值 G_{api}^* 为：

$$G_{api}^* = \sum_1^{n_i} G_{apij}/n_i \tag{7-5}$$

第 i 个拉矫机架与 1 号拉矫机架辊缝检测值差值 D_i^* 为：

$$D_i^* = G_{api}^* - G_{ap1}^* \tag{7-6}$$

拉速稳定条件下，1 号拉矫机架辊缝计算值与设定值偏差为 ΔG_{ap1} 为：

$$\Delta G_{ap1} = G_{ap1}^{cal} - G_{ap1}^* \tag{7-7}$$

式中　G_{ap1}^{cal}——根据凝固热收缩计算结果求得的该拉速下 1 号拉矫机架辊缝值。

在一个浇次的生产过程中，可以认为各拉矫机架辊缝检测传感器相对误差稳定，即检测结束后得到的 D_i^* 与 ΔG_{ap1} 保持不变。

当某跟踪单元 P_0 运行至 1 号拉矫机架时，记录当前辊缝检测值 G_{ap1}^m 并写入到切片单元属性数组中，此时 1 号拉矫机架辊缝实际值 G_{ap1} 为：

$$G_{ap1} = G_{ap1}^m + \Delta G_{ap1} \tag{7-8}$$

（3）根据各拉矫机辊缝偏差计算当前拉矫机实际辊缝。

如前所述，当跟踪单元 P_0 运行至第 i 个拉矫机架时，该机架辊缝值 G_{api} 为：

$$G_{api} = G_{ap1} + D_i^* \tag{7-9}$$

根据式（7-8）和式（7-9），随着跟踪单元的不断产生和运动，每个周期都会计算一次各机架辊缝值，为压下量的准确实施提供了保障。

7.1.5 考虑溶质偏析分布与坯壳厚度实时校验的凝固末端在线定位技术

在连铸过程中凝固末端位置的准确预测是有效实施压下的前提和保障。在实际情况中随着凝固过程的进行，连铸坯不可避免地会发生宏观偏析，导致连铸坯不同部位的热物性差异。然而，以往的传热模型和算法仅使用钢的恒定元素含量来计算热物性参数，并不能解释沿板坯厚度方向不同位置由于溶质偏析而引起的热物性参数上的差异。

为此，研发了一种基于溶质偏析分布的凝固末端"漂移"模型。基于多相凝固理论计算得出的铸坯断面凝固过程溶质分布演变规律，得到凝固全程铸坯断面热物性参数分布规律，并与二维传热模型进行耦合建立了基于溶质偏析分布的凝固末端"漂移"模型。图7-10（a）为某钢厂大方坯连铸机实际与热力学仿真模拟得到的"压下量-压力-坯壳厚度"关系，如式（7-10）所示。在实际生产中的稳态或非稳态浇铸条件下，通过各拉矫机压力与位移传感器周期性获取压下量与压力，依据式（7-10）即可计算出各拉矫机所在位置的坯壳厚度。

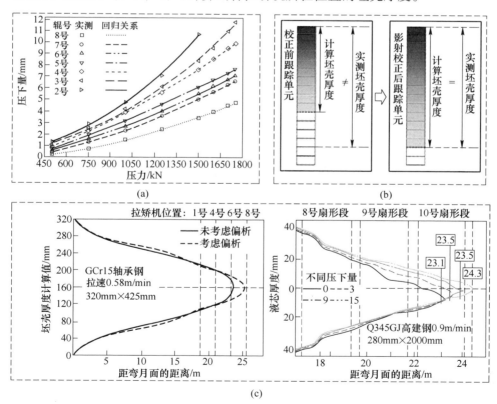

图 7-10 高精度凝固末端预测技术

（a）压下-压下量坯壳厚度关系；（b）计算网格映射校正；（c）凝固终点漂移

$$\delta = 0.075 \times (0.039 - 1.879 \times 10^{-5}p) \times R^{0.379} \tag{7-10}$$

式中　　δ——坯壳厚度；

p——压力；

R——压下量。

进一步采用网格映射法（见图 7-10（b））校正凝固末端"漂移"模型，实现了压下变形、溶质迁徙等因素下凝固终点的准确预测（见图 7-10（c））。

具体实施步骤如图 7-11 所示，包括离线数据获取与在线计算两部分。

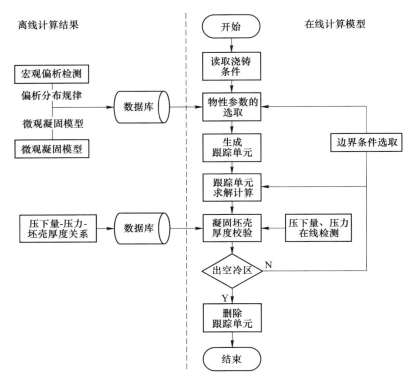

图 7-11　基于溶质偏析分布与压力-压下量的控制模型

（1）离线数据获取包括：

1）离线计算钢的热物性参数，采用微观凝固模型计算不同元素偏析程度条件下钢的相分率，基于所述相分率计算钢的热物性参数。

2）离线获取铸坯宽向 1/2 位置处的凝固坯壳生长规律，利用宏观偏析检测获取铸坯宽向 1/2 位置处沿厚度方向上的铸坯偏析分布规律。

3）离线获取铸坯宽向不同位置处凝固坯壳生长规律关系，根据宏观凝固传热与微观溶质偏析全耦合计算模型获取铸坯宽向 1/8 位置、1/4 位置与宽向 1/2 位置铸坯凝固坯壳生长规律的关系。

（2）在线热跟踪计算模型包括：

1）获取并读入铸坯初始浇铸条件与浇铸过程信息。

2）生成跟踪单元。一个周期内，在结晶器弯月面位置生成一个新跟踪单元，并对所述跟踪单元进行温度和位置的初始化。

3）选取热物性参数。一个跟踪单元内，调用所述铸坯初始浇铸条件与浇铸过程信息确定铸坯厚度位置，在数据库中选择该厚度位置对应的元素偏析程度，并根据所述元素偏析程度调用数据库中该位置对应的热物性参数。

4）跟踪单元求解计算。一个周期内，调用所述热物性参数，从结晶器液面开始对铸坯宽向 1/2 位置的整个连铸流长中的所有跟踪单元完成一次温度场计算。

5）非均匀凝固前沿计算。通过已获取的所述铸坯不同位置凝固坯壳生长规律关系，获取铸坯宽向 1/4 与 1/8 位置的凝固坯壳生长规律。

6）判断跟踪单元位置。根据跟踪单元生成时记录的浇铸总长减去当前时刻的浇铸总长计算得到跟踪单元在本周期内到达的位置，并将位置保存到所述跟踪单元的属性中；根据所述跟踪单元所在位置选取边界条件，同时判断最后一个跟踪单元位置，超出铸机长度则进行下一阶段计算。

表 7-4 为利用恒定的碳含量和过热度在 10℃、20℃和 30℃时检测到的碳含量计算凝固终点的不同值，10℃、20℃和 30℃时，两种情况下的凝固终点差值分别为 0.597m、0.608m 和 0.623m。

表 7-4　不同过热度下采用不同方法计算的凝固终点结果

过热度/℃	20	30	40
固定碳含量的凝固终点/m	23.761	24.044	24.409
实时碳含量的凝固终点/m	24.358	24.652	25.032
偏移量/m	0.597	0.608	0.623

表 7-5 为 1516℃温度下浇铸 2000mm×290mm 断面的 45 号钢时，不同拉速对凝固末端位置的影响。可以看出，随着拉速提高，凝固末温向铸机出口的"漂移"现象愈加凸显。

表 7-5　不同拉速下采用不同方法计算的凝固终点结果

拉速/m·min^{-1}	0.75	0.8	0.85
固定碳含量的凝固终点/m	20.506	22.133	23.761
实时碳含量的凝固终点/m	20.993	22.657	24.358
偏移量/m	0.487	0.524	0.597

相较于传统方法，此技术的主要优势如下：

（1）充分考虑铸坯截面溶质偏析导致的不同区域热物性参数的差异性，根据铸坯偏析分布选取相应位置的热物性参数，实现凝固末端"漂移"现象的准确预测。

（2）在铸坯中心厚度凝固进程计算的基础上，根据铸坯离线获取的铸坯宽向不同位置处凝固坯壳生长规律的关系，实现铸坯宽向典型位置凝固进程的同步预测。

（3）采用"压力-压下量"在线测定数据对凝固末端位置校验，即通过实时监测板坯连铸机扇形段出入口夹紧缸、中间驱动辊压下缸的"压力-压下量"，或大方坯连铸拉矫机实时测定的"压力-压下量"数据对坯壳预测厚度进行在线校验，进一步提升了模型的预测精度。此外，根据离线热/力耦合仿真模拟结果与射钉试验结果所建立的"坯壳厚度-压下量-压力"关系，推导得出各压下位置下的坯壳厚度，从而为凝固末端计算结果提供在线校正支撑。

7.1.6　"单点+连续"重压下工艺

常规板坯轻压下实施过程中前后两个相邻扇形段的辊缝大多保持一致，以避免衔接不当而引起的铸坯表面鼓肚。与连续施加压下量相比，单点变形更有利于压下量向铸坯心部的渗透。然而，采用与日本住友金属类似的单个大直径轧辊压下又无法改善溶质长距离传输所导致的宏观偏析缺陷。

结合 ECS 扇形段实施重压下的特点，充分利用扇形段入口液压缸的压下能力，如图 7-12 所示，完成"单点+连续"实施。具体方法为：

（1）通过 ECS 扇形段入口处的第一个内弧辊来实施较大压下量，入口处的

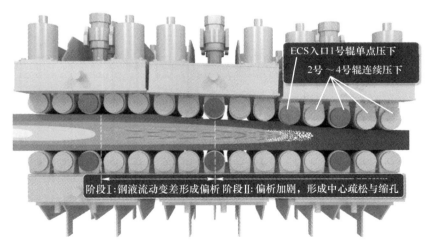

图 7-12　"单点+连续"压下工艺示意图

第一个铸辊在设备条件允许且不出裂纹的情况下，可以不断提升第一辊的压下量（第一辊压下量占总压下量的比值），第一辊大压下量能有效利用内外温差来提升坯壳变形向心部传递的效率，以利于铸坯心部致密度的提升（见图4-24）。在固相率 $f_s \geqslant 0.9$ 位置之后的第一个扇形段施加压下工艺，其中第一个支撑辊实施 $3 \sim 20mm$ 的单点压下量，以实现压下量的高效渗透。

（2）与此同时，后续各辊持续保持压下，各辊采用 $1.0 \sim 5.0mm/m$ 的速率持续压坯，确保铸坯压下量后不反弹，同时强迫铸坯坯壳持续缩孔，以充分保障对铸坯内外的同步缩孔改善作用，同时避免铸坯因内外收缩速率不一致而导致的疏松。

单点+连续压下工艺实施流程图如图7-13所示。

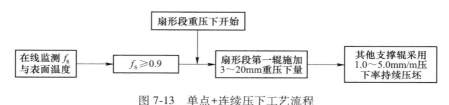

图 7-13　单点+连续压下工艺流程

7.1.7　裂纹风险预测控制技术

压下过程中易形成的裂纹及缺陷主要有两种：中间裂纹萌生与表面裂纹扩展。中间裂纹产生在脆性凝固区，零补缩温度（LIT）到零塑性温度（ZDT）区间，其产生主要取决于凝固界面前沿所能承受的应力应变。在该温度区间内，当凝固前沿承受的应变超过临界应变时，则产生裂纹。表面裂纹主要是铸坯在结晶器中由于震动产生，并在后续矫直、压下过程中扩展形成的。

中间裂纹萌生临界应变测定流程如图7-14所示：（1）从铸坯厚度、宽度1/4线和距表面距离10mm之间取样。（2）在理论固相线以下30℃左右进行高温拉伸试验，得到拉断试样的真应力-应变曲线。（3）根据实际拉断试样断口形貌及断口液相率确定实际拉伸温度（黏滞性温度LIT）。（4）通过实际黏滞性温度下拉断试样的应力-应变曲线，确定中间裂纹萌生临界应变范围，进行不同应变量的高温拉伸试验。（5）对不同应变量对应的试样进行显微观察，根据是否有微观裂纹产生确定临界应变，将刚能产生裂纹的应变量作为中间裂纹萌生的临界应变。（6）压下过程应变小于该临界应变即可避免裂纹的产生。具体实施案例见3.2.1节内容。

表面裂纹临界应变测定方法与中间裂纹测定方法相似，如图7-15所示。主要步骤包含：（1）利用三维热/力耦合模型，确定压下过程铸坯应变集中范围及对应的测试温度。（2）拉伸试样测试不同温度下表面裂纹扩展的临界应变。

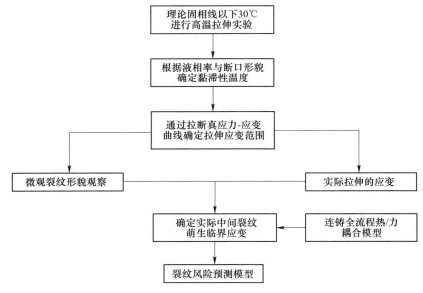

图 7-14　连铸坯中间裂纹临界应变测定流程

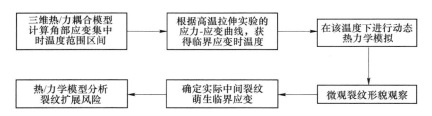

图 7-15　连铸坯表面裂纹临界应变测定与控制技术

（3）将拉伸后试样进行显微组织观察，从而得到测试温度范围内对应的连铸坯表面裂纹扩展的临界应变。（4）基于不同变形条件下（包括凝固末端压下）的热/力学模拟，分析了不同凝固末端重压下工况下的裂纹扩展风险。通过该方法获得的裂纹扩展风险可明确凝固末端压下出现裂纹风险的最大压下量，避免压下过程裂纹的产生。具体实施案例见 3.2.2 节内容。

7.1.8　凝固末端压下过程控制系统

连铸生产阶段凝固末端压下只能针对其压下特点设计一套完整的控制系统才能保证压下过程的稳定、安全、高效实施，其内部应包含数据采集、数据接收、数据传输的基本特点。针对现行智能控制系统功能进行说明，包括系统框架图、程序流程图、子模块和三维模型。

7.1.8.1 系统架构图

如图 7-16 所示为压下控制系统架构图，主要包含以下部分：（1）系统安全，保证系统的数据安全，用于数据备份与加密；（2）显示系统，压下过程在该界面进行数据显示、数据处理、压下状况分析；（3）数据模型是保证压下过程稳定、准确的关键，是压下过程控制的核心；（4）数据访问接口负责连通显示子系统与储存子系统；（5）通信系统负责将数据模型与显示系统命令传递至一级PLC 系统数据点，实现压下设备的精准控制。该系统保证了操作人员只需在控制界面前端进行数据输入，便可实现压下过程的智能稳定控制。

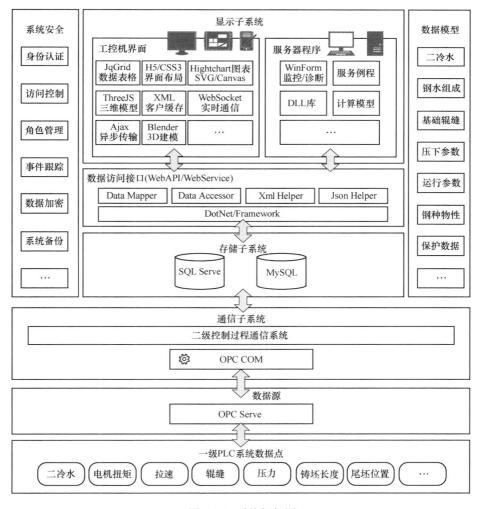

图 7-16 系统框架图

7.1.8.2　系统功能结构

厚板坯压下过程控制系统的功能主要包含切换钢种模块、动态压下模块、实时温场（热跟踪）模块、基础辊缝模块、参数维护模块以及使用帮助，如图7-17所示。

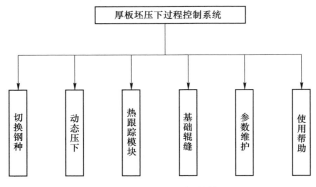

图 7-17　系统功能结构

A　动态压下模块

动态压下模块分为辊缝锥度图、二冷水、动态压下、压下设定四部分，如图7-18所示。

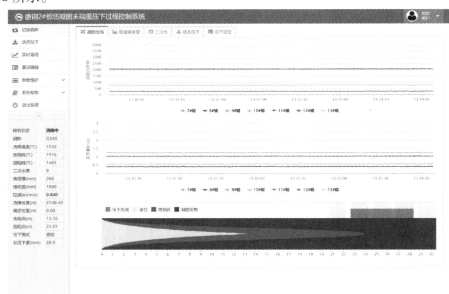

图 7-18　动态压下模块界面示意图

（扫书前二维码看彩图）

辊缝锥度图可直观地观察到各扇形段辊缝压下位置及固相、液相和两相区域示意图；二冷水界面可观察各区域相应参数数据；动态压下界面可观察各辊缝及扇形段出入口参数数据；压下设定界面可对压下运行模式进行切换并可调整位移模式参数。

B 凝固进程在线探测模块

凝固进程界面可观察连铸过程温度的实时曲线图，其中可显示鼠标所处位置的各曲线的实时数值，包括中心温度、表面温度、坯壳厚度、液相厚度。

C 基础辊缝模块

基础辊缝管理界面可对不同铸坯厚度的基础辊缝进行修改删除编辑，各扇形段出入口位置数据都可进行编辑，还可添加新铸坯厚度参数，也可按条件搜索相应数据表格。

D 参数维护模块

压下参数设置界面可对不同钢种、不同厚度的相应参数数据进行修改删除编辑，也可添加新数据参数。

低拉速下保护设置界面可对低拉速下 7 段后各段出入口压下量进行保护设置，参数可修改可添加。

钢种参数设置界面可对各不同钢种进行相应参数设置，实现编辑、删除、添加、查询、按条件搜索及刷新表格等功能。

钢种组成成分设置界面可对各不同钢种组成成分含量进行设置，实现编辑、删除、添加、查询、按条件搜索及刷新表格等功能。

基础水表管理界面可对不同编号水表进行数据管理，实现编辑、删除、添加、查询、按条件搜索及刷新表格等功能。

模拟状态监控界面可对当前浇铸状态参数进行监控，采用树状结构进行数据展示，当监控点状态为红色表示仍有下一级分支数据，可点击进一步观察。

E 三维仿真模型

可根据压下工艺实际运行机制及条件结合现场实地效果，对压下工艺进行三维建模，以模拟压下工艺运行过程，如图 7-19 所示。

图 7-19 三维仿真模型界面

7.2　宽厚板坯增强型紧凑扇形段关键设计

扇形段是板坯连铸机的重要部件,其起到铸坯导向、冷却、矫直、压下等作用。其结构具有复杂而又精密的特性[13],特别是重压下大变形过程,扇形段压坯力更是超过1500t,同时需保证辊缝精度误差不大于0.1mm。因此重压下扇形段关键部件设计的合理性及可靠性是重压下工艺稳定运行的根本保证。本节将从宽厚板坯重压下用增强型紧凑扇形段(Enhanced compact segment,ECS)及其关键部件——铸辊结构设计、轴承组配合、驱动系统配置及扇形段关键支护结构优化分析设计几个方面对扇形段关键部件设计进行说明。增强型紧凑扇形段的增强是指其压坯力较普通扇形段增强了4倍;紧凑是指其长度和普通扇形段一致,这为重压下段与普通段互换创造了条件。实物图如图7-20所示。

图 7-20　板坯连铸机扇形段实物图

7.2.1　扇形段铸辊结构设计及校核

7.2.1.1　扇形段铸辊结构设计

铸辊作为紧凑型扇形段中直接接触的核心部件,其长期工作于高温、水汽、热应力与机械载荷交变作用的恶劣环境中,而且铸辊表面还受氧化铁皮、保护渣皮的影响,所以首先需要对紧凑型扇形段连铸辊的结构进行合理设计及校核[14~16]。目前可根据铸辊结构和支承方式可分为:整体辊、分段辊和组合辊三大类。整体辊可分为:整体式和芯轴式;分段辊可分为:整体式分段辊和芯轴式分段辊;组合辊可分为:并联式组合分节辊和串联式组合分节辊。各类型扇形段铸辊特点和优缺点见表7-6。结合凝固末端压下技术特点,芯轴式分段辊的可靠性需满足大压下量下铸辊的强度和刚度要求。

表 7-6　扇形段铸辊特点

项目	整体辊		分段辊		组合辊	
	整体式	芯轴式	整体式	芯轴式	并联式	串联式
特点	最简单的铸辊，由棒料整体加工而成，在铸辊两端安装轴承	用键将辊套与芯轴相连，轴承安装在芯轴上，设置在铸辊两端	将整体辊分成多段，增加轴承支座的数目，提高铸辊的整体刚度	分段辊套通过键固定在芯轴上，辊套之间设置轴承座	多个分节辊并联组合，每个分节辊两端均有独立轴承支承	分段辊采用"公母"配合形式连接，结构强度大
优点	构造简单，易加工装配，成本低	辊套可替换，表面堆焊层可反复使用，对铸辊挠度有一定的控制作用	同轴度好，分节辊标高一致，无配合间隙装配工作量小，无水套，生产可靠性高	支撑点多，受力情况好，芯轴挠度较小，无水套连接，减少冷却水泄漏的风险，使用成本低	各分节辊结构相同且可独立使用，零部件可互换，设备管理方便，降低生产成本	串联式有并联式的所有优点且轴承数量少，使用成本低、维修量少
缺点	受力情况差，受力时会产生较大挠度，铸坯易出现鼓肚，影响最终铸坯尺寸及质量	芯轴中部挠度过大影响使用寿命，相较其他类型芯轴辊无太大优势	所使用的剖分式轴承价格昂贵且故障率较高，一旦发生故障会影响铸坯质量和后续生产	芯轴长度较长与辊套之间的安装不易，拆装检修需专门的拉拔设备	分节辊间连接的内水套存在冷却水泄漏风险，轴承较多，增加了安装、维修工作量	由于分节辊间连接处的轴、孔为异型，故加工要求高，制造过程需严格把控

7.2.1.2　扇形段铸辊设计校核

针对扇形段铸辊所采用芯轴式四分段辊结构，对其在重压下载荷下的挠度及刚度进行校核，芯轴式分段辊结构示意图如图 7-21 所示。图 7-21 中每段分节辊连续跨过多个中间轴承支座且通过一根芯轴串联形成多跨梁，在建立铸辊数学模型时可将其简化成可计算的连续梁模型。根据中间支座的数量可确定芯轴式四分段辊为三次超静定结构。通过建立连续梁三弯矩数学模型，运用有限差分数值计算方法，对扇形段铸辊的整体挠度分布、应力值进行求解并校核铸辊是否满足重压下工艺使用条件。

为使所述数学模型更加简洁且推演逻辑清晰，现对数学模型做出如下假设[17~19]：

（1）认为作用于铸辊上的径向载荷为均布载荷。

（2）铸辊变形范围在弹性范围内。

（3）剪切应力在横截面内同向且均布。

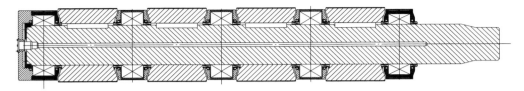

图 7-21　芯轴式四分段辊示意图

（4）忽略轴承承载变形，简化分段辊轴承设定一侧的轴承支座为固定铰支座，其他皆为可动铰支座。

根据四分段芯轴辊所受径向载荷，对四分段辊受力分析如图 7-22 所示。其中 a 为考虑铸辊单侧不受力区域长度，根据铸坯长度对其取值。

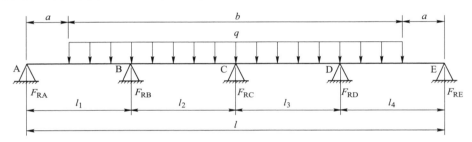

图 7-22　芯轴式四分段辊受力示意图

根据受力分析列出四分段辊的基本力学平衡方程组如下：

$$\begin{cases} F_{RA} + F_{RB} + F_{RC} + F_{RD} + F_{RE} = qb \\ F_{RB}l_1 + F_{RC}(l_1 + l_2) + F_{RD}\sum_{i=1}^{4} l_i + F_{RE}l = \dfrac{qbl}{2} \end{cases} \tag{7-11}$$

式中　F_{RA}，F_{RB}，F_{RC}，F_{RD}，F_{RE}——各支座的支座反力，N；

$\qquad\qquad q$——铸辊所受均布载荷，N/m；

$\qquad\qquad b$——载荷总作用长度，m；

$\qquad\qquad l_1 \sim l_i$——各分段辊长度，m；

$\qquad\qquad l$——铸辊总长，m。

7.2.1.3　铸辊应力计算及校核

为求得各点力矩，利用式（7-12）对芯轴任意一点处的应力值进行计算并校核此点是否满足铸辊材料许用应力值。

$$\sigma_{(x)} = \frac{M_{(x)}}{\dfrac{\pi d'^3}{32}} \leqslant [\sigma] \tag{7-12}$$

式中　$\sigma_{(x)}$——铸辊任意一点应力值，Pa；

　　　$M_{(x)}$——铸辊任意一点的力矩，N·m；

　　　d'^3——铸辊芯轴直径，mm；

　　　$[\sigma]$——铸辊材料许用应力，Pa。

以某钢厂宽厚板坯紧凑型扇形段铸辊为具体的研究对象，对板坯扇形段四分段芯轴的应力值及挠度分布计算模型进行程序设计。为使计算程序更加清晰明了，将其各设计指标列入如下表 7-7 中。

表 7-7　铸辊设计指标

参数	参数含义	指标
q	均布载荷	$2.0 \times 10^6 \, \text{N/m}$
l	各分段辊长度	0.6m
L	铸辊总长	2.4m
a	单侧不受力区域长度	0.1m
b	铸坯宽度	2.2m
l_0	坐标起点	0m
h	步长	0.01m
D	铸辊芯轴直径	$0.26/0.28/0.3 \text{m}$
d	芯轴水管直径	0.02m
E	芯轴材料弹性模量	$2.06 \times 10^{11} \, \text{Pa}$
B	等号右侧常数项	

通过以上理论推导并结合实际数据，可探求铸辊芯轴整体应力分布及各等距节点应力值是否满足所使用材料的许用应力值。

从图 7-23 各等距节点应力分布的计算结果中可清晰地得到，最大值为 260mm 辊径下的应力绝对值为 43.075MPa。为保证芯轴强度，本节所述的单点重压下铸辊芯轴使用的材料为 42CrMo，其材料许用应力值为 550MPa，远大于铸辊最大应力值，故各辊径下的铸辊芯轴均符合强度要求。

7.2.1.4　铸辊挠度计算及校核

铸辊挠度计算所采用的数值方法主要为有限差分法。以铸辊最左侧轴承支座为坐标原点，铸辊长度方向为 x 轴正方向，建立四分段辊挠度曲线方程 $\omega = f(x)$，运用离散思想将铸辊等分成 n 份，并标记等分节点，记为 x_0，x_1，$\cdots$，x_i，$\cdots$，x_n，两个相邻节点的节距为 $h = x_i - x_{i-1}$。利用代数方法求解梁沿横轴正

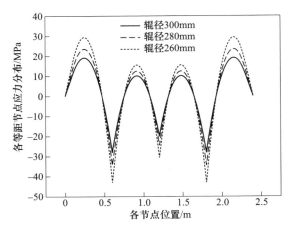

图 7-23　各等距节点应力分布

方向所得节点的有限差分方程，所得的解即为各节点在铸辊上挠度的近似值，连接各个近似值点即为铸辊在受力时的挠度曲线。

在 x 轴第 i 点上 A 处的挠度 ω 的一阶导数为 $\mathrm{d}\omega/\mathrm{d}x$，此导数约等于 A 处的斜率。根据微分中值定理可知，近似等于 B、C 两处弦线的斜率，由此可得出：

$$\left(\frac{\mathrm{d}\omega}{\mathrm{d}x}\right)_i \approx \frac{\omega_{i+1} - \omega_{i-1}}{2h} \tag{7-13}$$

上式二阶导数 $\mathrm{d}^2 y/\mathrm{d}x^2$ 表示一阶导数的变化率，因此，在 i 点处可用 i 点右侧斜率减去 i 点左侧斜率，然后用其区间长度去除得出的值而近似求得，表达式为：

$$\left(\frac{\mathrm{d}^2 y}{\mathrm{d}x^2}\right)_i \approx \frac{\dfrac{y_{i+1} - y_i}{a} - \dfrac{y_i - y_{i-1}}{a}}{a} = \frac{y_{i+1} - 2y_i + y_{i-1}}{a^2} \tag{7-14}$$

式（7-13）和式（7-14）得出的有限差分表示法为中心差分法，二阶以上的高阶导数也可表达成差分形式，不过对于芯轴挠度的求解是不必要的。下面利用二阶导数的差分表达式和挠度曲线微分方程：

$$\frac{\mathrm{d}^2 \omega}{\mathrm{d}x^2} = \frac{M}{EI} \tag{7-15}$$

可得到多跨连续梁的有限差分方程：

$$\omega_{i+1} - 2\omega_i + \omega_{i-1} = h^2 \frac{M_i}{(EI)_i} \qquad i = 1, 2, \cdots, (n-1) \tag{7-16}$$

应用式（7-16）沿 x 轴正方向选取一系列等分节点，每个节点所处截面均可提出对应节点的有限差分方程，然后通过各铰支点挠度为零的边界条形成由节点组成的代数方程组，求解该方程组便可得到铸辊上各等距节点对应截面的挠度值。其求得的挠度结果应满足式（7-16）许用挠度要求：

$$\omega_{(x)} < [\omega] < 1\text{mm} \tag{7-17}$$

由于四分段铸辊芯轴为对称结构，故沿铸辊芯轴中心线左右两侧挠度结果相同，因此为配合有限差分数值计算方法，取铸辊芯轴一侧 1/2 段进行挠度分析与求解，可大幅度减少计算量并提升计算速度。将式（7-16）进行简化，设右侧常数项为 B，即：

$$B_{(i)} = h^2 \frac{M_i}{(EI)_i} \qquad i = 1, 2, \cdots, (n-1) \tag{7-18}$$

各轴径下铸辊整体挠度分布情况如图 7-24 所示。

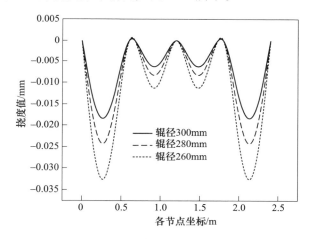

图 7-24　各等距节点挠度分布

从图 7-24 中可以看出，各辊径下铸辊在各等距节点截面处挠度的绝对值均小于1mm，说明铸辊芯轴满足刚度要求。结合铸辊整体应力值计算结果，说明各辊径下的铸辊结构均能够满足压下工艺使用要求，可综合考虑投资成本、框架大小及喷淋布置对辊径及轴承型号进行选取。

7.2.2　扇形段铸辊轴承组配合设计

扇形段铸辊轴承选型主要涉及两个因素，一是针对应用环境及条件的轴承类型选择；二是所选轴承的静强度校核。铸辊在高温、重负荷的条件下长期使用，芯轴出现弯曲变形是不可避免的问题。根据受力分析可知，铸辊主要承受来自液压装置传递到铸辊上的压坯力和铸坯内部的钢水静压力矢量叠加带来的径向载荷，而且在拉坯过程中轴承转速较低，因此两端支撑轴承的类型应选择标准系列的调心滚子轴承。另外，由于分节辊中部相对两端热量更高，铸辊更易受热沿轴向和径向方向膨胀，为在保证压下量的同时吸收膨胀量，中间轴承应选择可轴向移动的 CARB 圆环辊子轴承，并且该类型轴承内环与芯轴之间应选择间隙配合可以保证轴承内环不发生失效。

对于低速运行（转速≤10r/min）的扇形段铸辊轴承而言，主要的失效形式是过大的塑性变形，因此需按静强度进行轴承的校核和计算。滚动轴承额定静载荷计算式如下[20]：

$$C_0 = S_0 P_0 < C_{0r} \tag{7-19}$$

式中　C_0——基本额定静载荷计算值，N；

　　　P_0——当量载荷，铸辊主要承受径向载荷，故 $P_0 = F_r$；

　　　F_r——径向载荷，N；

　　　S_0——安全因数，对于滚子轴承正常使用的安全因数应取：$1 \leqslant S_0 \leqslant 3.5$；

　　　C_{0r}——径向基本额定静载荷，N。

根据芯轴的直径以及受力情况对适合压下工艺的轴承进行初选：两侧边部位置即 A 和 E 两处所使用的轴承类型为调心滚子轴承，其根据轴径的不同选取轴承型号下的基本额定静载荷 C_0 分别为 2770kN（260mm）、3000kN（280mm）、3690kN（300mm）；中部位置即 B、C、D 处轴承类型为 CARB 圆环滚子轴承，其轴承型号下的基本额定静载荷 C_0 分别为 2850kN（260mm）、3100kN（280mm）、3750kN（300mm）。计算可得各个位置的支座反力输出结果为 $F_{RA} = 292.79\text{kN}$、$F_{RB} = 1343\text{kN}$、$F_{RC} = 1128.4\text{kN}$、$F_{RD} = 1343\text{kN}$、$F_{RE} = 292.79\text{kN}$，并计算各轴承位置在不同轴径下轴承静强度安全系数如图 7-25 所示。

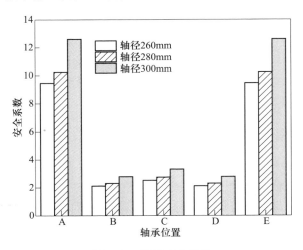

图 7-25　轴承安全系数

评估不同轴径下各轴承位置处的安全系数结果，在 260mm 轴径下的位置 B 和 D 处静强度安全系数最小值为 2.12，静强度安全系数 $S \geqslant 2$ 说明所选轴承型号均满足使用要求。

7.2.3 扇形段铸辊驱动系统配置设计

扇形段的驱动系统配置主要包括：与铸辊连接的联轴器、提供规定拉速的减速机和提供动力输出的驱动电机三大部分，也常被称为驱动系统三大件。为满足铸辊开口速度变化及驱动辊返修的要求，驱动辊与减速机间的联轴器应选择十字块万向联轴器。减速机选择为多级行星减速机的硬齿面行星减速机，在质量上接近普通行星减速机的条件下，该类型减速机承载能力却翻了一倍。驱动电机的选择要满足适应性强、不受环境温度影响的要求，除此之外，还应方便控制且可根据拉速变化输出相应的转矩，为此选择六极交流伺服电机，六极交流伺服电机的可靠性和承受过载能力都较为出色。扇形段驱动系统如图 7-26 所示。

图 7-26 增强型紧凑扇形段驱动系统

扇形段驱动系统设计及参数选择主要包括：减速机减速比和驱动电机功率两方面，这两个参数直接关系到拉坯速度和拉坯能力。其中，驱动系统拉坯力计算公式如下[21,22]：

$$F_{d} = \frac{\dfrac{9550P}{n} \times i \times \eta}{r} \quad (7\text{-}20)$$

式中　F_{d}——驱动系统拉坯力，N；

　　　P——驱动电机功率，kW；

　　　n——驱动电机转速，r/min；

　　　i——减速机减速比；

　　　　η——传动效率;

　　　　r——铸辊半径,m。

当驱动系统拉坯力大于工艺所需拉坯力,且富余量控制在一定范围内保证铸辊与铸坯不发生打滑时,即为满足使用条件,可依据对电机的功率以及减速机减速比的大小进行选取。除此之外,还应对电机工作时的频率进行核算,因为拉坯出钢属于连续不间断生产,所以要避免电机低功率或高功率长时间运行,以免出现电机过热或频率过载情况发生。电机频率核算公式如下:

$$f_{工作} = \frac{vi}{\pi d} \times \frac{f_{额定}}{n_{额定}} \qquad (7\text{-}21)$$

式中　$f_{工作}$——电机工作频率,Hz;

　　　　v——拉速,m/min;

　　　　i——减速机减速比;

　　　　d——铸辊直径,m;

　　　　$f_{额定}$——电机额定频率,Hz,通常取50Hz;

　　　　$n_{额定}$——电机额定转速,r/min,六极交流电机通常取960~1000r/min。

7.2.4　扇形段关键支护结构优化分析

　　扇形段结构优化设计原理是指满足结构设计要求比(如强度、刚度、质量等)的基础上,通过控制变量的方法求目标函数在数学模型中的最优解。优化设计方法最早出现在数学求最优解问题中,但随着计算机技术日益发展,结构方面的优化设计问题在计算机的辅助下也随之迅速发展,尤其应用在机械、建筑和航空航天领域取得了诸多重要成果。对扇形段关键支护结构的优化设计主要包括结构拓扑优化[23],即结构形状优化和结构参数优化,控制设计变量具体参数化的二级优化设计。

7.2.4.1　拓扑优化分析

　　本节中扇形段框架关键支护部件主要指液压杆支护结构。通过对液压系统载荷和框架位移边界约束条件下支护结构外貌形状的优化设计,在满足刚度和强度设计条件前提下,使液压杆支护结构在保证不失去基本功能的同时达到最佳的材料分布。从增大常规扇形段压下量后的液压杆变形规律及扇形段整体框架的静力分析结果发现,需对液压杆进行支护,以减小其变形,保证扇形段的稳定、长寿服役。

　　液压杆支护结构拓扑优化设计的步骤:

　　(1)导入三维几何模型。

　　(2)赋予材料属性。

（3）划分网格：利用自动划分网格的方式进行划分，所划分的网格为四面体网格，而后进一步细化网格尺寸，网格划分如图 7-27 所示。

（4）施加约束和载荷：根据前文的计算结果在底板施加六自由度约束并在左右两桶状支座的上部施加相应的载荷。

（5）静力分析计算求解：模拟液压杆支护结构静力学分析结果云图如图 7-28 所示。

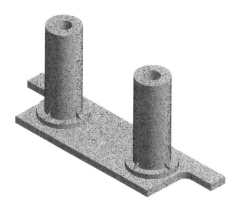

图 7-27 液压杆支护结构四面体网格划分

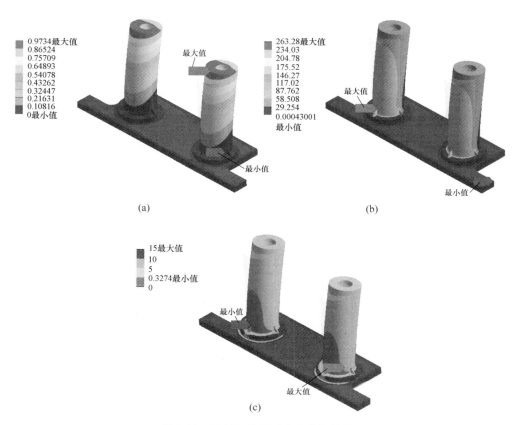

图 7-28 液压杆外部固定套分析结果

（a）变形云图；（b）应力云图；（c）安全系数云图

（扫书前二维码看彩图）

（6）拓扑优化计算求解，其优化运算结果如图 7-29 所示。

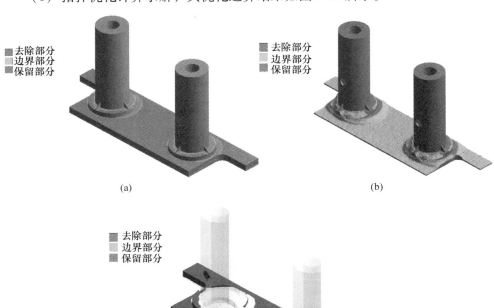

图 7-29　拓扑优化分析结果

（a）拓扑优化总体结果；（b）材料保留及边界部分；（c）材料去除部分

（扫书前二维码看彩图）

从图 7-29 拓扑优化分析结果来看，去除部分（橙色区域）主要集中在液压杆支护下部板上，边界部分（棕色区域）也集中于下板处，可对下板厚度进行一定优化，上半部保留部分（灰色区域）除两点外无去除部分，说明可将下板厚度去除的材料补充至加强肋板处能够进一步减少整体变形和肋板处应力集中。为进一步对液压杆外部固定套进行优化，以针对加强肋板的厚度作为输入变量，并结合结构变形、应力集中区域和密度对加强肋板进行参数优化设计。

7.2.4.2　参数优化分析

液压杆支护结构的参数优化方法如下：

（1）建立参数化模型。

（2）设定目标函数以及约束条件：将肋板厚度定义为优化目标。参数优化设计主要有两个约束条件，一个是肋板所受应力不应该超过选择材料的许用屈服应力，另一个是整个液压杆外部固定套的最大变形不应超过 2mm。

（3）响应曲面：当输入输出参数及函数设置完成后，选取经典反映类型，对肋板厚度设计点设置 8~16mm 连续变量取值范围，对所生成的一系列设计点进行计算，五个最佳设计点（候选点）计算结果见表 7-8。

表 7-8　设计点求解结果

最佳设计点				
A	B	C	D	E
变量	肋板厚度/mm	最大应力/MPa	总变形量/mm	质量/kg
1	12	239.44	0.97136	1578.4
2	8	245.54	0.975	1577.9
3	16	279.56	0.9683	1579
4	10	237.56	0.97313	1578.2
5	14	241.32	0.96987	1578.7

（4）查看响应曲面计算结果：

曲面响应参数优化计算结果最终会将输入输出参数拟合成函数曲线图像，包括设计点与质量、最大变形量和等效应力之间的关系，计算结果如图 7-30~图 7-32 所示。

各设计点与支护结构质量之间的关系如图 7-31 所示，随着肋板厚度的增加，液压杆支护结构的质量也不断增加，符合实际逻辑。图 7-31 反映的是肋板厚度和结构最大变形之间的关系，可以得出在给定的肋板厚度范围内，结构最大变形随着肋板厚度的增加而呈线性递减的关系。图 7-32 反映的是肋板厚度和最大等效应力之间的关系，在给定的肋板厚度范围内总体上来看等效应力呈递增态势，具体的：图中最大等效应力先递减，在 10.3mm 处达到最小值后递增，增长至 12mm 处再次递减，厚度减少到 13.2mm 后等效应力一直处于稳定升高状态，最大等效应力最小值为 279.56MPa。

图 7-33 为敏感度分析图，能够直观显示设计点所代表的肋板厚度，作为输入设计变量对液压杆支护结构质量、最大变形和最大等效应力输出变量的影响程度。柱状图的高度反映了该输入变量对目标输出变量的影响程度，高度越高说明该输入设计变量对目标输出变量的影响程度越大；从饼状图中也可以看出输入变量越接近圆心对目标输出变量的影响越大。从图 7-33 中综合可看出，质量因素对整个肋板厚度的影响不大，而最大等效应力是决定肋板厚度的主要因素。图 7-34 反映的是液压杆支护结构质量、最大等效应力和最大变形三者相互之间平衡关系的蛛网图。

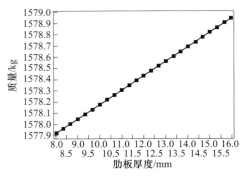

图 7-30　设计点和质量的函数关系

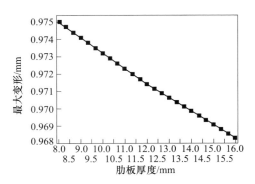

图 7-31　设计点和最大变形的函数关系

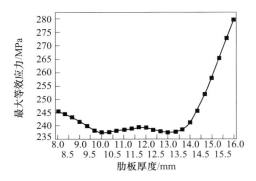

图 7-32　设计点和最大等效应力的函数关系

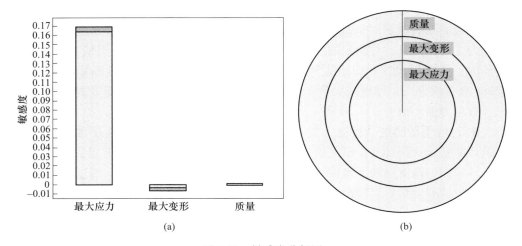

图 7-33　敏感度分析图

（a）敏感度分析柱状图；（b）敏感度分析饼状图

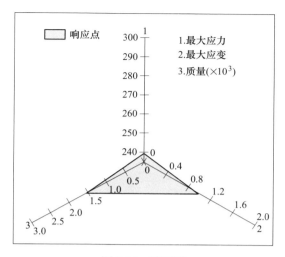

图 7-34 蛛网图

优化设计算法生成的设计点可以通过迭代计算得到覆盖整个设计要求设计点的输出参数值，最后通过综合分析设计点与最大等效应力、最大变形及质量与设计点之间的关系给出所限定的设计目标得到最优化设计方案。该方案最大应力应小于 345MPa，最大变形量不超过 2mm。

在多目标优化设计时，由于各输入参数处于平衡状态，因此不可能使每个输入目标都达到最优设计。因为一个参数的变化往往会引起其他参数的联动变化，因此在优化设计时，需根据液压杆支护结构工作要求求解最优解。本节所述的优化就是保证最大变形和最大等效应力在满足限定要求的情况下使结构质量达到最小，在给定优化范围内从 1000 个计算点中给出的候补优化方案如图 7-35 所示。

Reference	Name	P5-DS_D1 @Extrude@s3. Part	P2-Equivalent Stress Maximum(MPa)		P3-Total Deformation Maximum(mm)		P4-Geometry Mass(kg)	
			Parameter Value	Variation from Reference	Parameter Value	Variation from Reference	Parameter Value	Variation from Reference
◎	Candidate Point 1	10.324	237.46	0.00%	0.97284	0.00%	1578.2	0.00%
◎	Candidate Point 2	13.084	237.76	0.13%	0.97054	-0.24%	1578.6	0.02%
◎	Candidate Point 3	10.892	238.28	0.35%	0.97232	-0.05%	1578.3	0.00%

图 7-35 候补优化方案图

通过以上各分析可确定 Candidate Point 1 方案为最终设计方案。以 Candidate Point 1 为参考点进行三个优化方案效果对比，发现其余两方案最大等效应力较方案 1 大于 0.13% 和 0.35%，虽然方案 2、3 的最大变形较方案 1 优化 0.24% 和 0.05%，但从参考各个设计指标看，方案 1 肋板厚度为 10.324mm 无疑是最优解。

7.3　大方坯渐变曲率凸型辊设计

　　大方坯连铸生产过程中，一般使用拉矫机铸辊来完成凝固末端压下工艺，在压下过程中铸坯会抵抗变形而产生变形抗力。凝固末端重压下技术需要施加大压下量，这就会使铸坯产生更大的变形抗力，从而影响压下效率。此外，实施大压下量需要大方坯连铸机拉矫机的液压设备能力与之匹配，而提升拉矫机液压设备能力的改造费用是很高的。根据大方坯的凝固特点，可知其液芯是呈锥形的，在压下过程中，铸坯产生的变形抗力主要集中在铸坯两侧已经凝固的坯壳。因此，冶金学者提出了凸型辊压下技术。

　　20 世纪 90 年代初，日本新日铁首先提出了圆盘辊轻压下法的概念，圆盘辊轻压下法又称为凸型辊轻压下法，该直角边圆盘辊整体结构如图 7-36（a）所示[24]。在此之后，新日铁住金工程公司又提出了斜边过渡的圆盘辊[25]铸辊形状如图 7-36（b）所示。圆盘辊轻压下法是在传统平直辊的设计基础上进行改造，使传统平直辊的中间部位凸起，从而在压下过程中，减轻铸坯两侧已凝固坯壳对铸辊的接触阻力，随后新日铁将凝固末端凸型辊压下运用到大方坯生产过程中，铸坯中心偏析得到改善。Ogibayashi 等人研究了不同表面形状的铸辊对铸坯中心偏析的影响，发现铸辊的表面形状影响着铸坯两相区的大小，并且发现凸型辊在减轻中心偏析方面的效果更明显[26]。对于平辊的改进，韩国学者 Chang 等人提出了一种用于轻压下的圆弧过渡凸型辊，示意图如图 7-36（c）所示。应用这种

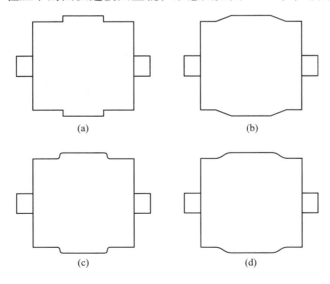

(a)　　　　　　　　　　　(b)

(c)　　　　　　　　　　　(d)

图 7-36　不同凸型辊示意图

（a）直角边凸型辊；（b）斜边凸型辊；（c）圆弧凸型辊；（d）渐变曲率凸型辊

凸型辊进行轻压下，相对于平辊轻压下可降低中心偏析评级 87.5%[27]。Chang 等人的研究进一步提高了对铸坯中心偏析的改善，且考虑了用圆弧进行过渡的方式来减小应力集中。若对渐变区形状进行最优化设计，则能在提高铸坯中心质量的同时降低铸坯的表面质量问题的发生。笔者针对韩国学者 Chang 等人在模拟过程中所使用的凸型辊，认为其凸起面与平面之间双 1/4 圆弧过渡弧连接结构，会造成压下接触过程中铸坯应力应变的集中，从而使铸坯更容易产生裂纹。为此，提出了一种渐变曲率凸型辊（Curving Surface Convex Roll：CSC-Roll）如图 7-36 (d) 所示。该凸型辊在凸起部分与平面之间采用曲率缓慢变化的弧线连接，从而使得在凸型辊压下过程中，铸坯的应力应变集中程度大大降低[28]。

7.3.1　渐变曲率凸型辊设计方法

凝固末端凸型辊压下技术是连铸过程中减轻中心疏松的有效手段之一。前人已经证实了凸型辊压下工艺对铸坯质量的改善具有促进作用。然而前人在模拟或进行实验的过程中，只考虑了不同辊型对铸坯质量的影响，并没有进一步探究凸型辊本身尺寸的变化对铸坯变形的影响。对于凸型辊，其表面过渡区结构和加工方式较为特殊，在长时间与铸坯接触过程中，此部位更容易产生裂纹等缺陷，严重制约着凸型辊的使用寿命和推广。因此，很有必要对凸型辊建立变形体模型，研究压下过程凸型辊的温度变化和变形规律，并对凸型辊的过渡区结构和自身尺寸进行模拟分析，得到更合适的凸型辊结构。

凸型辊包括辊轴和辊身两部分，辊身由边缘区、过渡区和平辊区组成，其整体示意图如图 7-37 所示，平辊区较边缘区凸起部分的高度称为凸起高度。

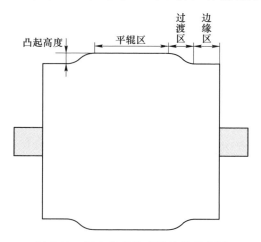

图 7-37　渐变曲率凸型辊结构示意图

凸型辊设计过程中应遵循一定的设计理念，既要达到压下后改善铸坯内部质量的目的，又要保证凸型辊的使用寿命。具体的凸型辊设计原则如下：

（1）渐变弧形设计应满足等效应变与等效压力约束条件，保障辊使用寿命。

（2）凸辊区长度设计应保障铸坯中心变形量 3mm 以上宽度区间覆盖铸坯中心疏松区域。

（3）凸辊区高度设计要保证在凸辊长度不变的前提下，满足变形抗力与等效应变的双重约束。

7.3.2　渐变曲率凸型辊结构设计

本节以某钢厂生产的 360mm×450mm 断面的 45 号钢大方坯为研究对象，采用第 3 章建立的热/力学计算模型对凸型辊结构设计进行模拟计算。

7.3.2.1　有限元模型

有限元模型如图 7-38 所示，XO 为厚度方向，YO 为拉坯方向，ZO 为宽度方向，XOY 为大方坯的宽度方向对称面，拉坯速度为 0.55m/min。为了描述大方坯变形和传热行为，选择了图 7-38 所示的测量点，其中点 $A \sim E$ 分别为铸坯的中心、1/4 内表面节点、内表面中心节点、1/4 角节点和大块角节点。在重压下工艺实施前，测量疏松区域通常不超过 80mm×120mm，如图 7-39 所示。模型的疏松区域如图 7-39（b）所示，并选择椭圆半轴上的节点作为分析对象，以便更清楚地描述压下量向铸坯中心的传递。

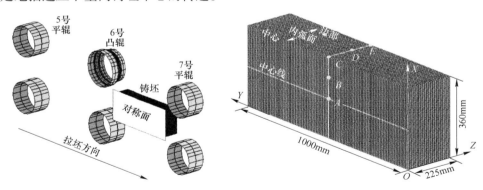

图 7-38　大方坯凸型辊重压下过程三维热/力耦合有限元模型

7.3.2.2　模型验证

采用对比模型计算所得到的拉矫辊接触反力与现场生产实际检测相应液压缸压力值的方法，来评估压下模型的准确性。如图 7-40 所示，在 0.55m/min 的拉坯速度、二冷区的比水流量为 0.26L/kg 生产 45 钢大方坯时，6 号拉矫机实施 10mm 压下量模拟计算所得平均反力为 1686.368kN，压力传感器在线测得的力为

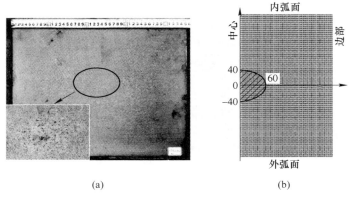

(a)   (b)

图 7-39 铸坯疏松区域示意图

（a）实际铸坯；（b）有限元模型

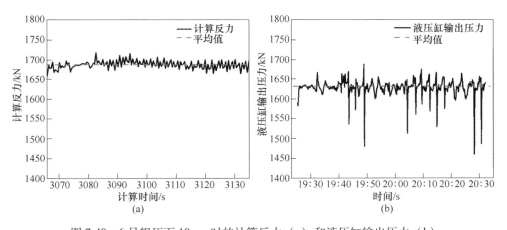

(a)   (b)

图 7-40 6 号辊压下 10mm 时的计算反力（a）和液压缸输出压力（b）

1626.78kN，计算结果与实际测量值之间的相对误差仅为 3.66%。图 7-41 为模拟压下后铸坯变形云图和实际铸坯的对比图，由图可知模拟结果和实际铸坯吻合度较高，这也证明了模型的准确性。

7.3.2.3 渐变曲率凸型辊结构设计

A 过渡区形状的确定

使用开发的有限元模型比较了四种不同过渡区形状的凸型辊压下后疏松区域厚度和宽度方向的变形量分布，如图 7-42 所示。压下时各辊的平辊区长度和凸起高度均保持相同，且压下量均为 10mm。

如图 7-42（a）所示，大方坯中心区域变形量在厚度方向从内表面到外表面

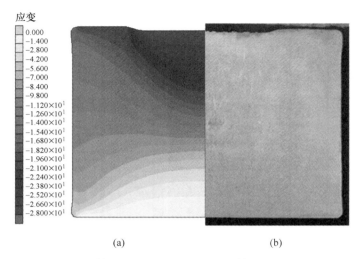

(a)　　　　　　　　　　　　(b)

图 7-41　铸坯变形云图（a）和时间铸坯（b）对比

（扫书前二维码看彩图）

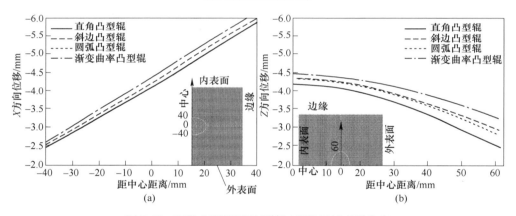

(a)　　　　　　　　　　　　　　　(b)

图 7-42　四种凸型辊压下后铸坯疏松区域变形分布

（a）厚度方向变形；（b）宽度方向变形

逐渐减小，且渐变曲率凸型辊压下后变形量大于其他辊的变形量。如图 7-42（b）所示，渐变曲率凸型辊压下后传递到铸坯中心区域的变形量大于其他辊型压下后的变形量，这意味着在相同的压下量下渐变曲率凸型辊更有益于提高压量向铸坯中心的传递效率，从而更好地改善了大方坯内部质量。

由图 7-43 可知，四种过渡区结构的凸型辊压下过程中，铸坯内弧面等效应变快速增大，在达到最大值后出现一个较小的降低，而后保持稳定。这是因为等效应变的变化包括弹性应变和塑性应变，在凸型辊压下结束之后，弹性应变得到恢复，因此出现一个较小的降低。此外，四种过渡区结构的凸型辊中，渐变曲率凸型辊压下过程中，铸坯表面的等效应变远小于其他三种结构的凸型辊。直角凸型辊、斜边凸型辊、圆弧凸型辊和渐变曲率凸型辊四种凸型辊压下后，铸坯表面最大等效应变分别为 0.417、0.359、0.515 及 0.328。渐变曲率凸型辊压下后铸坯表面等效应变最小，意味着渐变曲率凸型辊在四种凸型辊结构中引发表面裂纹缺陷风险最小。

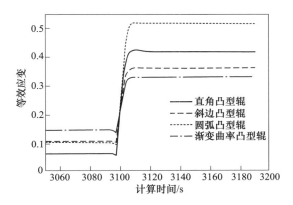

图 7-43　四种凸型辊压下过程中铸坯表面最大等效应变

B　过渡区长度的设计

过渡区长度为 50mm、60mm、70mm、80mm、90mm 和 100mm 的凸型辊模型被用来探究最优过渡区长度。不同过渡区长度的凸型辊压下过程中，接触反力和铸坯表面最大等效应变如图 7-44（a）所示。由于该厂拉矫机最大输出压力为 1690kN，故渐变曲率区长度应小于 82.4mm；同时渐变曲率区长度越大，铸坯表面最大等效应变越小。如图 7-44（b）所示，随着过渡区长度增加，内弧面最大等效应变先减小后增大。综合考虑，较适宜的渐变曲率区长度为 80mm。

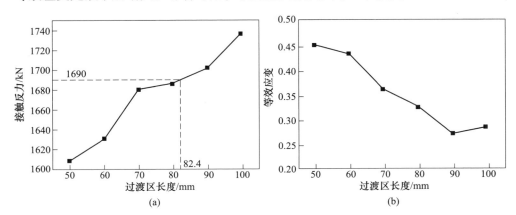

图 7-44　不同过渡区长度的凸型辊重压下过程中的接触反力（a）和铸坯表面最大等效应变（b）

C　平辊区长度的设计

考虑到铸坯疏松区域的大小，分别取平辊区长度为 120mm、140mm、…、260mm，其他条件和参数均相同来探究最优平辊区长度，且各算例压下量均为 10mm。

图 7-45 为不同平辊区长度凸型辊压下过程中，压下量在疏松区域厚度方向分布图。随着平辊区长度的增加，传递到疏松区域的压下量也逐渐增加，且当平辊区长度超过 180mm 后增加效果变小，超过 200mm 后压下量几乎稳定。当平辊长度大于 200mm 时，对疏松区域的压下量可提高 0.92mm 以上。

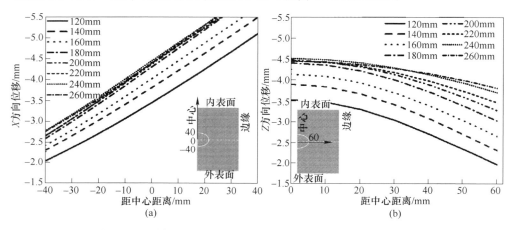

图 7-45　不同平辊区长度凸型辊压下后铸坯疏松区域变形分布
（a）厚度方向变形；（b）宽度方向变形

图 7-46（a）为不同平辊区长度的凸型辊压下过程中铸坯中心线上节点的等效应变图，各曲线整体趋势相同。铸坯中部位置节点的应变相对平稳，而两端位置由于模型中铸坯长度有限，两端波动较大。从放大图中可知，随着平辊区长度的增加，铸坯中心节点应变呈递增趋势。对中部矩形内不同曲线分别取平均值，结果如图 7-46（b）所示。由图 7-46（b）可知，铸坯中心线节点的等效应变随平辊区长度的增加而递增，但在超过 200mm 以后，增长缓慢并逐渐趋于稳定。这主要是因为平辊区越长，压下区域越大，进而向中心传递的压下量越多。但由于渐变曲率凸型辊压下量一定，所以中心的应变随平辊区长度的增加逐渐达到一个极值。

如图 7-47 所示，随着平辊区长度增加，凸型辊压下后反力也逐渐增加，且当平辊区长度为 201mm 时反力达到液压缸最大压力值 1690kN。因此，平辊区长度应短于 201mm。

综合考虑液压缸输出压力限制和压下后铸坯疏松区域的变形情况，较优凸型辊平辊区长度为 200mm。

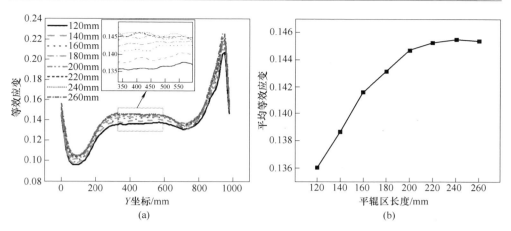

图 7-46 不同平辊区长度凸型辊压下后铸坯中心的等效应变分布（a）和平均等效应变（b）

（扫书前二维码看彩图）

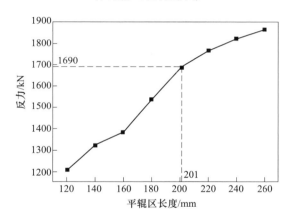

图 7-47 不同平辊区长度凸型辊重压下过程中的接触反力

D 凸起高度的设计

分别取凸起高度为 20mm、25mm、30mm、35mm、40mm，其他条件和参数均相同来探究最优凸起高度。由图 7-48 可知在其他条件相同时，凸起高度对铸坯中心质量的影响较小。另外，凸起高度对疏松区域的压下量影响也较小，故在此不再讨论。

如图 7-49 所示，随着凸起高度的增加，接触反力逐渐减小，而内弧面最大等效应变逐渐增加。当凸起高度为 27.4mm 时，接触反力为 1690kN，故较优凸起高度为 30mm。

E 计算结果适用性验证

为验证上述计算渐变曲率凸型辊的适用性，选取平辊区长度为变量，在增大

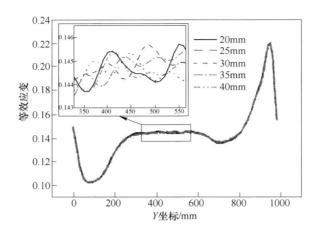

图 7-48　不同凸起高度凸型辊压下后铸坯中心等效应变分布
（扫书前二维码看彩图）

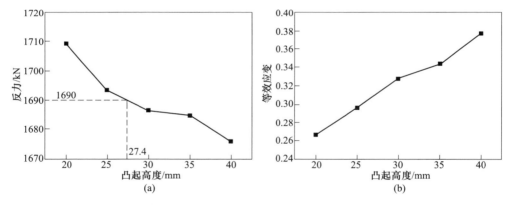

图 7-49　不同凸起高度的凸型辊重压下过程中的
接触反力（a）和铸坯表面最大等效应变（b）

渐变曲率凸型辊压下量至 15mm 的情况下验证结果的适用性，增大压下量后疏松区域压下量分布如图 7-50 所示。由图 7-50 可以看出，增大压下量后疏松区域的压下量仍随平辊区长度增加呈递增趋势，厚度方向和宽度方向的压下量均在平辊区长度大于 200mm 后增加趋势减小，这说明了上述计算的渐变曲率凸型辊最优结构具有较好的适用性。

7.3.2.4　最优凸型辊结构

综合上述模拟结果得到适用于该钢厂 360mm×450mm 断面大方坯的渐变曲率

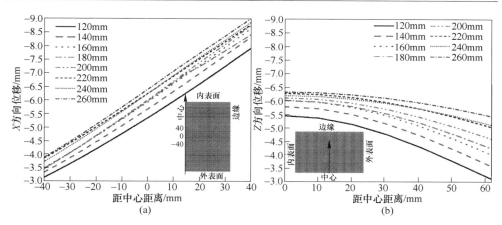

图 7-50 压下 15mm 时不同平辊区长度凸型辊压下后铸坯疏松区域变形分布

（a）厚度方向变形；（b）宽度方向变形

（扫书前二维码看彩图）

凸型辊的关键尺寸如下：平辊区长度为 200mm，凸起高度为 30mm，渐变曲率区长度为 80mm，轴向长度为 500mm，边缘区直径为 450mm。渐变曲率凸型辊的结构示意图如图 7-51 所示。

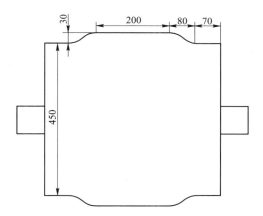

图 7-51 最优渐变曲率凸型辊结构示意图

7.4 凝固末端压下技术的典型应用

自 2003 年宝钢梅山钢铁引进第一条全流线辊缝远程可调板坯连铸机以来，凝固末端轻压下技术已在国内百余条产线广泛应用，已成为先进铸机的标配技术。近年来，随着高碳、高合金等高附加值钢材产品连铸化生产需求的不断增加，钢材产品性能、规格等要求的不断升级，以及对凝固末端溶质传输规律、裂纹萌生扩展规律的不断明晰，轻压下技术已逐渐突破了压下量不大于铸坯厚度 3%、压下区间中心固相率 $f_s \leqslant 0.9$ 的限定。进一步的，针对常规轻压下变形量难以充分渗透至大断面连铸坯心部、无法满足高端大/厚断面连铸坯高均质度与高致密需求的局限性，凝固末端重压下技术已逐渐成为厚板坯、大方坯的优选技术。实际上，无论是轻压下还是重压下，从工艺控制角度都需要在合理的压下区间内施加合理的压下量，从而达到改善偏析与疏松的效果，都是凝固末端压下技术范畴。本节介绍了团队近年来在宝钢、攀钢、唐钢 4 条大方坯与板坯连铸产线的凝固末端压下技术的应用情况。

7.4.1　宝钢梅山 230mm 厚板坯连铸产线

宝钢梅山 3 号板坯连铸机是一台垂直弯曲型板坯连铸机，其断面尺寸 230mm×(900~1650)mm，铸机长度 35.155m，由 14 个扇形段组成。近年来，宝钢梅山进行了产品结构升级调整，生产的汽车零部件用精冲钢 C、Mn、Cr 等含量较高，其中 C 含量可达 0.65%。随着这些易偏析元素含量的增加，铸坯中心偏析与疏松更加严重，致使热轧产品带状组织发生率大幅上升。鉴于此，以典型精冲钢 16MnCr5 为例，研发了精冲钢板坯连铸凝固末端压下工艺。

图 7-52 为基于射钉实验与热/力学仿真模拟得到的 16MnCr5 连铸坯中心点固相率变化情况。可以看出，为改善溶质偏析，压下区间应选择第 8、9 扇形段完成压下。在第 8、9 段内，基于溶质传输得出的压下率与基于铸坯压下过程变形规律得出的压下效率变化趋势如图 7-53 所示。

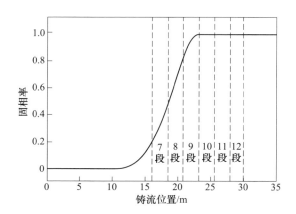

图 7-52　铸坯中心点固相率变化趋势

表 7-9 给出了依据压下率、压下效率计算得到的理论压下量，其中第 8 段压下量 2.5mm、第 9 段压下量 6.3mm。

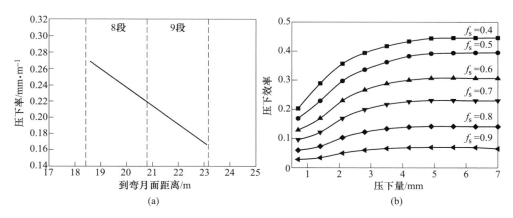

图 7-53 压下区间内压下率（a）及不同固相率条件下的压下效率（b）

表 7-9 压下扇形段内的相关压下参量

扇形段	入口 固相率	出口 固相率	平均 压下率	区间 长度/m	液芯 压下量/mm	平均 固相率	压下效率	理论 压下量/mm
第 8 段	0.5	0.8	0.25	2.4	0.60	0.65	0.27	2.5
第 9 段	0.8	1.0	0.20	2.4	0.48	0.90	0.07	6.3

除此之外，还应考虑自然热收缩变形。图 7-54 给出了精冲钢连铸坯沿铸流的热收缩变形量，其中第 8 段及第 9 段的自然热收缩量约为 0.2mm，因此第 8、9 段应施加的压下量应为 2.7mm 与 6.5mm。可以看出，此工艺方案的总压下量达 8.2mm，已远超过常规轻压下压下量范围（原工艺总压下量≤3.5mm）。

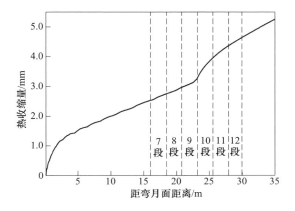

图 7-54 精冲钢热收缩规律

基于上述方案在现场完成实施，在宝钢梅山钢铁 3 号板坯连铸机所生产的精冲钢开展了现场试验。试验过程中，一流采用优化后的压下方案，另外一流维持原有压下方案。试验过程中，两流同时取样并制作低倍进行对比分析。图 7-55 给出了两组对比的低倍质量铸坯试样，并标记了曼标评级结果。

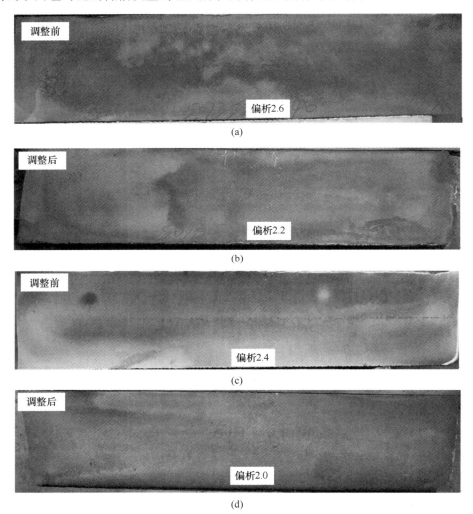

图 7-55　压下方案调整前后低倍对比

（a）方案调整前，偏析 2.6；（b）方案调整后，偏析 2.2；
（c）方案调整前，偏析 2.4；（d）方案调整后，偏析 2.0

可以看到，压下方案优化后生产的铸坯低倍质量得到明显改善。大规模推广应用后，40MnB、16MnCr5 等典型钢种的中心偏析不大于 2.2 级比例由 13% 提高至 92.1%，热轧带状组织评级也得到了明显改善。

7.4.2 宝钢股份 320mm×425mm 大方坯连铸产线

宝钢股份 2 号大方坯连铸机是典型的立弯式大方坯连铸机，断面尺寸为 320mm×425mm，由 9 个拉矫机组成。为提高其典型产品（齿轮钢 SAE5120H）质量，降低齿轮钢内部中心偏析，结合宝钢齿轮钢的生产流程，研发了典型齿轮钢大方坯连铸凝固末端压下工艺。

图 7-56 所示为计算的典型拉速 0.65m/min、不同过热度下齿轮钢内部中心凝固等变化情况。可以看出，其凝固终点位于 6 号与 7 号拉矫机之间。齿轮钢产品质量要求以解决铸坯中心偏析为主，基于连铸坯凝固末端压下挤压排除固液两相区内富集的溶质元素减轻或消除中心偏析的机理，同时尽量更多地利用压下辊等因素，选择在 $f_s = 0.3 \sim 1.0$ 进行压下。

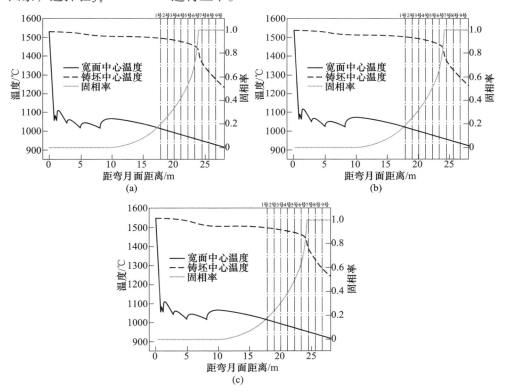

图 7-56 0.65m/min 拉速凝固终点计算

（a）过热度 20℃；（b）过热度 30℃；（c）过热度 40℃

为保证计算精度，利用红外相机随机拍摄实际生产过程中不同拉矫机位置处的齿轮钢铸坯窄面温度或宽面温度分布，并与计算结果相对比。从图 7-57 所示可以发现，计算结果与实测结果大体相符，表明了计算结果的可信程度。

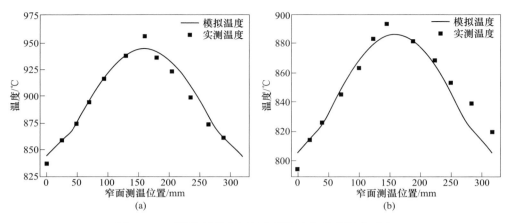

图 7-57　不同拉矫机位置处实测温度与模拟温度对比

（a）5 号拉矫机前窄面实测温度与模拟温度对比；（b）9 号拉矫机后窄面实测温度与模拟温度对比

表 7-10 中给出了固相率处于 0.3~1.0 之间不同辊的压下效率，并基于设备条件限制和避免压下裂纹等因素，设计压下量见表 7-10。

表 7-10　压下效率与压下量

压下辊	3 号	4 号	5 号	6 号	7 号
压下效率	0.425	0.368	0.315	0.172	0.163
压下量/mm	—	1	2	≥3	≥4

基于上述方案与现场完成实施。如图 7-58 所示，可以看到压下方案实施后齿轮钢铸坯内部质量大幅提升，铸坯纵断面上中心缩孔基本闭合，横断面上 V 形偏析明显改善；钻屑取样结果显示，铸坯中心碳偏析由 1.32 降低至 1.06。

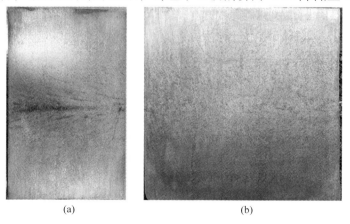

图 7-58　齿轮钢压下前后纵断面铸坯质量对比

（a）压下前；（b）压下后

7.4.3　攀钢 360mm×450mm 大方坯连铸产线

攀钢 2 号大方坯连铸机有两种断面，360mm×450mm 断面用于生产车轴钢等棒材产品，320mm×410mm 断面用于生产长尺重载钢轨。结合攀钢 2 号方坯连铸机断面升级改造需求，完成了凝固末端重压下技术的投用，这也是国内第一条可在铸坯完全凝固后实施连续、稳定大压下变形的大方坯连铸重压下示范生产线。

攀钢 2 号大方坯连铸机弯月面距结晶器底部 750mm；二冷区包括 5 个喷水冷却区，总长度为 8.68m，二冷具体分区见表 7-11。

表 7-11　大方坯连铸机二冷分区表

冷却区	各区长度/m	末端到弯月面距离/m
1	0.36	1.11
2	1.97	3.08
3	2.06	5.14
4	2.40	7.54
5	1.89	9.43

表 7-12 为攀钢 2 号大方坯铸机的拉矫机的位置，从中可以看出，总共有 7 架拉矫机，位置的分布在 20.351~29.551m 之间，拉矫机间距为 1.5~1.6m。

表 7-12　各拉矫机距弯月面距离

编号	1 号	2 号	3 号	4 号	5 号	6 号	7 号
距离/m	20.351	21.851	23.351	24.851	26.351	27.951	29.551

以车轴钢为例，不同拉速条件下铸坯厚度方向各固相等温线分布计算结果如图 7-59 所示。

从图 7-59 中可以看出，不同拉速条件下厚度方向各固相等温线分布明显不同，拉速对凝固终点的位置影响显著。当拉速为 0.5m/min 时，凝固终点的位置为 20.67m；拉速为 0.55m/min 时，凝固终点的位置为 23.8m；拉速为 0.6m/min 时，凝固终点的位置为 26.38m。拉速增加 0.05m/min，凝固终点的位置向后移动 2.58m。

鉴于此，依据以上计算结果选择压下区间为 2~6 号拉矫机之间，考虑到热收缩对压下过程的影响，重压下采用恒定拉速模式进行浇铸，拉速为 0.53m/min 时工艺方案见表 7-13。

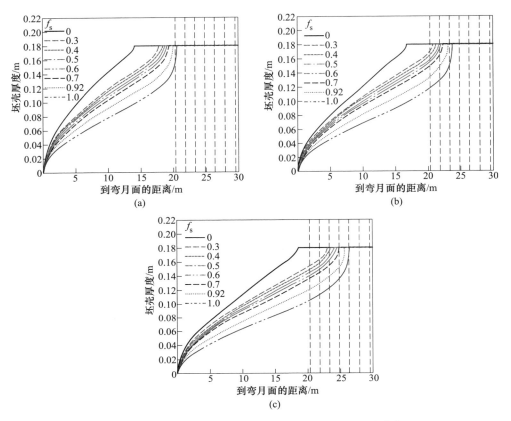

图 7-59　不同拉速条件下厚度方向各固相等温线分布

（a）拉速 0.50m/min；（b）拉速 0.55m/min；（c）拉速 0.60m/min

（扫书前二维码看彩图）

表 7-13　车轴钢压下工艺参数

参数	拉速	1 号	2 号	3 号	4 号	5 号	6 号	7 号	合计
压力值/MPa	0.53m/min	50	50	80	115	140	180	—	—
压下量/mm		0	1.0	1.8	4.0	5.0	≥10	—	≥21.8

　　图 7-60 对比了不同工艺下的铸坯横截面的低倍质量。从图中可以看出，无压下时铸坯中心形成连续缩孔缺陷，且 V 形偏析十分明显；轻压下时铸坯缩孔得到一定改善，但中心仍存在疏松与偏析带；重压下实施后中心缩孔与偏析几乎完全消失。

　　图 7-61 给出了不同压下工艺下铸坯的低倍质量统计结果，随着压下量的逐步提升，铸坯中心偏析与疏松缺陷得到了同步改善。采用凸辊重压下时，铸坯中心疏松 0.5 级的比例达到 100%。

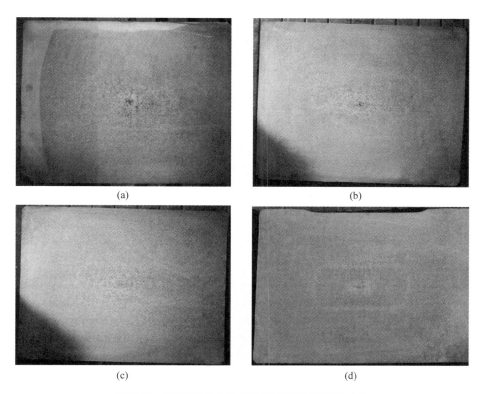

图 7-60　不同压下工艺车轴钢铸坯低倍质量对比

（a）无压下；（b）轻压下；（c）平辊重压下；（d）凸辊重压下

（扫书前二维码看彩图）

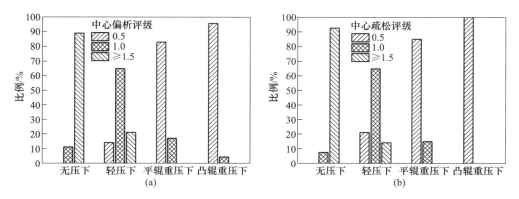

图 7-61　重压下技术实施前后铸坯的低倍质量统计结果

（a）中心偏析；（b）中心疏松

　　随着铸坯致密度的提升，常规低倍检测方法已不足以表征压下工艺对铸坯心部质量的改善效果。鉴于此，采用气体膨胀置换法对不同压下模式下铸坯的绝对密度进行了测定与对比分析。如图 7-62 所示，随着压下量的增加，铸坯中心位置的真密度逐步提升；CSC-Roll 投用后铸坯区域的真密度较平辊重压下提升 0.21%，较轻压下提升 0.86%。

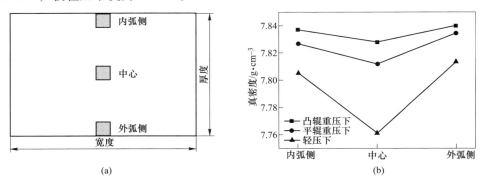

图 7-62　铸坯不同位置的致密度对比分析
（a）取样位置；（b）真密度检测结果

　　为定量分析凝固末端压下工艺对轧材质量的改善效果。如图 7-63 所示，重压下技术实施后生产直径 230mm 车轴钢轧材中心区域致密度提升 13.7%（原位分析），相应的车轴探伤合格率由不足 70% 提升至 100%。

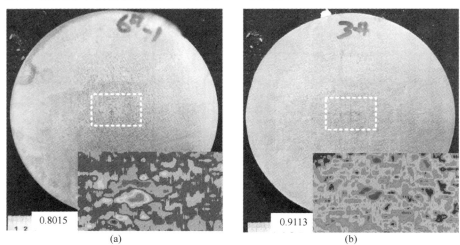

图 7-63　不同工艺下车轴钢轧材中心致密度
（a）常规；（b）重压下
（扫书前二维码看彩图）

7.4.4 唐钢中厚板 280mm 宽厚板坯连铸产线

2014 年，结合唐山中厚板材有限公司 2 号宽厚板坯连铸机升级改造需求，完成了宽厚板坯连铸凝固末端重压下整体装备、工艺与控制技术的全面投用，建成投产了国内第一条具有重压下功能的宽厚板坯连铸生产线。计算钢种为微合金钢 Q345，拉速为 0.83m/min，压下过程参数见表 7-14。

表 7-14 压下过程参数 （mm）

扇形段	辊径	辊间距	相对压下量	绝对压下量
10 段	390	410	5.38	5.38
11 段	390	410	16.27	21.65
12 段	390	410	6.40	28.05

压下过程中，铸坯不同位置的压下量变化趋势如图 7-64 所示。压下过程中，铸坯压下量整体呈现出阶梯状增加趋势，且在铸辊对应位置附近，由于铸辊挤压作用，使得铸坯产生一定的鼓肚变形，最终铸坯的压下量呈现出先突变性的增加然后迅速降低趋势；由于压下过程中，11 段压下量最大，铸坯在该扇形段内的压下量增加趋势相应最快。

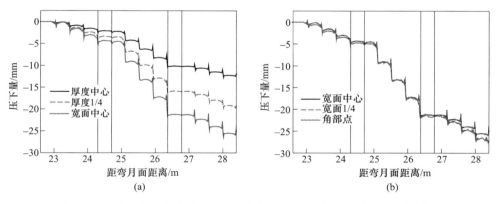

图 7-64 压下过程中铸坯厚度方向（a）和宽度方向（b）不同位置压下量变化趋势
（扫书前二维码看彩图）

由图 7-64（a）可知，随着与铸坯表面距离越近，铸坯的压下量增加越快，且在铸辊位置附近形成的瞬间鼓肚变形越明显。压下过程结束时，铸坯厚度中心、厚度 1/4 位置及铸坯表面（宽面中心）的厚度方向减薄量分别为 12.1mm、19.5mm 及 25.6mm。

由图 7-64（b）可知，由于铸坯的宽面中心及宽面 1/4 位置处的温度相近，且受到的铸辊压下作用相同，因此，上述两点的压下量变化趋势基本相同。由于铸坯角部温度低，其抵抗变形能力较强，且在压下过程中，铸坯角部沿宽向变形过程中的阻力小，因此，该位置在铸辊对应位置附近未出现瞬间鼓肚变形。

对采用设计的压下方案宽厚板坯中心偏析最严重的宽向 1/4~1/8 区域进行低倍取样，图 7-65 给出了凝固末端不同压下量（单个扇形段）下铸坯低倍质量对比结果，随着压下量的增加，铸坯中心偏析逐步改善。当压下量达到 11.5mm 时，铸坯中心偏析基本消失，此时压下变形对液芯内富含溶质偏析元素的钢液能够充分挤压排出。

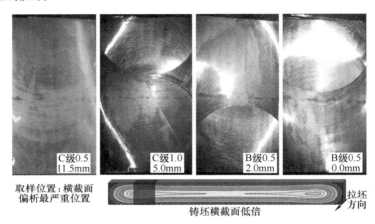

图 7-65　不同压下量条件下的铸坯低倍质量对比

如图 7-66 所示，随着压下量的增加，铸坯中心偏析改善效果更加明显，中心偏析 C 级率逐渐增加。根据大生产统计结果，重压下实施后，宽厚板坯中心偏析 C 级率达到 92.9%。

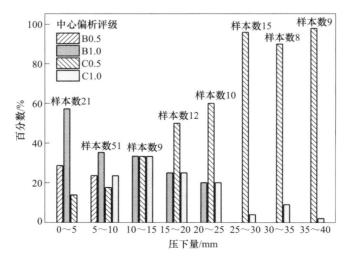

图 7-66　压下量与低倍评级关系

采用原位分析法测得不同工艺下的宽厚板坯致密度，其中轻压下工艺总压下量 8.9mm，重压下工艺总压下量 28.9mm。图 7-67 和表 7-15 分别给出了 Q345GJ 钢连铸坯取样位置与致密度检测结果。可以看出，重压下工艺对铸坯内外弧致密度改善效果不明显，但对中间区域提升明显。与轻压下相比，实施重压下后铸坯中心区域致密度提升 14.52%。

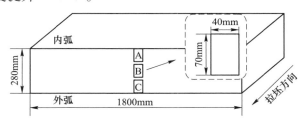

图 7-67　Q345GJ 钢连铸坯原位分析取样位置

表 7-15　Q345GJ 钢连铸坯致密度检测结果（扫书前二维码看彩图）

项目	铸坯内弧侧 A	铸坯中心 B	铸坯外弧侧 C
轻压下			
重压下			

进一步对比分析上述不同工艺生产宽厚板坯轧制的特厚板内部质量，图 7-68 和表 7-16 分别给出了 120mm 厚规格 Q345GJ 特厚板上原位分析取样位置及致密度检测结果。与轻压下相比，重压下宽厚板坯轧制的特厚板中心区域致密度提升 7.83%。

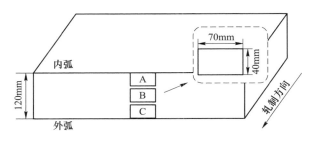

图 7-68　Q345GJ 钢特厚板原位分析取样位置

表 7-16　Q345GJ 钢特厚板致密度检测结果（扫书前二维码看彩图）

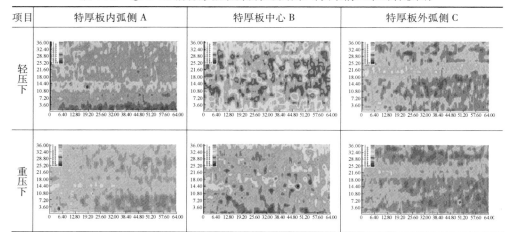

项目	特厚板内弧侧 A	特厚板中心 B	特厚板外弧侧 C
轻压下			
重压下			

参 考 文 献

[1] 祭程，朱苗勇．一种大方坯连铸生产过程的凝固末端位置在线检测方法：中国，CN104493121A [P]．2015-04-08.

[2] 祭程，王重军，邓世民，等．一种基于热物性参数分布计算的连铸坯热跟踪计算方法：中国，CN201710004849. X [P]．2017-08-18.

[3] 吴晨辉，祭程，王磊，等．一种宽厚板坯连铸机基础辊缝制定方法：中国，CN105033214B [P]．2015-11-11.

[4] Ji C, Luo S, Zhu M, et al. Uneven Solidification during Wide-thick Slab Continuous Casting Process and its Influence on Soft Reduction Zone [J]. ISIJ International, 2014, 54 (1): 103~111.

[5] 祭程，蒋毅，肖文忠，等．连铸拉矫机辊缝在线标定方法研究与应用 [J]. 中国冶金，2012, 22 (2): 10~13.

[6] 祭程，朱苗勇．一种提高连铸坯凝固末端压下效果的拉矫机扭矩控制方法：中国，CN104889354B [P]．2015-09-09.

[7] 祭程，朱苗勇．一种连铸坯两阶段连续动态重压下的方法：中国，CN106001476B [P]．2016-10-12.

[8] 祭程，朱苗勇，张洪波，等．一种连铸坯凝固末端单点与连续重压下工艺：中国，CN106735026A [P]．2017-05-31.

[9] 祭程，朱苗勇，李国梁．连铸坯表面裂纹扩展临界应变测定及其裂纹扩展预测方法：中国，CN202010088411. 6 [P]．2020-05-29.

[10] 祭程，张晋源，李国梁，等．一种连铸坯裂纹风险预测的方法及其应用：中国，CN201911315780. 8 [P]．2020-03-27.

［11］Li G, Ji C, Zhu M. Prediction of Internal Crack Initiation in Continuously Cast Blooms ［J］. Metallurgical and Materials Transactions B, 2021, 52（2）：1164~1178.

［12］祭程, 朱苗勇, 李东辉. 大方坯连铸生产过程工艺模拟与复现系统：中国, CN200910011836.0［P］. 2009-10-21.

［13］李万国, 冉莲玉, 汤锴. 板坯连铸机辊列及相关设备设计应考虑的若干事项［J］. 连铸, 2015, 40（6）：48~56.

［14］俞叶平, 段力士, 崔玄. 板坯连铸机扇形段辊子结构类型介绍［J］. 冶金设备, 2016（6）：45~48.

［15］周保鸿. 板坯连铸机扇形段辊子的选择与设计［J］. 重型机械, 2010（S1）：208~211.

［16］蒋军. 板坯连铸机扇形段辊子设计的研究［J］. 重型机械, 2008（5）：29~33.

［17］殷昭云. 用有限差分法求解静定梁和静不定梁的挠度［J］. 机械设计, 1999, 16（8）：34~36.

［18］冯康, 石忠慈. 弹性结构的数学理论［M］. 北京：科学出版社, 2010.

［19］王勖成. 有限单元法［M］. 北京：清华大学出版社, 2003.

［20］刘明延, 李平, 栾兴家, 等. 板坯连铸机设计与计算（上）［M］. 北京：机械工业出版社, 1990.

［21］成大先. 机械设计手册［M］. 6 版. 北京：化学工业出版社, 2017.

［22］Wang J L, Li L Q, Liu S G. The Research on Oil-air Lubrication in Grooved Sliding Bearing ［J］. Key Eng. Mater, 2014, 572：384~387.

［23］Liu J S, Parks G T, Clarkson P J, et al. Topology/shape optimization of axisymmetric continuum structures-a metamorphic development approach ［J］. Struct Multidiscipl Optim, 2005, 29：73~83.

［24］Okamoto M, Okimori M, Kaneko N, et al. Roll shape of soft reduction for bloom ［J］. CAMP-ISIJ, 1990, 3（4）：1174.

［25］Masaya T, Yukihiro M, Yasuaki M, et al. NSENGI's new developed bloom continuous casting technology for improving internal quality of special bar quality ［A］. METEC and 2nd ESTAD, 2015：307~318.

［26］Ogibayashi S, Uchimura M, Isobe K, et al. Improvement of center segregation in continuously cast blooms by soft reduction in the final stage of solidification ［C］//. Proceedings of the 6th International Iron and Steel Congress. Nagoya Math J, 1990：271~278.

［27］Chang H M, Kyung S O, Joo D L, et al. Effect of the roll surface profile on centerline segregation in soft reduction process ［J］. ISIJ Int, 2012, 52（7）：1266~1272.

［28］祭程, 朱苗勇. 一种用于大方坯连铸的拉矫机渐变曲率凸型辊及使用方法：中国, CN201410666353.5［P］. 2015-03-11.

索　引